高职高专新课程体系规划教材·

计算机系列

JSP程序设计案例教程

王 樱 李锡辉◎主 编

闵 慧 陈文驰 赵 莉◎副主编

清华大学出版社

北 京

内容简介

本书以实际项目为驱动，典型案例为载体，全面介绍了 Java Web 项目开发所需的知识和技术。

本书以 Java Web 程序员的岗位能力要求和学习者的认知规律为基础，精心组织教学内容。全书共包括 8 个项目：创建 Java Web 项目、Java Web 项目的界面设计、使用内置对象响应用户请求、使用 Servlet 技术响应用户请求、Java Web 项目中的数据访问、Web 应用项目优化、Java Web 中的组件应用和 ESBuy 网上商城系统设计。每个项目又分成若干个相对独立的任务，每个任务都按"任务场景→知识引入→任务实施"展开，将知识和技能有机结合，融"教、学、做"三者于一体。同时，以"E 诚尚品网上商城系统"的实现为主线，作为每个项目实训的载体；用一个完整案例贯穿整本书的所有知识和技能，进一步帮助学习者巩固所学知识、增强实际操作能力。

本书可作为计算机应用技术、软件技术和网络技术等信息类相关专业的教学用书，也可作为相关领域的培训教材和 Java Web 程序员的参考用书。

图书在版编目（CIP）数据

JSP 程序设计案例教程/王樱，李锡辉主编. — 北京：清华大学出版社，2018（2021.2重印）
（高职高专新课程体系规划教材・计算机系列）
ISBN 978-7-302-50714-7

Ⅰ. ①J… Ⅱ. ①王… ②李… Ⅲ. ①JAVA 语言-网页制作工具-程序设计-高等职业教育-教材
Ⅳ. ①TP312 ②TP393.092

中国版本图书馆 CIP 数据核字（2018）第 170666 号

责任编辑： 邓　艳
封面设计： 刘　超
版式设计： 周春梅
责任校对： 毛姗姗
责任印制： 丛怀宇

出版发行： 清华大学出版社
网　　址： http://www.tup.com.cn，http://www.wqbook.com
地　　址： 北京清华大学学研大厦 A 座　　**邮　　编：** 100084
社 总 机： 010-62770175　　**邮　　购：** 010-62786544
投稿与读者服务： 010-62776969，c-service@tup.tsinghua.edu.cn
质量反馈： 010-62772015，zhiliang@tup.tsinghua.edu.cn
印 装 者： 三河市吉祥印务有限公司
经　　销： 全国新华书店
开　　本： 185mm×260mm　　**印　　张：** 19.5　　**字　　数：** 472 千字
版　　次： 2018 年 9 月第 1 版　　**印　　次：** 2021 年 2 月第 4 次印刷
定　　价： 59.80 元

产品编号：078889-01

前　言

Preface

随着互联网技术的推广和普及，Web 开发技术迅速发展。Java 语言以其面向对象、简单易学、跨平台、安全性高等诸多特性，受到许多软件开发人员的关注和喜爱，逐步成为软件开发的首选语言。Java Web 是基于 Java 平台解决 Web 相关领域问题的技术总和，是目前最流行、使用最广泛的 Web 开发技术。

本书以 Java Web 程序员岗位需求为主线，系统介绍 Java Web 项目开发所需的知识和技术，遵循从易到难、由简至繁的原则，共分为 8 个项目：创建 Java Web 项目、Java Web 项目的界面设计、使用内置对象响应用户请求、使用 Servlet 技术响应用户请求、Java Web 项目中的数据访问、Web 应用项目优化、Java Web 中的组件应用和 ESBuy 网上商城系统设计。项目 1～项目 7 的每个项目中都包含若干个相对独立的任务，读者可以在学习过程中循序渐进、逐步深入。同时，为了强化学习效果，项目 8 提供了一个真实案例——ESBuy 网上商城的系统设计，并且在项目 1～项目 7 后配备有以该案例为背景的项目实训，使读者能够运用所学知识完成实际工作，达到举一反三、学以致用的目的。

本书是 Java Web 项目开发的基础类教程，适用于具有 Java 基础和静态网页设计相关知识的读者学习。本书编写思路清晰，结构紧凑，语言通俗易懂，注重理论结合实际，既可作为计算机相关领域的培训教材，也可作为 Java Web 程序员的参考用书。

本书由王樱、李锡辉任主编，闵慧、陈文驰和赵莉任副主编。其中，王樱编写了项目 2、项目 3、项目 4、项目 6，李锡辉编写了项目 1 和项目 8，闵慧编写了项目 5，陈文驰编写了项目 7，赵莉和石玉明参与了全书的编码、调试和文字校对等工作，全书由王樱和李锡辉设计并统稿。此外，清华大学出版社邓艳老师为本书的编写提出了诸多宝贵意见，编写过程中参阅了大量与 Java Web 技术相关的书籍和网络资源，从中汲取了有益经验，并在参考文献中注明了出处。在此一并表示感谢！由于编者水平有限，书中难免存在不妥和疏漏之处，敬请读者提出宝贵意见和建议（E-mail: wangying@mail.hniu.cn）。

编　者

目 录

Contents

项目 1

创建 Java Web 项目

❑ 学习导航

【学习任务】

任务 1　搭建 Java Web 开发环境
任务 2　创建第一个 Java Web 项目
任务 3　使用 Eclipse 创建 Java Web 项目

【学习目标】

- ➢ 能熟练安装和配置 Java Web 项目开发环境
- ➢ 能使用文本编辑器、JDK、Tomcat 等工具创建和运行 Java Web 项目
- ➢ 掌握 Eclipse 下创建和运行 Java Web 项目的方法

任务 1　搭建 Java Web 开发环境

□ 任务场景

【任务描述】

在进行 Java Web 项目开发之前，必须搭建和配置好 Java Web 项目的开发环境，包括 JDK、Tomcat 服务器等。本任务主要完成 JDK、Tomcat 服务器的下载、安装和配置，为创建和开发 Java Web 项目做好准备。

【运行效果】

Tomcat 9 安装成功之后，查看 Tomcat 的默认首页，效果如图 1-1 所示。

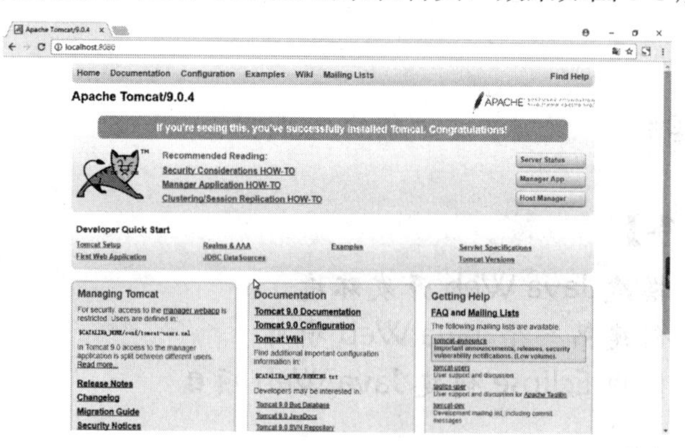

图 1-1　Tomcat 9 默认首页

□ 知识引入

1.1.1　Web 技术概述

Web 全称 World Wide Web，简称 WWW，译名万维网，是目前 Internet 上使用最为广泛的应用。它起源于 20 世纪 80 年代末期，由蒂姆・伯纳斯・李在《关于信息化管理的建议》一文中首次提出。WWW 是一个基于 Internet/Intranet 的、全球连接的、分布的、动态的、多平台的交互式超媒体信息系统。它利用多种协议传输和检索分布在世界各地 Web 服务器的信息资源。WWW 的出现使更多的人开始了解计算机网络，通过 WWW 使用网络，享受网络带来的好处。WWW 对用户机器和用户的要求很低，用户机器只要安装一个浏览器软件就可以访问 Web，用户也只需要了解浏览器的简单操作就可以在 WWW 上查找信息、交换电子邮件、聊天、玩游戏等。因此，WWW 刚推出就受到了热烈的欢迎，并逐步渗透到人们生活的方方面面，越来越多的人已经离不开 Web。

1.1.2　Web 服务器和客户端

在 Web 上，如果一台连接到 Internet 的计算机希望给其他计算机提供信息，它必须运行服务器软件，这种软件称为 Web 服务器。如果一台计算机希望访问服务器提供的信息，则它必须运行客户端软件，即 Web 浏览器。

1. Web 服务器

Web 服务器不是通常意义上所指的物理设备，而是一种软件。它可以管理各种 Web 文件，并为提出 HTTP 请求的浏览器做出响应。当服务器接收到一个 HTTP 请求时，会返回一个 HTTP 响应，并送回一个 HTML 页面。为了处理请求，Web 服务器可以返回一个静态网页，或者把动态响应的产生委托给其他程序，如 CGI 脚本、JSP 脚本、Servlet、ASP 脚本等。无论其他程序如何处理，最后都会产生一个 HTML 响应返回给客户端浏览器。目前，广泛使用的 Web 服务器有 IIS、WebSphere、WebLogic、Apache、Tomcat 等。

1）IIS

IIS 是 Microsoft 的 Web 服务器产品，全称为 Internet Information Server，是目前最为流行的 Web 服务器产品之一，很多著名的网站都建立在 IIS 平台上。IIS 是一个 Web 服务组件，其中包括 Web 服务器、FTP 服务器、NNTP 服务器和 SMTP 服务器，分别用于网页浏览、文件传输、新闻服务和邮件发送等方面。它提供了一个图形界面的管理工具，称为 Internet 服务管理器，使得在网络上发布信息成为一件非常容易的事情。

2）WebSphere

WebSphere Application Server 是一种功能完善、开放的 Web 应用程序服务器，是 IBM 公司电子商务计划的核心部分，它基于 Java 的应用环境，用于建立、部署、管理 Internet 和 Intranet Web 应用程序。IBM 公司对这一整套产品进行了扩展，以适应 Web 应用程序服务器的需要，范围从简单到高级，直到企业级。同时，IBM 公司提供 WebSphere 产品系列，通过提供综合资源、可重复使用的组件、功能强大并易于使用的工具，以及支持 HTTP 和 IIOP 通信的可伸缩运行时环境，来帮助用户从简单的 Web 应用程序转移到电子商务世界。

3）WebLogic

BEA WebLogic Server 是一种多功能、基于标准的 Web 应用服务器，为企业构建自己的应用提供了坚实的基础。BEA WebLogic Server 以 Internet 的容量和速度在联网的企业之间共享信息、提交服务，实现协作自动化。由于它全面的功能、对开放标准的遵从性、多层架构、支持基于组件的开发，基于 Internet 的企业都选择它来开发，部署最佳的应用。所以，BEA WebLogic Server 在使应用服务器成为企业应用架构的基础方面一直处于领先地位。

4）Apache

Apache 仍然是全球使用量最多的 Web 服务器，市场占有率为 60%左右。它源于 NCSA httpd 服务器，当 NCSA WWW 服务器项目停止后，那些使用 NCSA WWW 服务器的用户开始交换用于此服务器的补丁，这也是 Apache（补丁）名称的由来。世界上很多著名的网站都是 Apache 的产物。Apache 的成功之处主要在于它的源代码开放、有一支开放的开发队伍、支持跨平台的应用，以及它的可移植性等方面。

5）Tomcat

Tomcat 是一个开放源代码、运行 Servlet 和 JSP Web 应用软件的基于 Java 的 Web 应用软件容器。Tomcat 遵从 Servlet 和 JSP 规范，是基于 Apache 许可证开发的自由软件。随着 Catalina Servlet 引擎的出现，Tomcat 第 4 版的性能得到提升，成为一个值得考虑的 Servlet/JSP 容器。因此，目前基于 Java 的 Web 应用都采用 Tomcat 作为 Web 服务器。

2. 客户端

与服务器相对应，客户端是指用户计算机上为用户提供本地服务的程序。通常是指用户计算机上的网页浏览器。从本质上说，浏览器可以向 Web 服务器发送 HTTP 请求并处理返回的响应，也能捕捉页面上的鼠标事件。

在 Web 早期，浏览器是基于字符的，不能显示任何图形信息，也不能提供图形界面。1993 年，美国伊利诺伊大学的 Marc Andreessen 开发了第一个图形化浏览器，名为 Mosaic。Mosaic 很受欢迎，一年后，Andreessen 离开学校创办了著名的 Netscape 公司，并开发出 Netscape Navigator 浏览器。目前，市场上的浏览器很多，比较常见的如 Google 的 Chrome、微软的 Internet Explorer、Mozilla 的 Firefox、腾讯的 QQ 浏览器等。

1.1.3 C/S 结构和 B/S 结构

开发人员在项目开发过程中，需要根据项目需求选择不同的软件系统体系结构。目前主流的两种软件体系结构是 C/S 结构和 B/S 结构。

1. C/S 结构

C/S 结构即 Client/Server（客户端/服务器）结构，是大家非常熟悉的软件系统体系结构。这种结构可以将任务合理分配到客户端和服务器，降低系统的通信开销，充分利用两端硬件环境的优势，是早期软件系统开发的首选体系结构。

C/S 结构的出现是为了解决费用和性能的矛盾，最简单的 C/S 结构的应用程序由两部分组成，即客户端应用程序和服务器应用程序。一旦服务器应用程序被启动，就随时等待响应客户程序发来的请求，客户端应用程序则在用户的计算机上运行。当客户端应用程序需要访问服务器资源时，会自动寻找服务器程序并发送请求，服务器程序接收请求后做出应答并送回结果。

C/S 结构能够充分发挥客户端计算机的处理能力，大量的数据处理可以由客户端完成之后再发回服务器，降低了服务器负荷，提高了数据处理的速度。但仍然存在着以下问题。

（1）必须安装专用的客户端软件。如果客户端的数量较多，则软件维护和升级的工作量较大，成本较高。

（2）对客户端操作系统的限制。目前操作系统的更新换代较快，存在新的操作系统不兼容的问题，需要针对不同的操作系统提供不同的客户端软件版本，这也大大提高了软件开发和维护的成本。

2. B/S 结构

B/S 结构即 Browser/Server（浏览器/服务器）结构，是 Web 兴起后的一种网络结构模式。这种结构中，客户端使用一个通用的浏览器，代替形形色色的各种客户端软件，用户的所有操作都是通过浏览器进行的。该结构的核心是 Web 服务器，它负责接收本地或远程的 HTTP 请求进行响应处理，并将处理的结果通过 HTTP 返回，最终在浏览器上输出。B/S 结构的工作原理如图 1-2 所示。

图 1-2　B/S 结构的工作原理

B/S 结构利用不断成熟的 Web 技术，结合浏览器的各种脚本语言和 ActiveX 技术，用通用的浏览器实现原来需要复杂专用软件才能实现的强大功能。B/S 结构的主要特点如下。

（1）使用简单。用户使用统一的浏览器软件，操作方便，简单易学。

（2）维护方便，成本降低。应用程序逻辑主要放在服务器端，软件的开发、升级与维护都只需要在服务器上进行，减少了开发与维护的工作量。

（3）对客户端硬件要求低。客户端只需要安装一个浏览器软件，如 Internet Explorer。

（4）能充分利用现有资源。B/S 结构采用标准的 TCP/IP 协议、HTTP 协议，可以与现有 Intranet 网络很好地结合。

C/S 结构是建立在局域网基础上的，而 B/S 结构是建立在广域网基础上的。虽然 B/S 结构在电子商务、电子政务等方面得到了广泛应用，但并不是说 C/S 结构就没有存在的必要。相反，在某些领域，C/S 结构还将长期存在。下面对 C/S 结构和 B/S 结构做简单的比较，见表 1-1。

表 1-1　B/S 和 C/S 结构对比

比较项目	C/S 结构	B/S 结构
硬件环境	一般建立在专用的网络上，小范围里的网络环境	建立在广域网之上，不需要专门的网络硬件环境，一般只要有操作系统和浏览器即可
安全要求	面向相对固定的用户群，信息安全控制能力较强，一般高度机密的信息系统采用 C/S 结构更加适宜	面向不可知的用户群，对安全控制较弱，多用于发布公开信息
程序架构	程序架构更注重流程，可以对权限多层次校验，对系统运行速度可以较少考虑	对安全以及访问速度会考虑更多，建立在需要更加优化的基础之上，是当前应用程序发展的趋势
软件重用	程序侧重于整体性考虑，构件的重用性不是很好	一般采用多重结构，要求构件具有相对独立的功能，能够较好地重用

续表

比较项目	C/S 结构	B/S 结构
系统维护	程序具有整体性，必须整体考察，处理出现的问题以及升级系统都比较困难，一旦升级，可能要求开发一个全新的系统	程序由构件组成，通过更换个别构件可以实现系统的无缝升级，使系统维护开销减到最小
用户接口	多建立在 Windows 平台上，表现方法有限，对程序员普遍要求较高	建立在浏览器上，与用户交流时有更加丰富和生动的表现方式，开发难度和开发成本较低
信息流	程序一般是典型的中央集权的机械式处理，交互性相对较低	B/S 结构的信息流向可变化，如电子商务的 B2B、B2C 和 B2G 等信息流向的变化很多

C/S 结构与 B/S 结构各有优势，在相当长的时间内二者将会共同存在。

1.1.4 静态网页与动态网页

在 Web 发展的早期，使用静态网页展示用户浏览的信息内容。静态网页是指网页的内容是固定的，不会根据浏览器的不同需求而改变。静态网页一般使用 HTML（Hypertext Markup Language，超文本标记语言）进行编写，一般是运行于客户端的程序、网页、插件、组件，是不会改变的。早期的网站一般都是由静态网页制作的，通常以.htm、.html、.shtml 为文件后缀名。在 HTML 格式的网页中也可以出现“动态效果”，如 GIF 格式的动画、Flash、滚动字幕等，但这些“动态效果”都只是视觉上的。静态网页具有如下特点。

（1）静态网页是实实在在保存在服务器上的文件，每个网页都是一个独立的文件。

（2）静态网页的内容相对稳定，因此容易被搜索引擎检索。

（3）静态网页没有数据库支持，在网站制作和维护方面工作量较大，因此当网站信息量很大时完全依靠静态网页发布信息是非常困难的。

（4）静态网页的交互性差，在功能方面有较大的限制。

随着互联网技术的不断发展，网上的信息呈几何级数增加，人们逐渐发现手工编写包含所有信息和内容的静态网页对人力和物力都是一种极大的浪费，而且几乎变得难以实现。此外，采用静态网页建立起来的站点只能够简单地根据用户的请求传送现有页面，无法实现各种动态交互功能。为了弥补静态网页的不足，人们将传统单机环境下的编程技术引入互联网并与 Web 技术相结合，形成新的网络编程技术，从而实现动态和个性化的交流与互动。人们将使用这种新的网络编程技术创建的页面称为动态网页。

动态网页是指在接到用户访问请求后动态生成的页面。动态网页一般是在服务器端运行的程序、网页、组件等，它们会根据不同用户、不同时间返回不同的内容。

动态网页的特点如下。

（1）动态网页以数据库技术为基础，可以大大减少网站维护的工作量。

（2）采用动态 Web 技术的网站可以实现更多的功能，如用户注册、用户登录、在线调查、用户管理和订单管理等。

（3）动态网页并不是独立存在于服务器上的网页文件，只有当用户请求时服务器才返回一个完整的页面。

【学习提示】

静态网页和动态网页各有特点，采用动态网页还是静态网页主要取决于网站的功能需求和网站内容的多少。如果网站功能比较简单，内容更新量不是很大，采用纯静态网页的方式会更简单；反之，则可以采用动态网页技术来实现。静态网页是网站建设的基础，静态网页和动态网页之间也并不矛盾，为了网站适应搜索引擎检索的需要和加快网页访问速度，即使采用动态网页技术，也可以将页面内容转化为静态网页发布。

动态网站也可以采用动静结合的方法，适合动态网页的地方就使用动态网页，有必要使用静态网页的地方则考虑使用静态网页的方法来实现。在一个网站的建设过程中，动静结合的方法随处可见。

1.1.5　动态 Web 技术

实现动态网页必须采用动态 Web 技术。目前，常用的动态 Web 技术有 JSP、PHP 和 ASP.NET。

1. JSP

JSP（Java Server Pages）是 Sun 公司于 1999 年 6 月推出的新一代动态网站开发技术，JSP 在 Servlet 和 JavaBean 支持下，将网页逻辑与网页显示分离，支持可重用的基于组件的设计，使基于 Web 的应用开发变得更加简单快速。

Web 服务器在遇到访问 JSP 网页的请求时，首先执行其中的程序段，然后将执行结果连同 JSP 文件中的 HTML 代码一起返回给客户端浏览器。插入的 Java 程序段可以操作数据库、重定向网页等，以实现建立动态网页所需要的功能。JSP 和 Java Servlet 一样，在服务器端执行，返回给客户端一个 HTML 文本。

JSP 的主要技术特点如下。

☑ 一次编写，各处运行。JSP 作为 Java 平台的一部分，具有 Java 技术的所有优点，也包括 Java 编程语言“一次编写，各处运行”的特点。

☑ 系统的多平台支持。用 JSP 开发的 Web 应用是跨平台的，既能在 Linux 下运行，也能在其他操作系统下运行。

☑ 强大的可伸缩性。从只要一个小的 Jar 包就可以运行 Servlet/JSP，到由多台服务器集群和负载均衡，再到多台应用服务器进行事务处理、消息处理等，充分展示了 JSP 所在 Java 平台的强大生命力。

☑ 多样化和功能强大的开发工具支持。Java 已经有了许多非常优秀的开发工具，如 Eclipse、WebStorm、MyEclipse 等。

2. PHP

PHP（Hypertext Preprocessor）是一种跨平台的服务器端的嵌入式脚本语言，它大量借用 C、Java 和 Perl 语言的语法，并耦合 PHP 自己的特性，使 Web 开发者能够快速地开发 Web 应用程序。PHP 的主要技术特点如下。

☑ 开放的源代码，免费使用。所有的 PHP 源码都是开放的，可以免费得到并使用。
☑ 跨平台性。PHP 可以在 Windows、UNIX 和 Linux 的 Web 服务器上正常运行，也支持 IIS 和 Apache 等通用 Web 服务器。
☑ 数据库连接方便。PHP 提供了标准的数据库接口，数据库操作方便。PHP 与 MySQL 是绝佳的组合，可以自己编写外部函数来存储数据。
☑ 语言简单。PHP 以脚本语言为主，相对于 Java、C++而言，要简单得多。
☑ 效率高。PHP 消耗相当少的系统资源。
☑ 便于图像处理。使用 PHP 可以动态创建图像。

3. ASP.NET

ASP.NET 是.NET Framework 的一部分，是一种使嵌入网页中的脚本可由 Web 服务器执行的服务器端脚本技术，可以在通过 HTTP 请求文档时在 Web 服务器上动态创建。使用 ASP.NET 技术创建的动态网页运行于 IIS 之上，可以使用 Microsoft 的 Visual Studio.NET 开发环境进行开发，是一种所见即所得的开发环境。ASP.NET 技术的特点主要如下。

☑ 开发语言。ASP.NET 允许用户选择使用功能完善的编程语言，如 C#、J#等，运行使用.NET Framework。
☑ 运行机制。ASP.NET 采用编译性的编程框架，运行的是服务器上编译好的公共语言运行时库代码，可以利用早期绑定、实时编译来提高效率。
☑ 开发方式。ASP.NET 把界面设计和程序逻辑以不同的文件分离开，复用性和可维护性都得到提高。

对比 PHP、JSP、ASP.NET 这三种动态 Web 技术，JSP 的优势在于企业级应用；PHP 的优势在于轻量级 Web 应用。两者的共同优势在于，一方面二者都可以跨平台部署，另一方面比起 ASP.NET 来更轻巧和精简。PHP 的安装包，加上 Apache 服务器，只有几十兆；JSP 更是只需 JDK 和 App Server 即可，加一起也就一百多兆。相反，ASP.NET 的安装包不仅只能部署在 Windows 下面，并且需要.NET Framework 的支持，经常大于 1GB，这也给应用者带来了极大的困惑和不便。

1.1.6 Java Web 开发环境

JSP 是一种基于 Java、运行于服务器端的动态 Web 技术，所以要开发一个 Java Web 项目，首先需要安装 Java 开发软件包 JDK 和 Web 服务器，本书使用的 Web 服务器为 Tomcat。

1. 下载安装 JDK

JDK（Java Development Kit）是一种用于构建在 Java 平台上发布的应用程序、Applet 和组件的开发环境，即编写 Java 程序必须使用 JDK，它提供了编译 Java 和运行 Java 程序的环境。

JDK 有 3 个不同的开发版本。

☑　JavaSE：标准版，主要用于开发桌面应用程序。

☑　JavaME：微缩版，主要用于开发移动设备、嵌入式设备上的 Java 应用程序。

☑　JavaEE：企业版，主要用于开发企业级应用程序，如电子商务网站、ERP 系统等。

JDK 的官方网址是 http://www.oracle.com。下面以下载 Java SE 9.0.4 为例介绍 JDK 下载及安装的步骤，具体过程如下。

（1）在浏览器地址栏中输入 http://www.oracle.com，打开 Oracle 官网。在导航菜单中选择 Menu | Products | Java | Java SE，跳转到如图 1-3 所示页面。

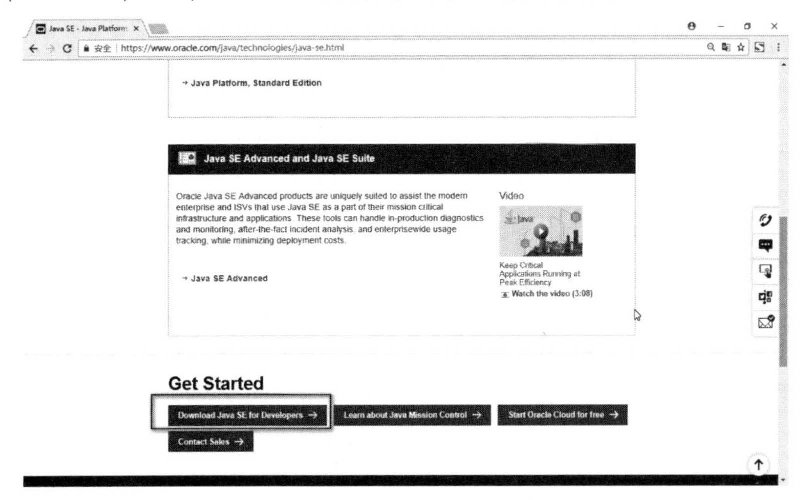

图 1-3　Java SE 页面

（2）在如图 1-3 所示页面中单击 Download Java SE for Developers，跳转到 JDK 的下载页面，如图 1-4 所示。

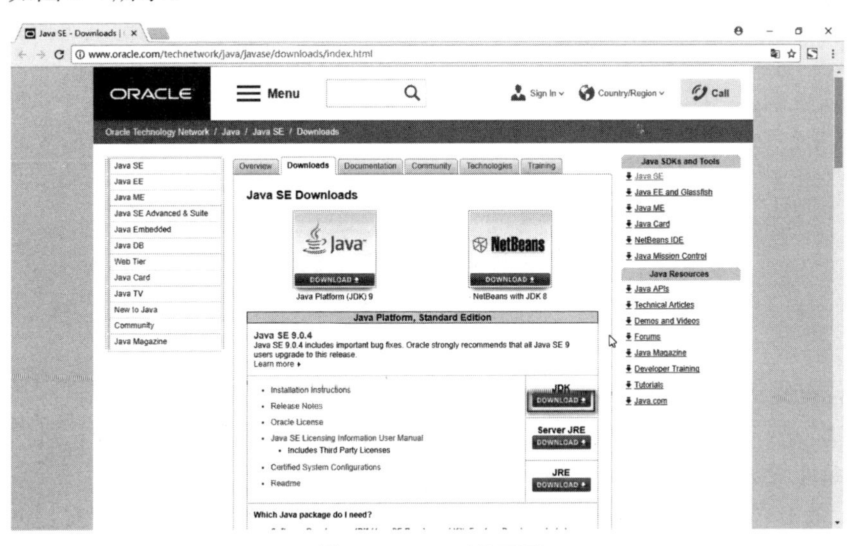

图 1-4　JDK 下载页面

（3）单击 JDK 下面的 DOWNLOAD 按钮，进入 JDK 9 的下载页面，如图 1-5 所示。

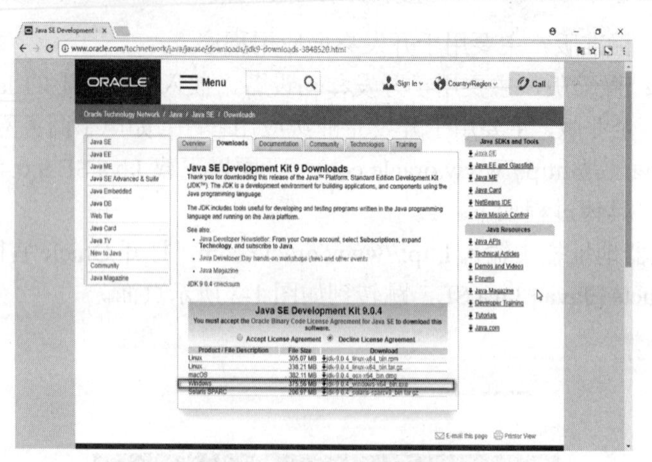

图 1-5　JDK 9 下载页面

（4）在如图 1-5 所示页面中列出了 JDK 在 Linux、MacOS、Solaris、Windows 等不同操作系统和硬件平台（64 位/32 位）的安装链接，用户可以根据情况进行选择。首先必须选中 Accept License Agreement 单选按钮，否则无法下载。这里，我们选择的是 64 位 Windows 操作系统的 JDK 9，所以单击 jdk-9.0.4_windows-x64_bin.exe 下载。

（5）JDK 下载完毕后，开始安装。双击 jdk-9.0.4_windows-x64_bin.exe 文件，出现安装向导窗口，直接单击“下一步”按钮，弹出“定制安装”对话框，如图 1-6 所示。

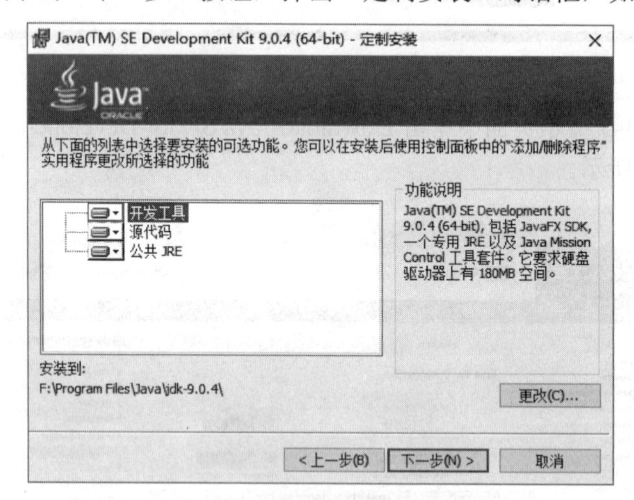

图 1-6　“定制安装”对话框

在“定制安装”对话框中有 3 个选项。其中，“开发工具”为必选项；“源代码”和“公共 JRE”两项可根据需要选择是否安装相应功能。单击“更改”按钮，可以改变 JDK 的默认安装路径。

（6）单击“下一步”按钮进行安装，此时显示安装进度对话框。在安装过程中系统将打开设置 JRE 安装路径对话框，在该对话框中可以更改 JRE 安装路径。此时，可以采用默认设置，也可以自己指定位置，然后单击“下一步”按钮继续安装。

（7）安装结束后，弹出“完成”对话框，如图 1-7 所示。

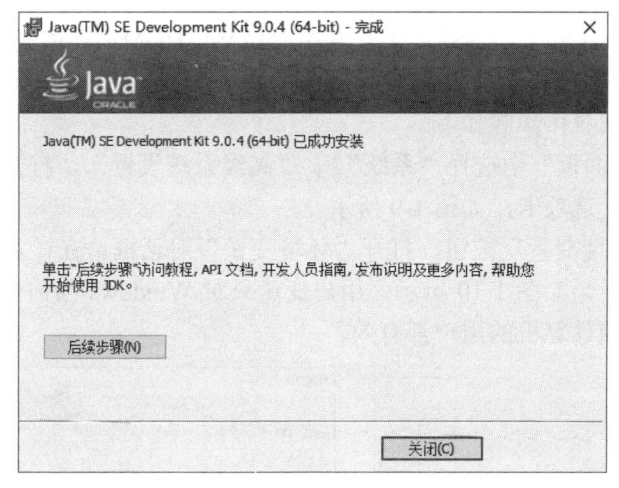

图 1-7 安装完成对话框

JDK 安装完成后，其安装目录如图 1-8 所示。

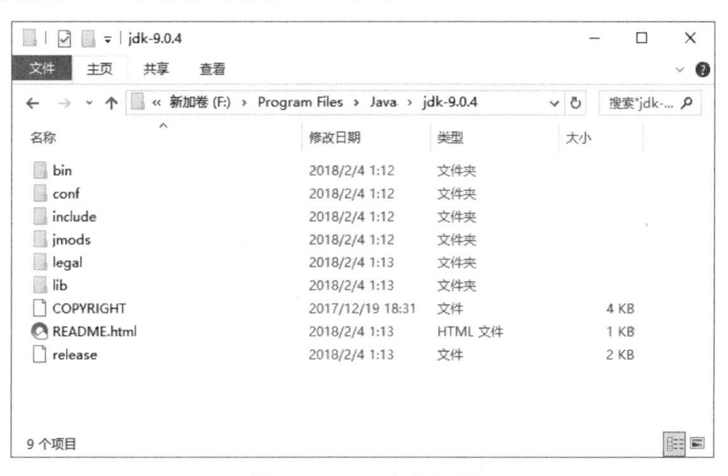

图 1-8 JDK 安装目录

在 JDK 安装目录中，各文件夹和文件的具体内容说明如下。

☑ bin：提供 JDK 开发工具，包括开发、执行、调试 Java 程序所使用的工具和实用程序，以及开发工具所需要的类和支持文件。
☑ conf：包含用户可编辑的配置文件，如.properties 和.policy 文件。
☑ include：头文件，支持使用 Java 本地接口和 Java 虚拟机调试接口的本地代码。
☑ jmods：提供 jmod 格式的平台模块，当创建自定义运行时映像时使用。
☑ legal：提供 JDK 的法律声明。
☑ lib：包含 JDK 工具的 JAR 包及其他文件，或非 Windows 平台上的动态链接本地库，如 dt.jar、tools.jar 等文件。

2．配置与测试 JDK

JDK 安装成功后，需要进行 JDK 环境变量的配置。在 JDK 中通常配置的环境变量有

JAVA_HOME、PATH 和 CLASSPATH。其中，JAVA_HOME 环境变量配置 JDK 所在的安装路径，PATH 环境变量配置 Java 实用程序的路径，CLASSPATH 环境变量配置类和包文件的搜索路径。其具体步骤如下。

（1）在“控制面板”中选择“系统” | “高级系统设置”，打开“系统属性”对话框，再选择“高级”选项卡，如图 1-9 所示。

（2）单击“环境变量”按钮，打开“环境变量”对话框。在该对话框中，可以配置用户变量和系统变量，如图 1-10 所示。用户变量只对 Windows 当前登录用户可用，而系统变量则对所有使用计算机的用户都有效。

图 1-9 “系统属性”对话框

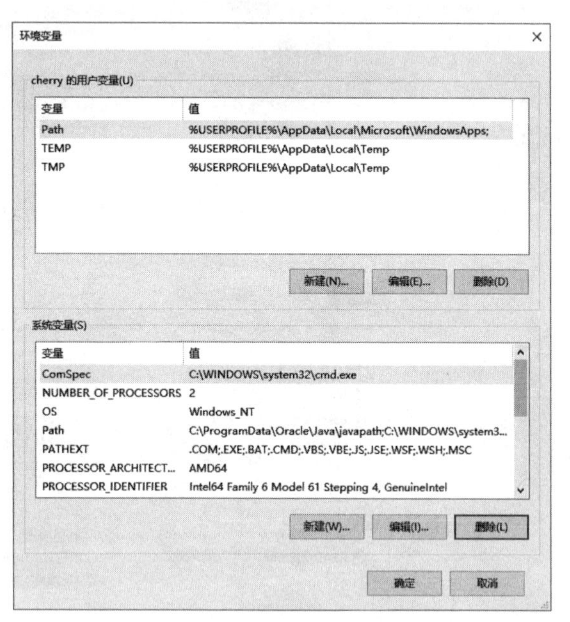

图 1-10 “环境变量”对话框

（3）在系统变量中单击“新建”按钮，弹出“新建系统变量”对话框。在“变量名”文本框中输入 JAVA_HOME，在“变量值”文本框中输入 JDK 的安装路径。单击“确定”按钮后，JAVA_HOME 环境变量配置完成，如图 1-11 所示。

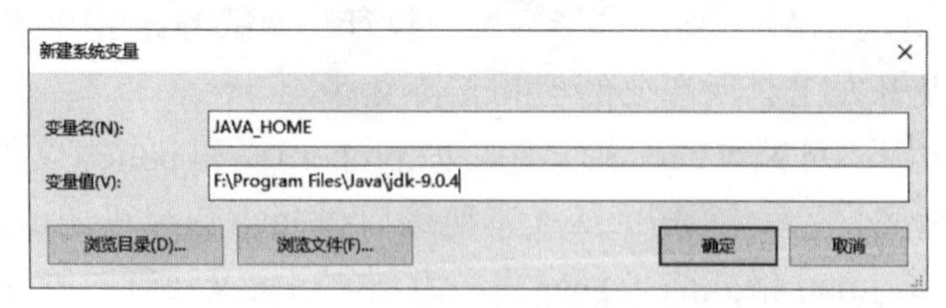

图 1-11 JAVA_HOME 环境变量配置

（4）在系统变量中查看是否有 PATH 变量，若不存在，则需要创建，若存在，则选中 PATH 变量，单击“编辑”按钮，打开“编辑环境变量”对话框。在该对话框的“变量值”文本框中输入如下路径。

```
%JAVA_HOME%\bin;
```

其中，%JAVA_HOME%\bin 代表环境变量 JAVA_HOME 的当前值，如图 1-12 所示。单击“确定”按钮后，PATH 环境变量配置完成。

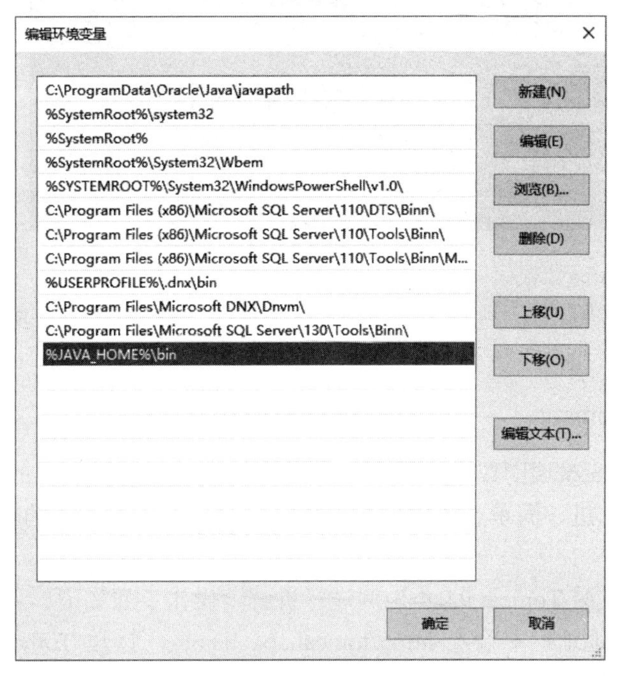

图 1-12　PATH 环境变量配置

（5）在系统变量中单击“新建”按钮，弹出“新建系统变量”对话框。在“变量名”文本框中输入 CLASSPATH，在“变量值”文本框中输入以下值。

```
.;%JAVA_HOME%\lib\dt.jar;%JAVA_HOME%\lib\tools.jar;
```

其中，.表示当前路径，即让 Java 虚拟机先到当前路径下查找要使用的类。当前路径是指 Java 虚拟机运行时的当前工作目录，如图 1-13 所示。单击“确定”按钮，完成 CLASSPATH 环境变量的配置。

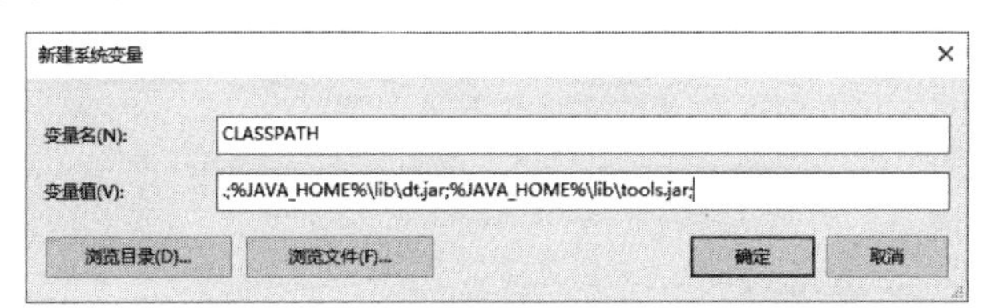

图 1-13　CLASSPATH 环境变量配置

JDK 环境变量配置完成后，需要测试 JDK 是否能够正常运行，操作步骤如下。

（1）启动 Windows 命令窗口。单击“开始”菜单，选择“运行”选项，打开命令输入框，输入 cmd 命令，进入 Windows DOS 环境。

（2）在命令提示符下输入查看 JDK 版本的 DOS 命令，命令代码如下。

```
java -version
```

（3）执行结果如图 1-14 所示。

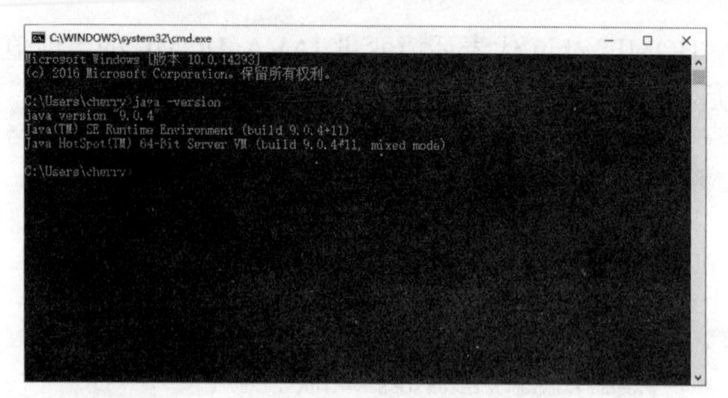

图 1-14　测试 JDK

从图 1-14 中可以看出，当前 Java Version 的值为 9.0.4，跟安装版本相同，表示 JDK 安装成功。

3．下载安装 Tomcat

Tomcat 是由 Apache 组织、Sun 公司和其他参与人协作开发完成的。Tomcat 是开源的免费软件，其技术先进、简单、易用、稳定性好，已成为当前流行的轻量级 Web 应用服务器。

本书以下载和安装 Tomcat 9.0.4 为例进行讲解，操作步骤如下。

（1）在浏览器地址栏中输入 http://tomcat.apache.org，打开 Tomcat 官网，如图 1-15 所示。在左侧菜单 Download 下单击 Tomcat 9，进入 Tomcat 9 下载页面。

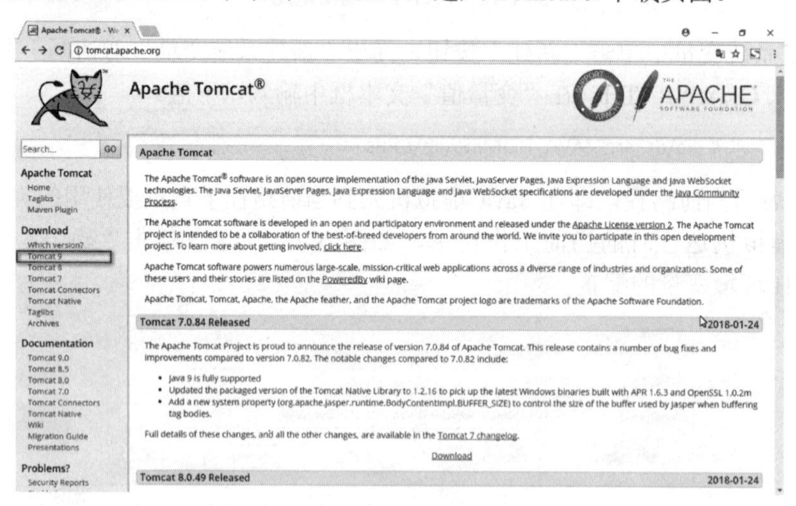

图 1-15　Tomcat 官网

（2）进入 Tomcat 9 下载页面后，在 Binary Distrubutions 的 Core 列表位置处，根据计算机操作系统的类型选择对应版本进行下载。这里选择 64-bit Windows zip 下载程序包，下载的文件名为 apache-tomcat-9.0.4-windows-x64.zip，如图 1-16 所示。

（3）将下载的 ZIP 格式压缩包进行解压，解压完成后，则 Tomcat 9 安装完成。

（4）配置环境变量。运行 Tomcat 只需要配置好环境变量 JAVA_HOME 即可。具体参见前文“配置与测试 JDK”的内容。

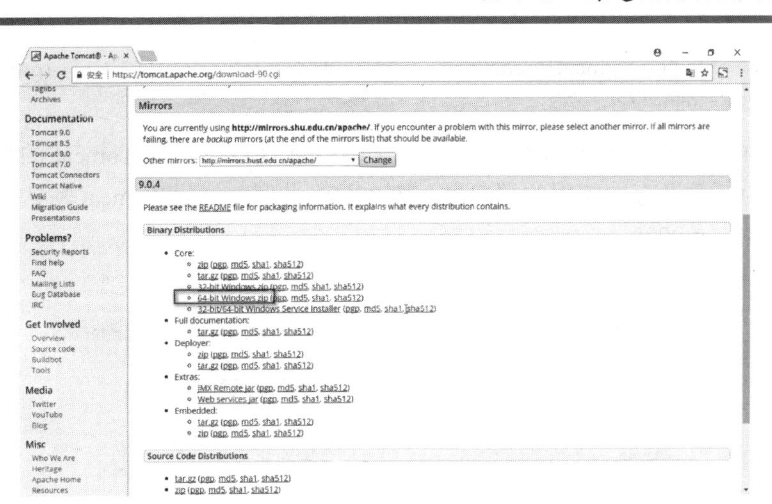

图 1-16　Tomcat 9　下载页面

（5）启动 Tomcat。双击 Tomcat 目录下的 bin 文件夹中的 startup.bat，启动 Tomcat。在命令窗口中出现 Sever startup in 2141 ms 的提示信息，如图 1-17 所示，说明 Tomcat 已经启动。

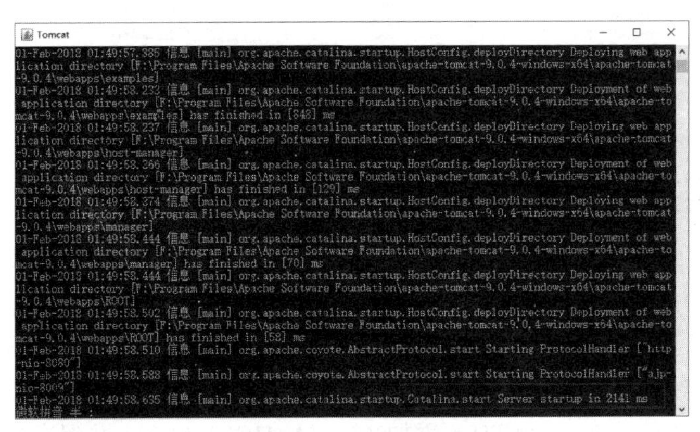

图 1-17　启动 Tomcat 9

（6）启动 Tomcat 后，打开浏览器，在地址栏中输入 http://localhost:8080，打开 Tomcat 9 的默认主页，若主页正确加载，则表示 Tomcat 9 安装成功，如图 1-18 所示。

若要停止 Tomcat 服务器，只需执行 bin 目录下名为 shutdown.bat 的应用程序即可。

4．配置 Tomcat 端口号

Tomcat 的配置文件都位于 conf 目录下，这些文件主要是基于可扩展标记语言 XML 的，其中最重要的两个文件是 web.xml 和 server.xml。

☑ web.xml：设定 Tomcat 下所有 Web 应用的配置信息，主要包括环境参数、初始化、Servlet 的名称和映射等。

☑ server.xml：Tomcat 的全局配置文件，是配置的核心文件。

Tomcat 默认的端口号为 8080，修改 Tomcat 端口号需要修改 server.xml 文件，在 server.xml 文件中找到如下代码。

```
<Connector executor="tomcatThreadPool" port="8080" protocol="HTTP/1.1" connectionTimeout="20000" redirectPort="8443" />
```

其中，Connector 表示一个到用户的连接，port 属性用于设置 Tomcat 的端口号，可以将 8080 修改为任意没有被使用的端口号，如 8090。此时，访问 Tomcat 默认主页的地址则变为 http://localhost:8090。

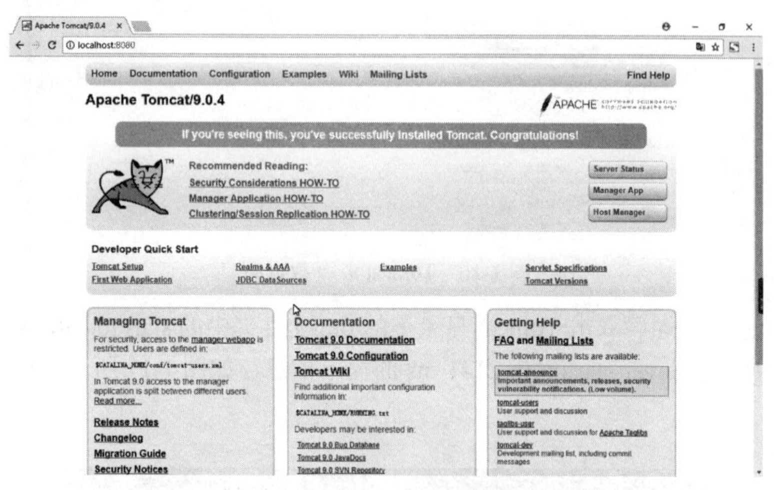

图 1-18　Tomcat 9 默认主页

❑ 任务实施

步骤 1：下载安装 JDK 9

访问 JDK 官方网址 http://www.oracle.com，下载并安装 Java SE 9.0.4。

步骤 2：配置 JDK 9 的环境变量 JAVA_HOME

（1）新建系统环境变量 JAVA_HOME，其值为 JDK9.0.4 的安装路径。

（2）编辑系统环境变量 PATH，添加%JAVA_HOME%\bin;并保存。

（3）新建系统环境变量 CLASSPATH，设置 CLASSPATH 的值如下。

```
.; %JAVA_HOME%\lib\dt.jar; %JAVA_HOME%\lib\tools.jar
```

步骤 3：测试 JDK 9 的安装配置

打开 Windows 的 DOS 环境，在命令提示行下输入如下代码，查看 JDK 版本号。

```
java - version
```

步骤 4：下载安装 Tomcat 9

访问 Tomcat 官方网址 http://tomcat.apache.org，下载 Tomcat 9.0.4，将下载的安装包解压到磁盘。

步骤 5：启动 Tomcat 9

（1）打开安装目录下子文件夹 bin，双击 startup.bat 文件，启动 Tomcat。

（2）打开浏览器，在地址栏中输入 http://localhost:8080，查看页面效果。

任务 2　创建第一个 Java Web 项目

□ 任务场景

【任务描述】

搭建好 Java Web 开发环境后，创建一个 Java Web 项目，编写一个简单的 JSP 页面是 Java Web 项目开发的起步。本任务使用文本编辑器创建和编写 JSP 页面，并使用 Tomcat 服务器运行和浏览 JSP 页面。

【运行效果】

在浏览器的地址栏中输入 localhost:8080/chap0101/index.jsp，页面输出了“This is my first Java Web project！”，输出效果如图 1-19 所示。

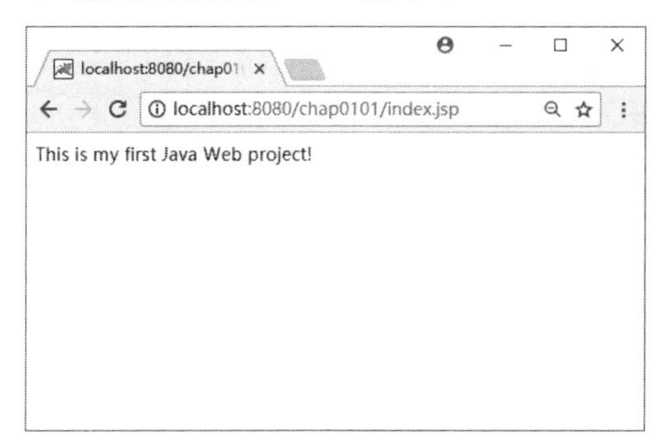

图 1-19　第一个 Java Web 项目

□ 知识引入

1.2.1　JSP 页面简介

在传统的静态网页 HTML 文件中，加入 Java 程序片段或 JSP 标签就构成了 JSP 页面。JSP 页面使用符号<%和%>加入 Java 程序片段，文件扩展名为.jsp。文件的命名必须符合操作系统标识符规定，即由字母、下画线、$和数字组成，且第一个字符不能是数字。JSP 页面本就是一个文本文件，因此可以使用文本编辑器来创建和编辑。在保存 JSP 页面时，为避免出现中文字符乱码，建议其编码格式选择 utf-8。

【例 1-1】创建一个简单的 JSP 页面，输出“HELLO WORLD！”。

```
//程序文件：1-1.jsp
01  <%@ page language="java"%>
02  <html>
```

```
03  <body>
04  <%
05   out.print("HELLO WORLD!");
06  %>
07  </body>
08  </html>
```

【程序说明】

第 1 行：设置 JSP 页面的语言为 Java。

第 5 行： out.print()方法用于向浏览器输出需要显示的内容。

【学习提示】

HTML 对大小写不敏感，而 JSP 程序代码对大小写敏感。

执行上述代码，页面显示效果如图 1-20 所示。

图 1-20　1-1.jsp 页面显示效果

1.2.2　Tomcat 下运行 JSP 页面

编写好的 JSP 页面必须发布到 Tomcat 才能运行显示效果。也就是说，需要将 JSP 页面复制到 Tomcat 安装目录的指定目录下。

1. Tomcat 目录结构

Tomcat 安装目录下包含了一系列文件和文件夹，如图 1-21 所示。

文件夹具体内容说明如下。

- ☑ bin：存放启动和关闭 Tomcat 的脚本文件。
- ☑ conf：存放 Tomcat 的各种配置文件。其中，server.xml 和 web.xml 是主要的两个配置文件。
- ☑ lib：存放 Tomcat 运行时所需要的各种 JAR 文件。
- ☑ logs：存放 Tomcat 每次运行后产生的日志文件。
- ☑ temp：存放 Web 应用运行过程中生成的临时文件。
- ☑ webapps：存放 Web 项目的目录。发布 Web 项目时，默认将要发布的 Web 项目存放在此。

☑ work：存放由 JSP 生成的 Servlet 源文件和字节码文件，由 Tomcat 自动生成。

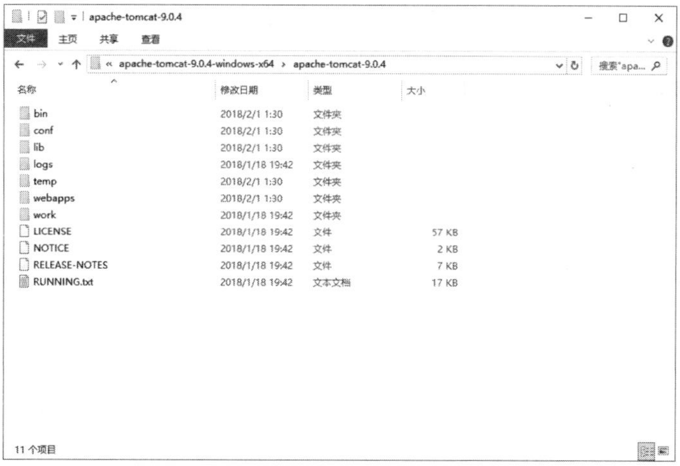

图 1-21　Tomcat 9 安装目录

2．Tomcat 项目根目录

在 Tomcat 下，每个 Web 项目都有一个对应的目录存放在 Tomcat 的 webapps 子目录中。在 webapps 目录中存在一个自带的特殊目录 ROOT，该目录是 Tomcat 默认的访问项目，当访问 ROOT 项目对应的地址时，地址栏里不需要给出项目路径名称，Tomcat 的默认首页就属于 ROOT 项目。

将例 1-1 中创建的 1-1.jsp 直接复制到 ROOT 目录中，如图 1-22 所示。

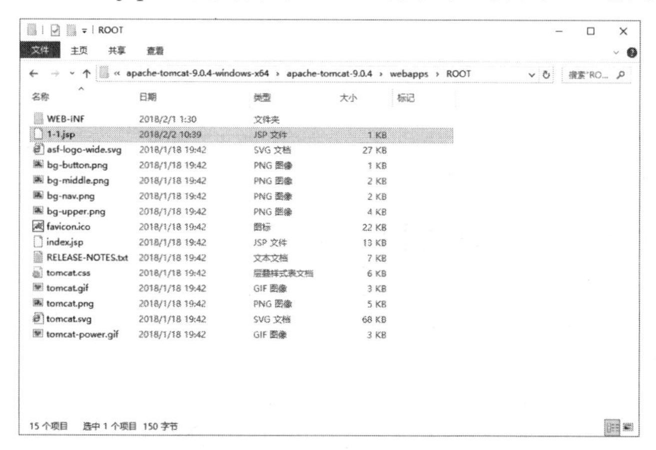

图 1-22　ROOT 根目录下的文件内容

打开浏览器，在地址栏中输入如下地址，页面显示如图 1-20 所示。

```
http://localhost:8080/1-1.jsp
```

3．Tomcat Web 项目目录

Tomcat 安装目录的 webapps 子目录下的任何一个子目录对应一个 Web 项目。开发人员可以在 webapps 下新建子目录来创建自己的 Java Web 项目，该项目所需的所有文件和

文件夹存放在该子目录下。例如，在 webapps 下创建名称为 demo1 的子文件夹，把例 1-1 中创建的 1-1.jsp 文件复制到 demo1 文件夹中，如图 1-23 所示。

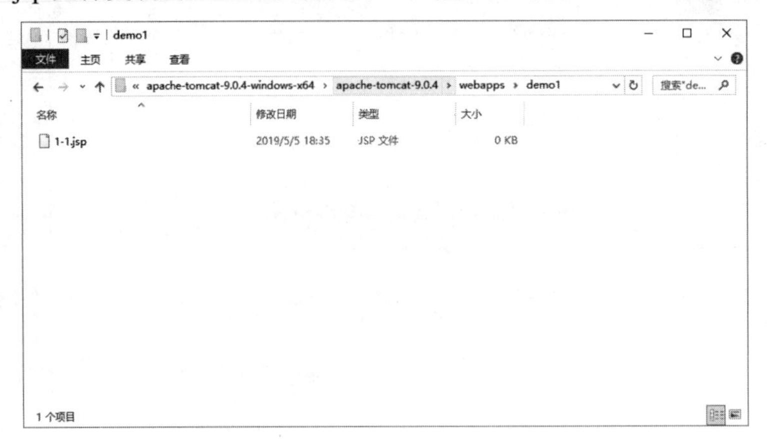

图 1-23　demo1 目录下的文件内容

打开浏览器，在地址栏中输入如下地址。

```
http://localhost:8080/demo1/1-1.jsp
```

页面运行效果如图 1-24 所示。

图 1-24　1-1.jsp 文件显示效果

1.2.3　JSP 的运行原理与过程分析

当客户端浏览器请求一个 JSP 页面时，Tomcat 是如何运行并返回结果的呢？JSP 的运行原理如图 1-25 所示。

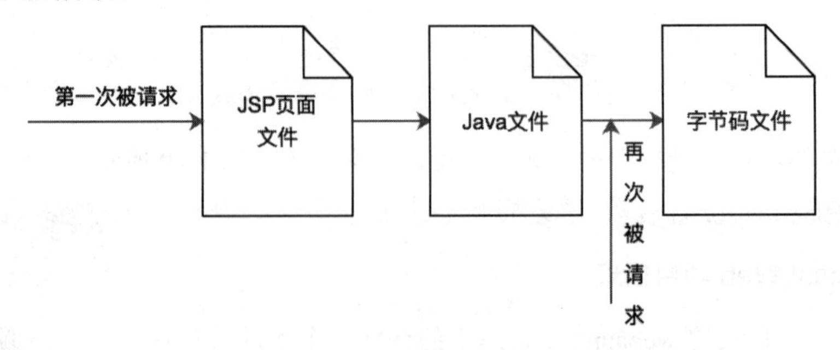

图 1-25　JSP 的运行原理

JSP 运行原理的具体过程描述如下。

（1）当一个 JSP 页面第一次被请求执行时，Tomcat 首先将 JSP 页面文件转换成一个 Java 文件，即 Servlet。

（2）将转换成功的 Java 文件编译成字节码文件，再执行这个字节码文件来响应客户请求。当这个 JSP 页面再次被请求时，Tomcat 将直接执行生成的字节码文件来响应，从而加快页面的执行速度。

一个 JSP 页面第一次被请求的具体执行过程如图 1-26 所示。

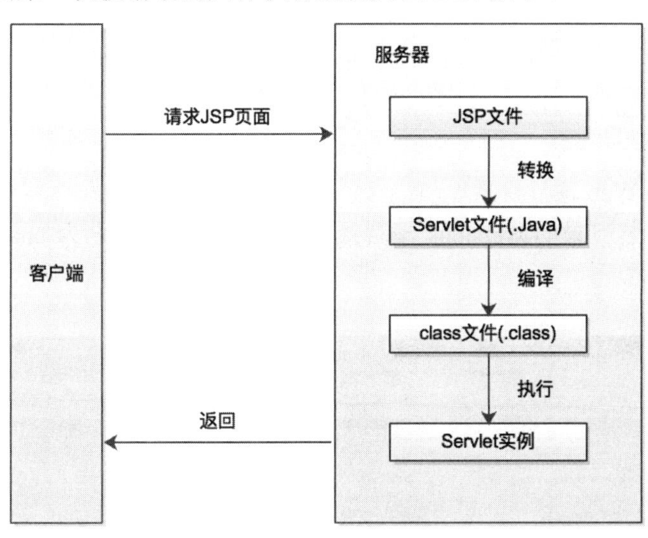

图 1-26　JSP 页面执行过程

具体执行过程包括如下步骤。

（1）服务器将 JSP 文件转换成 Java Servlet 源程序。

（2）转换成功后，将 Java 文件编译为.class 文件。如果编译过程中出现问题，则报错。

（3）Servlet 容器加载.class 文件，创建一个 Servlet 的实例，并执行 Servlet 的 jspInit()方法，该方法只执行一次。

（4）执行 Servlet 的_jspService()方法来处理客户端请求。

（5）若.jsp 文件被修改，服务器将根据设置决定是否对该文件重新编译。如果需要重新编译，则使用重新编译后的结果取代内存中常驻的 Servlet，并继续上述处理过程。

（6）若出现系统资源不足等状况，则服务器调用 jspDestroy()方法将 Servlet 从内存中移去。接着 Servlet 实例便被加入“垃圾收集”处理。

（7）当请求处理完成后，响应对象由服务器接收，并将 HTML 格式的响应信息发送回客户端。

对于 1.2.2 节中所创建的 demo1 项目和 1-1.jsp 页面文件，可以在 Tomcat 的 work 子目录下找到由 Tomcat 转换 JSP 页面文件生成的.java 文件和编译 Java 文件得到的.class 文件，如图 1-27 所示。

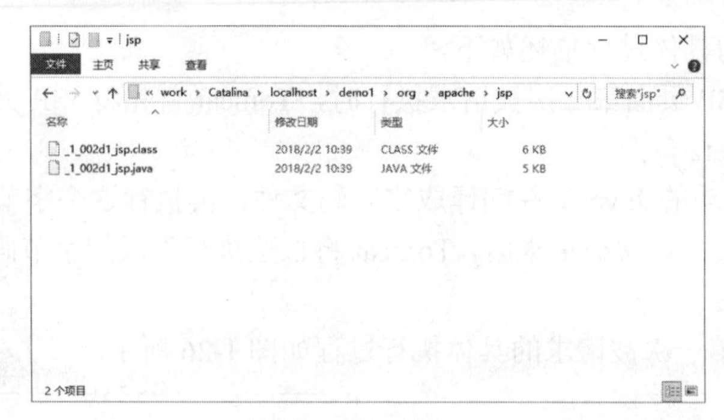

图 1-27　JSP 页面对应的.java 文件和.class 文件

❑ 任务实施

步骤 1：创建 Web 项目目录

在 Tomcat 安装目录的 webapps 子目录下新建文件夹，命名为 chap0101，如图 1-28 所示。

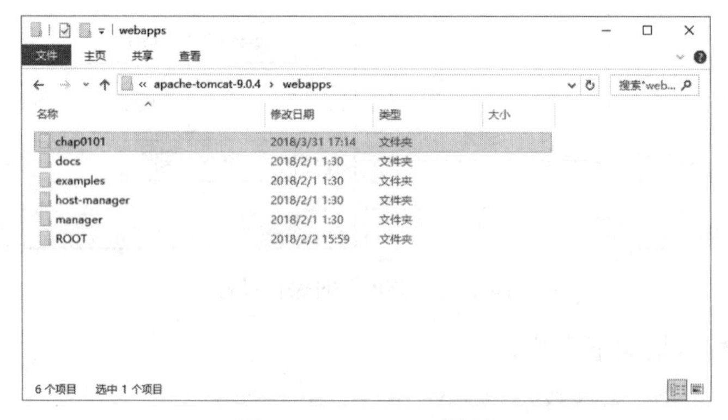

图 1-28　chap0101 目录

步骤 2：创建 JSP 页面

在 chap0101 目录中新建文件，文件名称为 index.jsp，如图 1-29 所示。

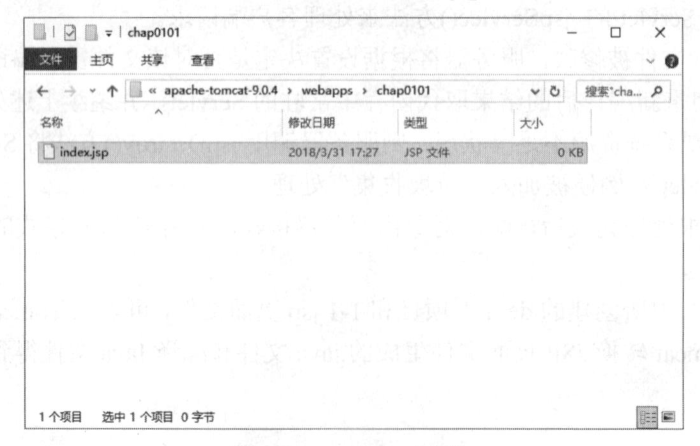

图 1-29　index.jsp 文件

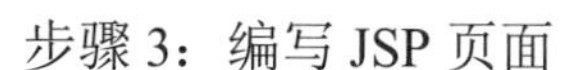

步骤 3：编写 JSP 页面

使用记事本打开 index.jsp 文件，添加如下代码，并保存。

```
//程序文件：index.jsp
01   <%@ page language="java" contentType="text/html"%>
02   <html>
03   <body>
04   <%
05    out.print("This is my first Java Web project!");
06   %>
07   </body>
08   </html>
```

步骤 4：运行项目，查看效果

启动 Tomcat 服务器，打开浏览器，在地址栏中输入如下地址。

```
http://localhost:8080/chap0101/index.jsp
```

任务 3　使用 Eclipse 创建 Java Web 项目

❑ 任务场景

【任务描述】

Eclipse 是开发 Java Web 项目的首选工具，它为开发人员提供了一流的 Java 集成开发环境。本任务在配置好的 Eclipse 开发环境下创建 Java Web 项目，使用 Eclipse 编写和运行 JSP 页面。

【运行效果】

在浏览器的地址栏中输入 localhost:8080/chap0102/index.jsp，页面输出了“This is my Web project in Eclipse！”，输出效果如图 1-30 所示。

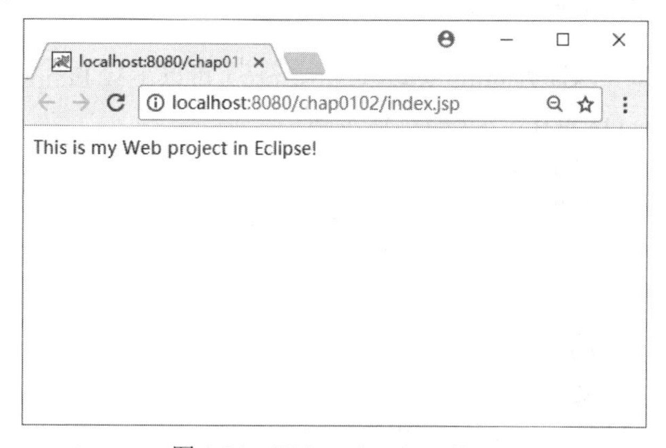

图 1-30　Web project in Eclipse

□ 知识引入

1.3.1 Eclipse 概述

Eclipse 是一个开放源码的、基于 Java 的、可扩展的开发平台。它是目前最流行的集成开发环境之一，使用它可以高效地完成 Java 程序的开发。

Eclipse 并不仅限于 Java 开发，还支持 C、PHP 等多种编程语言的开发。Eclipse 提供了一个框架，可以通过添加相应的插件组件来构建不同的开发环境。

Eclipse 平台为开发者提供各种编程工具集成的机制和规则，这些机制通过应用程序接口（API）、类和方法表现出来。本质上，Eclipse 是一组松散绑定但互相连接的代码块。Eclipse 平台的结构如图 1-31 所示。

Eclipse 平台建立在插件机制之上。插件是 Eclipse 平台下最小的可单独开发和发布的功能单元。除了一些被称为平台运行时的“内核”，Eclipse 平台所有的功能都由插件实现。此外，Eclipse 还支持团队协同开发，并提供了详细的帮助文档，以及对许多外部工具的支持。

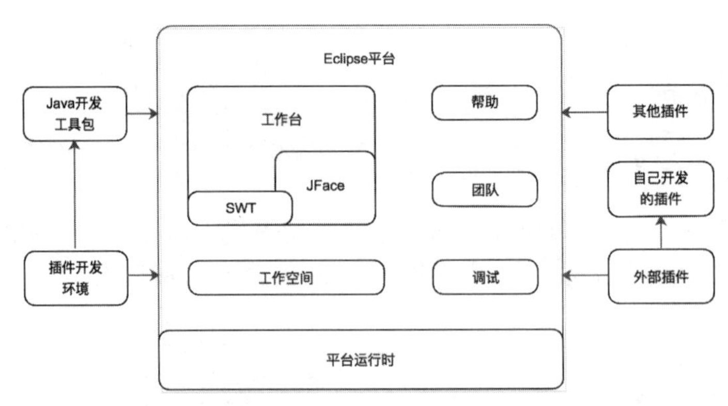

图 1-31　Eclipse 体系结构

1.3.2 下载和安装 Eclipse

从 Eclipse 的官网（网址为 http://www.eclipse.org）可以下载 Eclipse 的最新版本。下面介绍下载安装 Eclipse OXYGEN 4.7 的具体步骤。

（1）在浏览器地址栏中输入网址 http://www.eclipse.org，单击 DOWNLOAD 按钮，进入 Eclipse 的下载页面，如图 1-32 所示。

（2）在图 1-32 中，单击 Download Packages 按钮，进入 Eclipse OXYGEN 4.7 版的下载页面，如图 1-33 所示。

（3）在如图 1-33 所示的页面中，找到 Eclipse IDE for Java EE Develpers，根据自己计算机的 CPU 和操作系统进行选择，这里单击 Windows 64 Bit 超链接，进入对应 Eclipse IDE 的下载页面，如图 1-34 所示。单击 DOWNLOAD 按钮，开始下载。

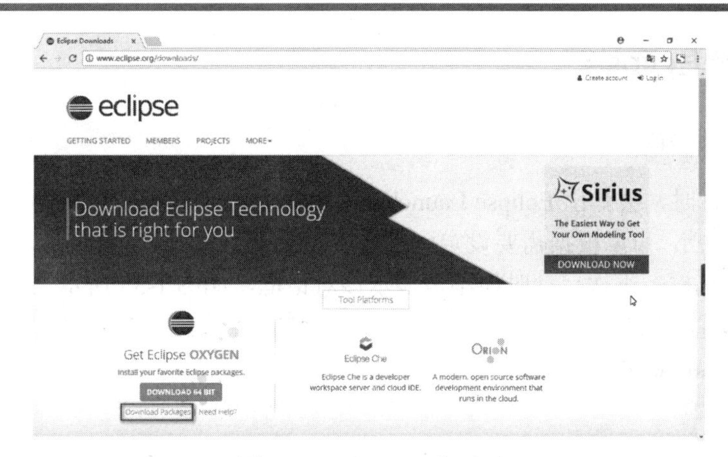

图 1-32　Eclipse 下载页面

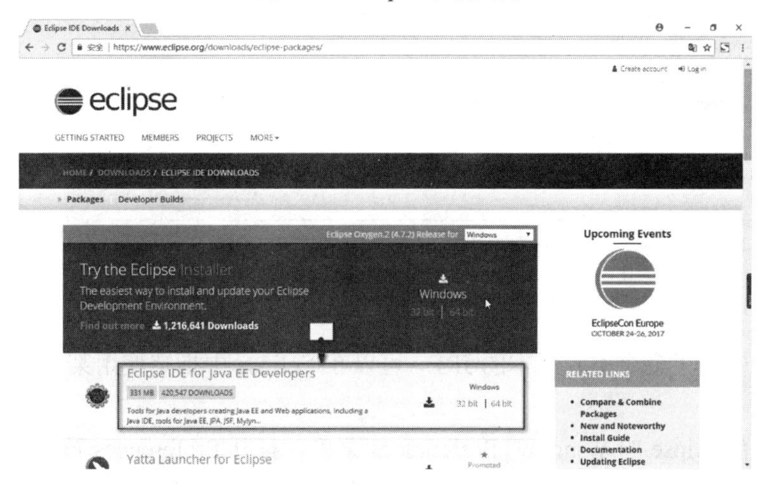

图 1-33　Eclipse OXYGEN 4.7 版的下载页面

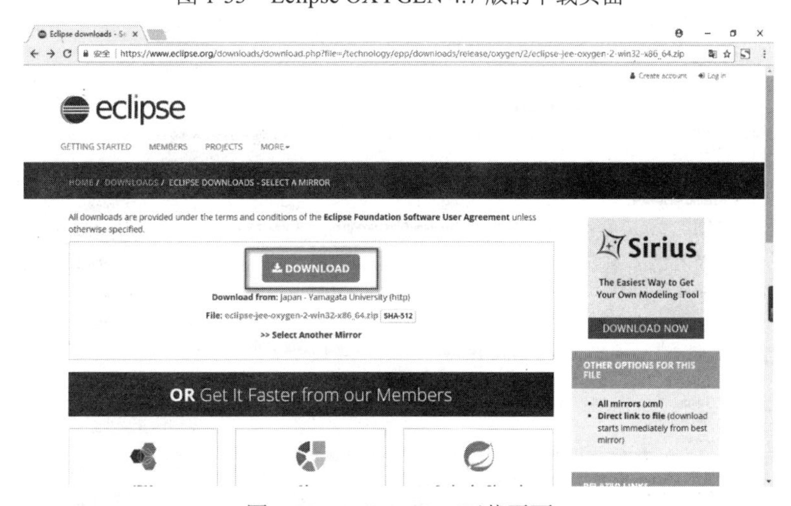

图 1-34　Eclipse IDE 下载页面

（4）下载后的文件名称为 eclipse-jee-oxygen-2-win32-x86_64.zip。将该安装包直接解压到指定目录即可完成 Eclipse 的安装。

1.3.3 配置 Eclipse

1. 设置工作空间

启动 Eclipse 时，会弹出 Eclipse Launcher 对话框，用于设置工作空间目录。工作空间用来存放项目文档，可以根据需要设定到指定的目录，若选中 Use this as the default and do not ask again 复选框，下次启动时便不再显示该对话框，如图 1-35 所示。

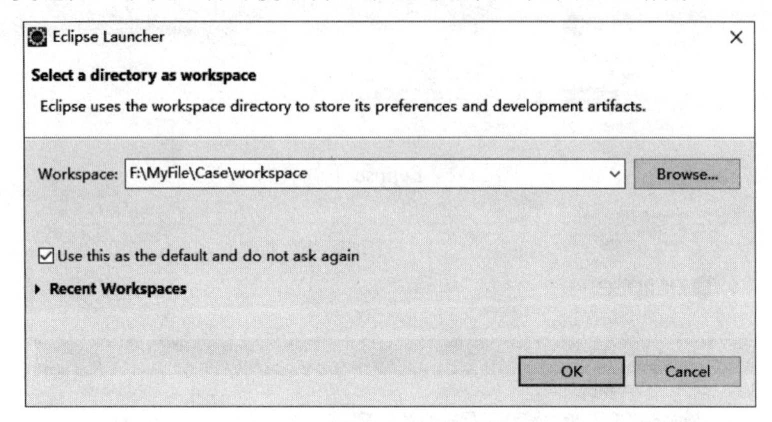

图 1-35 Eclipse Launcher 对话框

2. 配置 JRE

若系统中安装了多个不同版本的 JRE，可以在 Eclipse 中指定使用某个版本的 JRE，设置过程如下。

（1）选择 Eclipse 的 Window | Preferences 菜单，打开 Preferences 窗口。

（2）选择左侧 Java 节点下的 Installed JREs 选项，单击 Add 按钮添加新的 JRE，如图 1-36 所示。右侧列表中所示为已安装的 JRE，即 JRE 9 的版本。

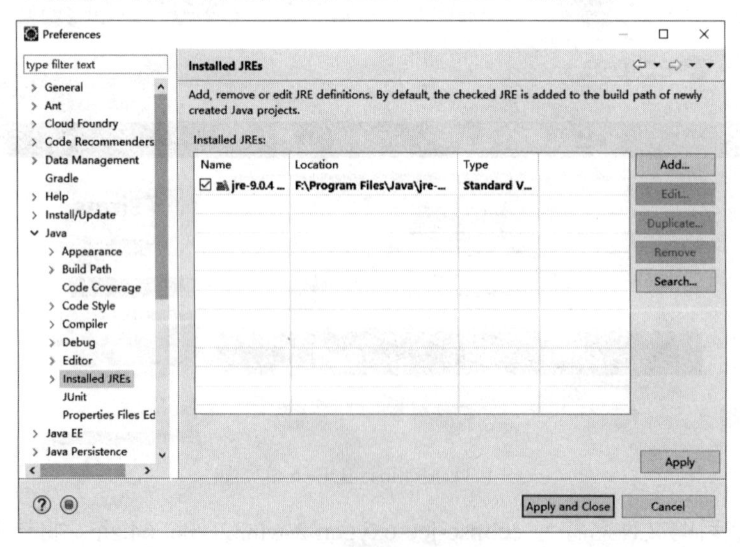

图 1-36 Preferences 窗口

3．配置 Tomcat

若需要在 Eclipse 中编写运行 JSP 网页，则需给 Eclipse 配置 Tomcat 服务器，从而将 Eclipse 和 Tomcat 结合在一起。在 Eclipse 中配置 Tomcat 的具体步骤如下。

（1）选择 Eclipse 的 Window | Preferences 菜单，打开 Preferences 窗口。

（2）选择左侧 Server 节点下的 Runtime Environment 选项，右侧列表中会列出已经配置好的 Tomcat，如图 1-37 所示。

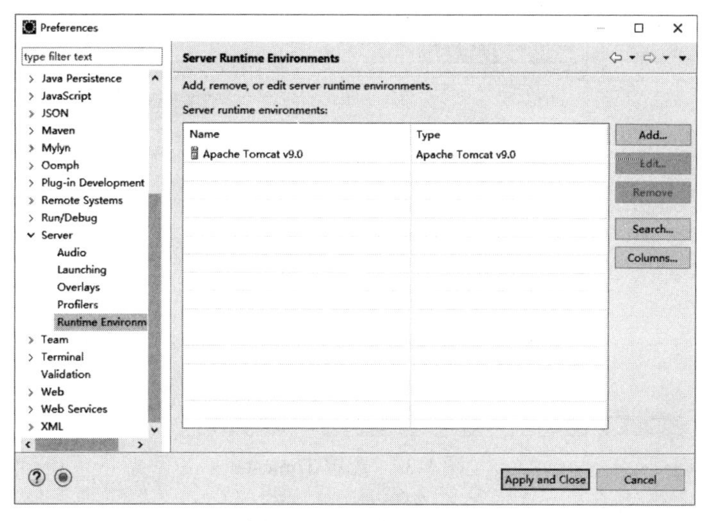

图 1-37　配置 Tomcat

（3）单击图 1-37 中的 Add 按钮添加新的 Tomcat 服务器，打开 New Server Runtime Environment 窗口，如图 1-38 所示。本书配置的 Tomcat 的版本是 Tomcat 9，这里选择 Apache Tomcat v9.0。

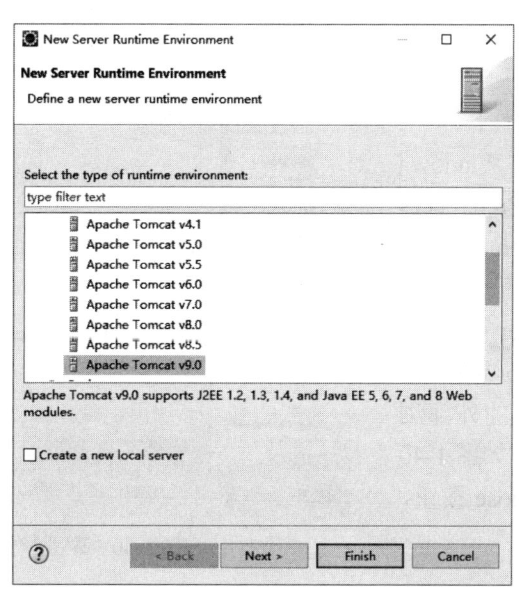

图 1-38　New Server Runtime Environment 窗口

（4）单击图 1-38 中的 Next 按钮，进入下一步窗口。在 Tomcat installation directory 下的文本框中输入 Tomcat 9 的安装目录，用户也可以通过单击 Browse 按钮进行安装目录的选择，如图 1-39 所示。

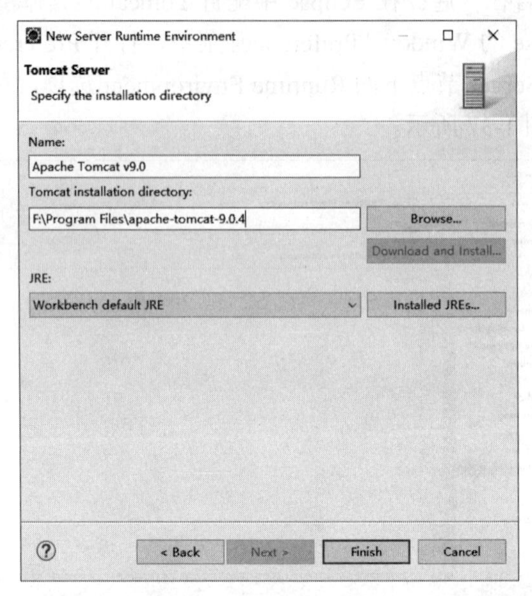

图 1-39　配置 Tomcat

（5）单击 Finish 按钮，完成 Tomcat 服务器的配置。

4．设置默认浏览器

默认情况下，Eclipse 使用自带的浏览器，但是 Eclipse 自带的浏览器没有主流浏览器使用方便，所以通常需要关联一个外部主流浏览器。具体过程如下。

（1）选择 Eclipse 的 Window | Preferences 菜单，打开 Preferences 窗口。选择左侧的 General | Web Browser 选项。

（2）在 Web Browser 窗口中，选中 Use external web browser 单选按钮，然后选中常用的外部浏览器，本书选择 Chrome，如图 1-40 所示。单击 Apply and Close 按钮，完成配置。

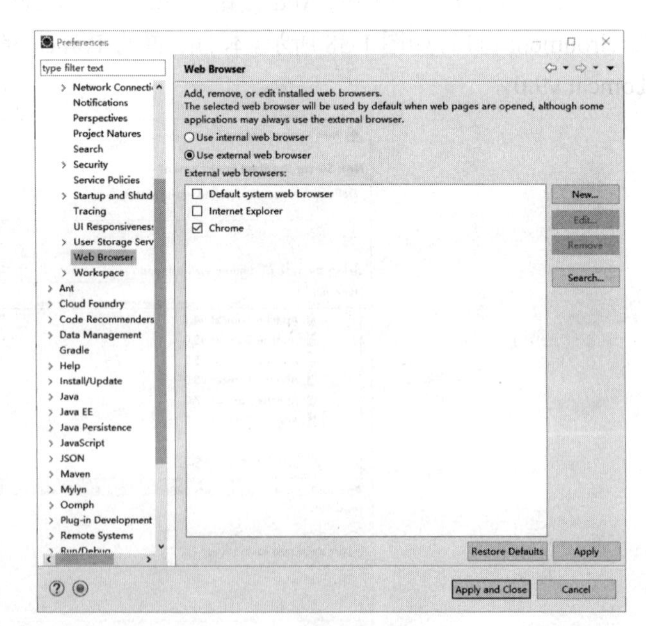

图 1-40　配置默认浏览器

5．指定 JSP 页面的编码方式

默认情况下，在 Eclipse 中创建的 JSP 页面是 ISO-8859-1 的编码方式。此编码方式不支持中文字符集，在编写中文时会出现乱码，需要指定一个支持中文的字符集来解决该问题。指定 JSP 页面的编码方式的具体方法如下。

（1）选择 Eclipse 的 Window | Preferences 菜单，打开 Preferences 窗口。选择左侧的 Web | JSP Files 选项。

（2）在 JSP Files 窗口的 Encoding 下拉列表中，选择 ISO 10646/Unicode（UTF-8）选项，即将 JSP 的页面编码设置为 UTF-8，如图 1-41 所示，单击 Apply and Close 按钮完成设置。

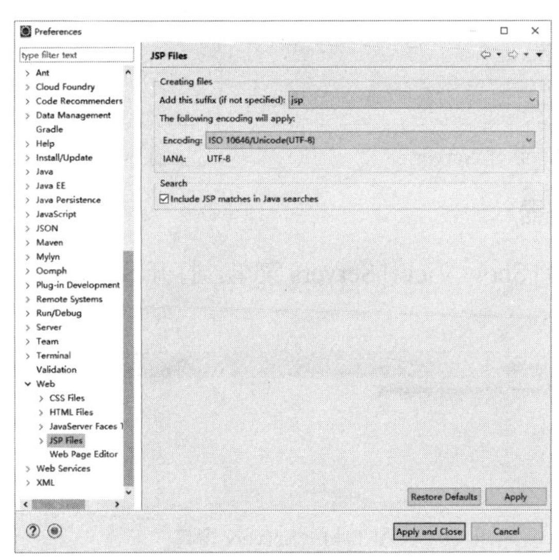

图 1-41　设置 JSP 页面的编码方式

1.3.4　Eclipse 下创建 Java Web 项目

在配置好的 Eclipse 开发环境中，如何创建、编写、调试和运行 Java Web 应用程序？本节以创建、编写、调试和运行一个 Java Web 应用程序为例，介绍其具体操作。

1．创建 Web 服务器

（1）在 Eclipse 开发工具中，选择 File | New | Other | Server 菜单，选择新建 Server，如图 1-42 所示。

（2）单击 Next 按钮，打开 Define a New Server 对话框，选择 Aapche | Tomcat v9.0 Server，如图 1-43 所示。

（3）单击 Finish 按钮，完成 Web 服务器的创建。

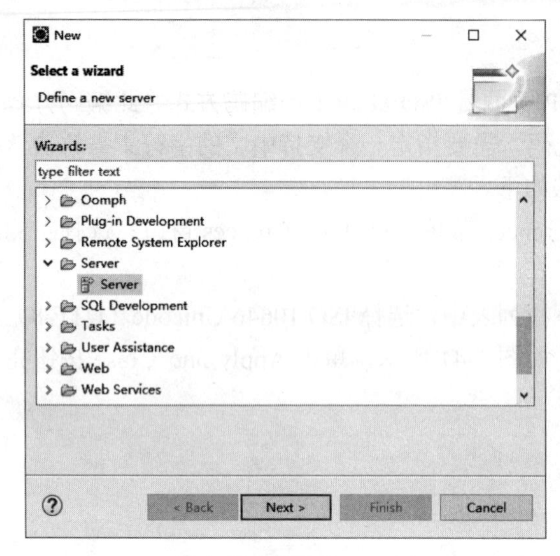

图 1-42 新建 Server

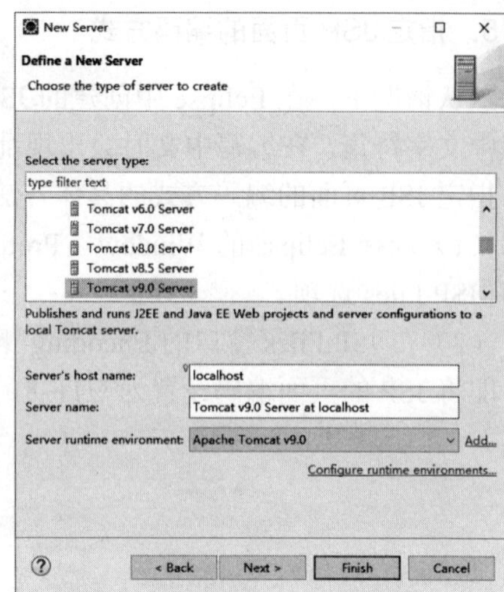

图 1-43 新建 Tomcat v9.0 Server

2. 配置 Web 服务器

（1）选择 Window | Show View | Servers 菜单，打开 Servers 窗口，查看新创建的 Web 服务器，如图 1-44 所示。

图 1-44 Servers 窗口

（2）双击图 1-44 中已经配置好的 Web 服务器 Tomcat v9.0 Server at localhost，打开服务器配置窗口，如图 1-45 所示。

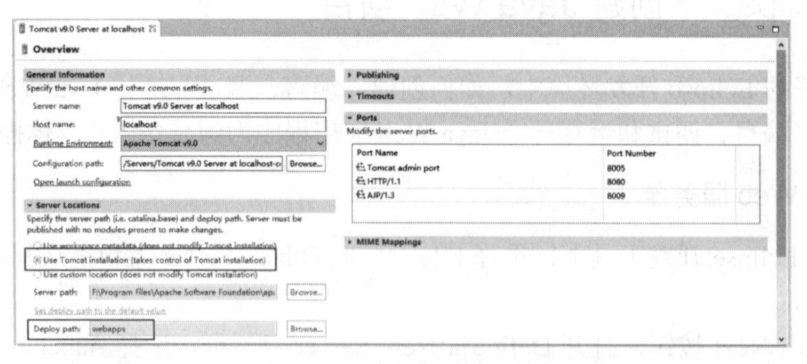

图 1-45 设置项目发布路径

（3）在图 1-45 中，选中 Use Tomcat installation (takes control of Tomcat installation)单选按钮，设置 Tomcat 的安装路径为项目的发布路径。修改 Deploy path 的值为 webapps，即项目发布的文件夹为 Tomcat 安装路径下的 webapps 文件夹。

（4）在图 1-45 中，还可以修改 Tomcat 默认端口号 8080。

3. 创建 Java Web 项目

（1）选择 File | New | Project 菜单，打开 New Project 窗口，选择 Web | Dynamic Web Project 选项，如图 1-46 所示。

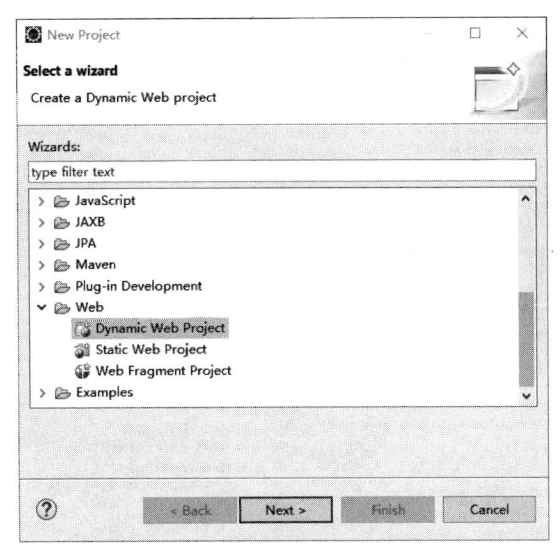

图 1-46　New Project 窗口

（2）单击 Next 按钮，打开 Dynamic Web Project 窗口，输入项目名称 firstweb，其他保持默认设置，如图 1-47 所示。

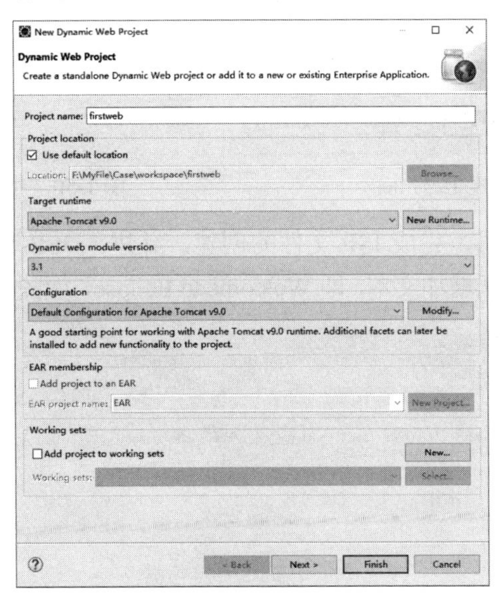

图 1-47　New Dynamic Web Project 窗口

（3）单击 Finish 按钮，完成名称为 firstweb 的 Web 项目的创建。在 Project Explorer 窗口可以查看 firstweb 项目的结构，如图 1-48 所示。

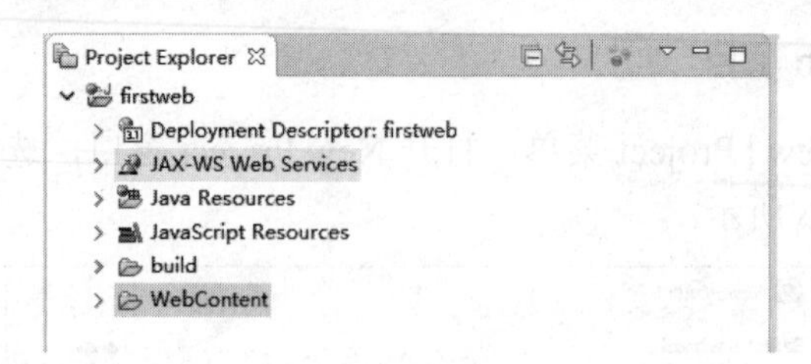

图 1-48　Project Explorer 窗口

4. 新建 JSP 文件

（1）在 Project Explorer 窗口中，选择 firstweb | WebContent 选项，右击，选择 File | New | Other，打开 New 窗口，选择 Web | JSP File 选项，如图 1-49 所示。

（2）单击 Next 按钮后，输入文件名 hello.jsp，如图 1-50 所示。

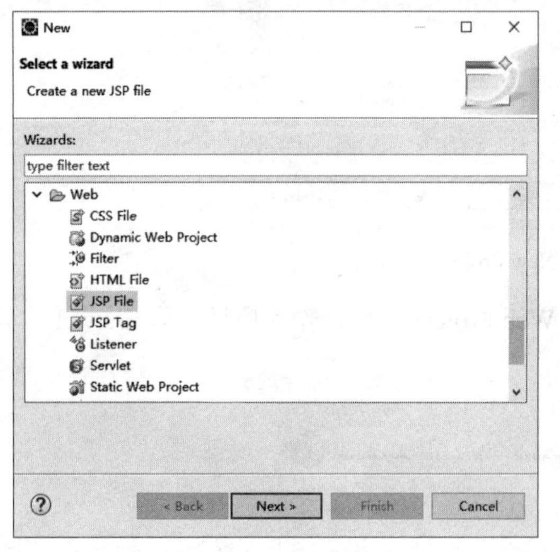

图 1-49　新建 JSP File

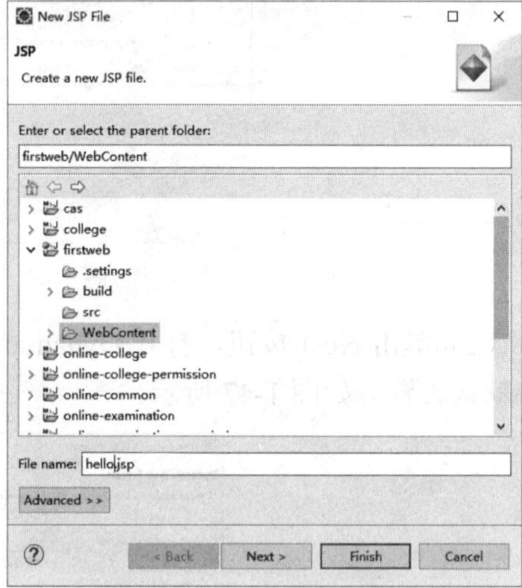

图 1-50　指定 JSP 文件名称

（3）单击 Finish 按钮，完成 JSP 文件的创建，并进入 JSP 文件的编辑状态。

（4）在 body 标签之间增加文本，即 Welcome to Eclipse，如图 1-51 所示，然后保存文件。

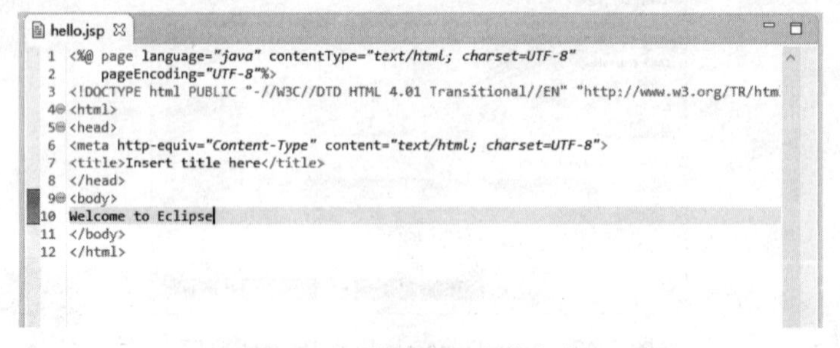

图 1-51　编辑 JSP 文件内容

5. 运行 JSP 文件

（1）在 Project Explorer 窗口中选择 hello.jsp，右击，选择 Run As | Run on Server，打

开 Run on Server 窗口，如图 1-52 所示。

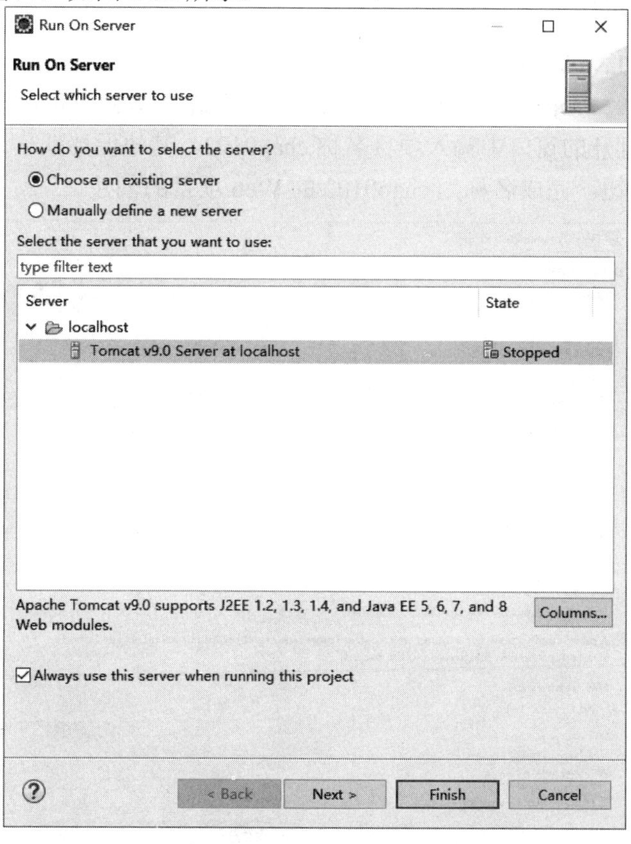

图 1-52　Run On Server 窗口

（2）选中 Always use this server when running this project，单击 Finish 按钮，会自动打开浏览器，并输出 hello.jsp 页面的显示效果，如图 1-53 所示。

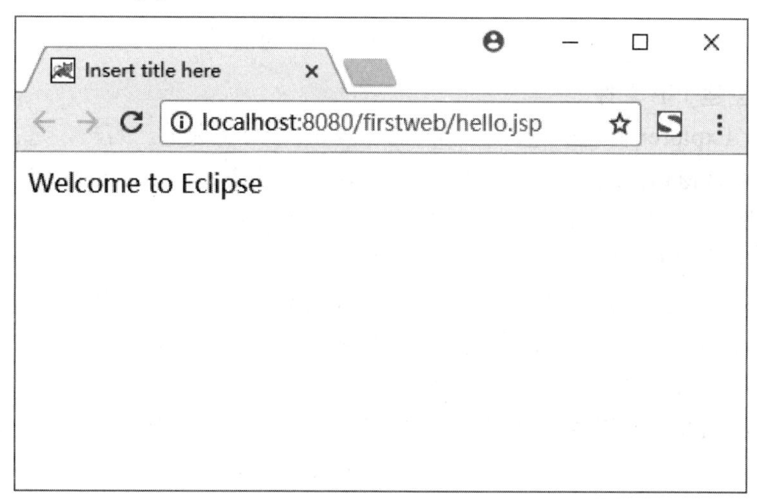

图 1-53　hello.jsp 页面效果

□ 任务实施

步骤 1：创建 Java Web 项目

选择 File | New | Project，打开 New Project 窗口，选择 Web | Dynamic Web Project，单击 Next 按钮，在打开的窗口中输入项目名称 chap0102，其他保持默认设置，如图 1-54 所示。单击 Finish 按钮，完成名称为 chap0102 的 Web 项目的创建。

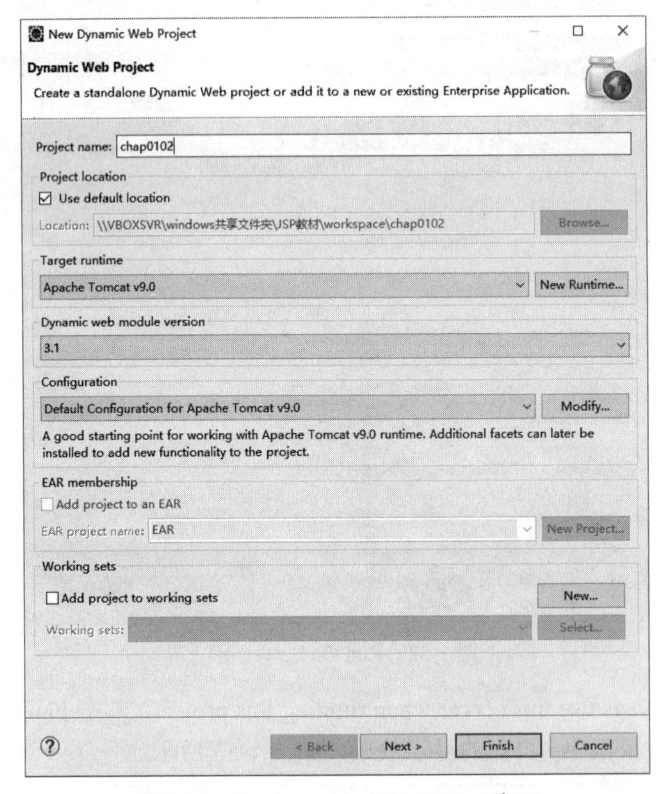

图 1-54　New Dynamic Web Project 窗口

步骤 2：创建 JSP 文件

在 Project Explorer 窗口中选择 chap0102 | WebContent 选项，右击，选择 File | New | Other，打开 New 窗口，选择 Web | JSP File 选项，单击 Next 按钮，在新窗口输入文件名 index.jsp，如图 1-55 所示。单击 Finish 按钮，完成 JSP 文件的创建。

步骤 3：编辑 JSP 文件

进入 index.jsp 文件的编辑状态，在 body 标签之间增加文本，完成显示输出“This is my Web project in Eclipse！”的功能，如图 1-56 所示，单击保存文件。

步骤 4：运行 JSP 文件

在 Project Explorer 窗口中选择 index.jsp 选项，右击，选择 Run As | Run on Server，系统自动打开浏览器，并输出 index.jsp 页面的显示效果。

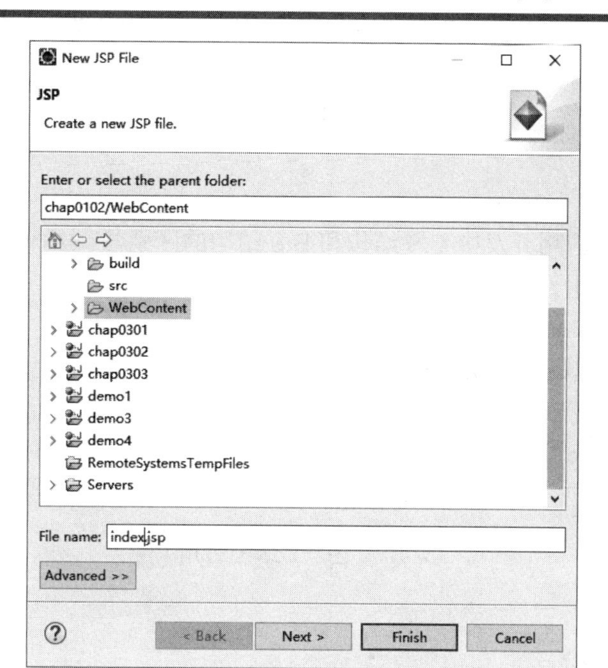

图 1-55　New JSP File 窗口

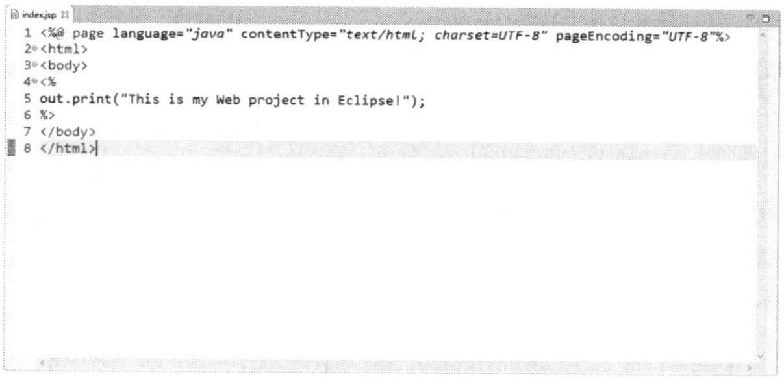

```
1 <%@ page language="java" contentType="text/html; charset=UTF-8" pageEncoding="UTF-8"%>
2 <html>
3 <body>
4 <%
5 out.print("This is my Web project in Eclipse!");
6 %>
7 </body>
8 </html>
```

图 1-56　编辑 JSP 文件

项　目　小　结

本项目通过搭建 Java Web 开发环境、创建第一个 Java Web 项目、使用 Eclipse 创建 Java Web 项目 3 个任务的实现，介绍了 Web 服务器和客户端、C/S 结构和 B/S 结构、静态网页与动态网页、动态 Web 技术、Java Web 开发环境、JSP 页面基本结构、JSP 的运行原理与过程、Eclipse 中搭建 Java Web 运行环境的方法等。本项目是 Java Web 项目开发的入门篇，为后续项目任务的实施奠定基础。

思考与练习

1．请阐述 Web 应用开发中 C/S 结构和 B/S 结构的区别。
2．简述 Web 应用开发技术有哪些。
3．如何配置 JDK 的环境变量？
4．如何安装和配置 Tomcat 服务器？
5．如何下载安装 Eclipse？
6．如何在 Eclipse 中配置 JDK 和 Tomcat 服务器？

项 目 实 训

【实训任务】

创建 E 诚尚品（ESBuy）网上商城项目。

【实训目的】

☑ 掌握安装和配置 Java Web 项目开发环境的方法。
☑ 掌握在 Eclipse 下创建、编写和运行 Java Web 项目的方法。

【实训内容】

1．在 Eclipse 中创建一个名称为 ESBuy 的 Java Web 项目。

2．在 ESBuy 项目中添加一个名称为 index.jsp 的 JSP 页面，该 JSP 页面中显示“欢迎来到 ESBuy 网上商城！”。

项目 2

Java Web 项目的界面设计

❑ 学习导航

【学习任务】

任务1　设计会员注册页面
任务2　设计网站主页

【学习目标】

➢ 掌握JSP页面基本结构
➢ 会运用JSP元素编写简单的JSP程序
➢ 会运用JSP动作元素实现代码处理程序与特殊JSP标记的关联

任务1　设计会员注册页面

□ 任务场景

【任务描述】

会员注册是网站的一个常见功能，网站可以通过注册来保存用户信息，从而方便用户访问及查阅自己的信息。本任务创建一个 Java Web 项目，使用 JSP 完成用户注册页面，为后续用户注册功能的实现做准备。

【运行效果】

本任务完成的注册页面效果如图 2-1 所示。

图 2-1　用户注册页面

【任务分析】

（1）用户注册页需要使用 JSP 指令中的 page 指令设置 JSP 页面的相关属性。

（2）用户注册页需要使用 HTML 中 form 表单标签和相应的表单元素标签。

□ 知识引入

2.1.1　JSP 页面基本结构

在传统的 HTML 页面中加入 Java 程序片段或者 JSP 标记就构成了 JSP 页面。JSP 页面通常由以下基本元素组成。

☑　HTML 标记

☑　JSP 声明

☑　JSP 程序片

☑　JSP 表达式
☑　JSP 注释
☑　JSP 指令
☑　JSP 动作

2.1.2　JSP 声明

在 JSP 中，声明表示一段 Java 源代码，用来定义变量和方法，声明的语法如下。

```
<%! [Declarations;]+ %>
```

1．声明变量

JSP 声明的变量可以是 Java 语言允许的任何数据类型的变量，通常这些变量称为 JSP 页面的成员变量。在 JSP 中声明成员变量的代码如下。

```
<%! int i = 0; %>
<%! int a, b, c; %>
<%! Circle a = new Circle(2, 0); %>
```

JSP 声明的变量在整个 JSP 页面内都有效，与 JSP 声明的位置无关，即将<%!和%>之间声明的变量，在这段代码之前进行调用也是有效的，但习惯上把 JSP 声明写在 JSP 页面的前面。

JSP 声明的变量作为类的成员变量，其生命周期直到 JSP 引擎关闭才结束。当多个用户请求同一个 JSP 页面时，JSP 引擎会为每个用户启动一个线程，这些线程由 JSP 引擎服务器管理，且共享 JSP 页面的成员变量。某个用户对 JSP 页面成员变量的操作会影响其他用户。

【例 2-1】网站简单计数器的实现。

```
//程序文件：2-1.jsp
01  <%@ page language="java" contentType="text/html; charset=UTF-8" pageEncoding="UTF-8"%>
02  <html>
03  <body>
04  <%! int i = 0; %>
05  <% i++; %>
06  <p>你是第<%=i %>个访问本网站的用户。</p>
07  </body>
08  </html>
```

【程序说明】

第 4 行：声明了一个成员变量 i，并赋初值为 0。
第 5 行：成员变量 i 的值加 1。
第 6 行：使用 JSP 表达式输出 i 的值。
运行结果如图 2-2 所示。

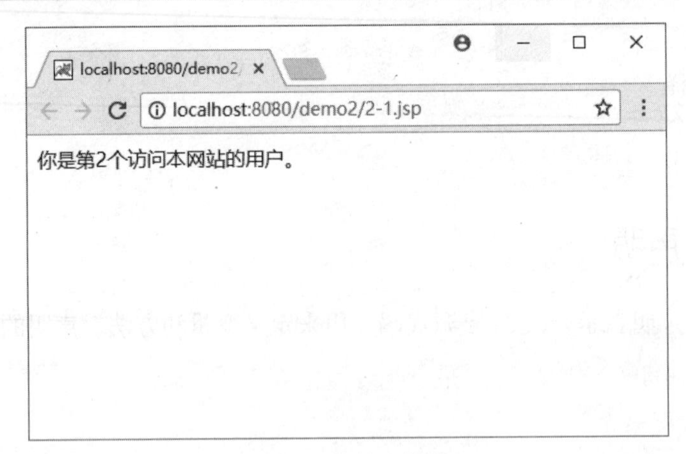

图 2-2　简单计数器

当刷新本页时 i 的值会增加 1，重启浏览器或打开一个新的浏览器访问本页时 i 的值也会增加。这充分说明了使用 JSP 声明的变量所分配的内存为所有用户共享，直到 JSP 引擎关闭才会被释放。

2. 声明方法

使用 JSP 声明方法与声明成员变量一样，在整个 JSP 页面中有效。声明的方法可以在 JSP 页面的任意位置被调用。

【例 2-2】计算 1～5 的累加和。

```
//程序文件：2-2.jsp
01  <%@ page language="java" contentType="text/html; charset=UTF-8" pageEncoding="UTF-8"%>
02  <html>
03  <body>
04  <%! int sum = 0;
05      int add(int num) {
06          for(int i = 1; i <= num; i++) {
07              sum += i;
08          }
09          return sum;
10      }
11   %>
12  <%out.println("1 至 5 的和为" + add(5)); %>
13  </body>
14  </html>
```

【程序说明】

第 4～11 行：声明了一个名称为 add()的方法，用于计算 1 至 num 的累加和。

第 12 行：调用 add()方法输出 1 到 5 的和。

运行结果如图 2-3 所示。

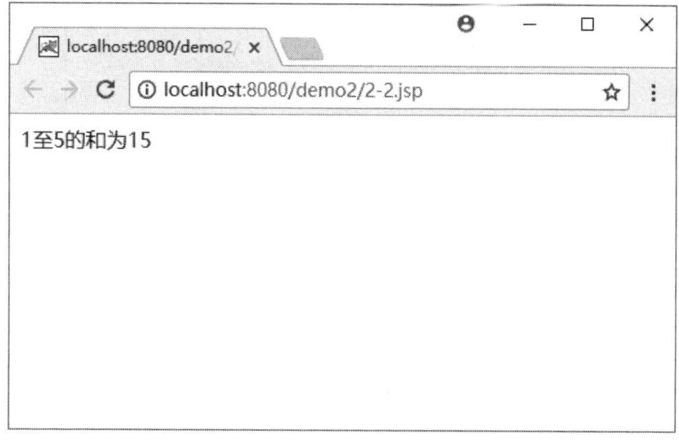

图 2-3　JSP 声明求和的方法

2.1.3　JSP 程序片

JSP 程序片是指在 JSP 中嵌入的合法 Java 程序片段，它使得 JSP 直接具有 Java 编程功能。程序片位于<%和%>之间，其语法如下。

```
<% code fragment %>
```

一个 JSP 页面可以有许多 Java 程序片，JSP 引擎按顺序执行这些 Java 程序片。在 Java 程序片中定义的变量称为 JSP 页面的局部变量，局部变量的有效范围与其声明的位置有关，即局部变量在 JSP 页面后继的所有 Java 程序片以及表达式中有效。

【例 2-3】计算并输出表达式的值。

```
//程序文件：2-3.jsp
01  <%@ page language="java" contentType="text/html; charset=UTF-8" pageEncoding="UTF-8"%>
02  <html>
03  <body>
04  <% int a = 30;
05     int b = 30;
06     int c = 40;
07  %>
08  <% int d = a + b + c;
09     out.println("三个数的和为：" + d);
10  %>
11  </body>
12  </html>
```

【程序说明】

第 4～7 行：第 1 个 Java 程序片，定义了 3 个局部变量并赋初值。

第 8～10 行：第 2 个 Java 程序片，求和并输出。

运行结果如图 2-4 所示。

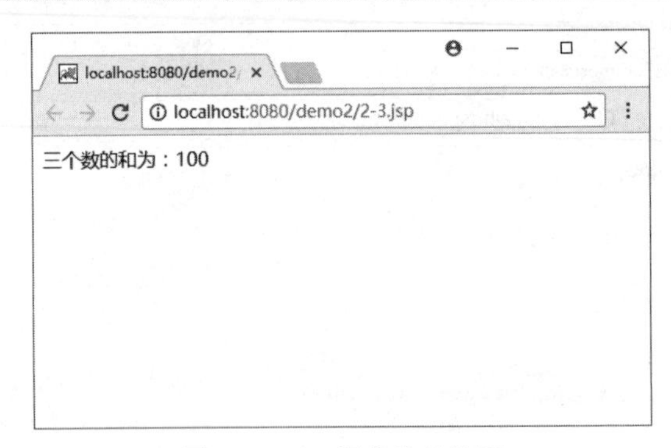

图 2-4　JSP 程序片的使用

当多个用户请求一个 JSP 页面时，JSP 引擎会为每个用户启动一个线程，该线程负责执行字节码文件响应用户的请求。JSP 引擎使用多线程来处理程序片，设当一个线程 Ta 享用 CPU 资源时，JSP 引擎让 Ta 线程执行 Java 程序片，这时 Java 程序片中的局部变量被分配内存空间，当轮到另一个线程 Tb 享用 CPU 资源时，JSP 引擎让 Tb 线程再次执行 Java 程序片，Java 程序片中的局部变量会再次分配内存空间。也就是说 Java 程序片分别运行在不同的线程中，运行在不同线程中的 Java 程序片的局部变量互不干扰。一个用户改变程序片中的局部变量的值不会影响其他用户的 Java 程序片中的局部变量。当一个线程将 Java 程序片执行完毕，运行在该线程的局部变量会释放所占的内存。局部变量与成员变量的区别如图 2-5 所示。

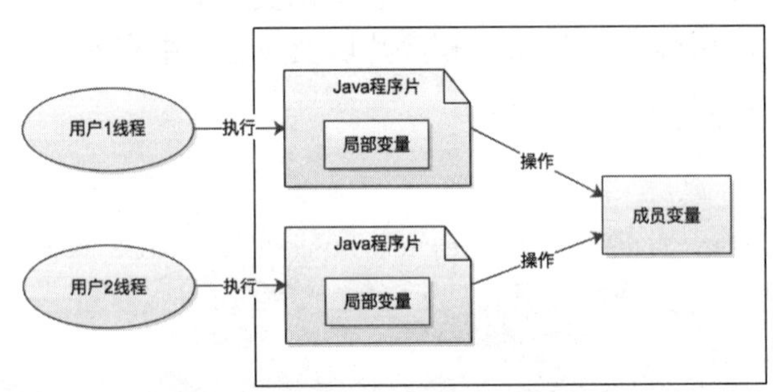

图 2-5　局部变量与成员变量的区别

由图 2-5 可知，当一个用户在执行 Java 程序片时调用 JSP 页面的方法操作成员变量，并不希望其他用户也操作成员变量，以免造成数据的不一致。为防止多用户同时操作同一个方法，可以使用 synchronized 关键字修饰方法的定义。synchronized 关键字表示为方法加锁，当一个线程运行该方法时，需要先检查有没有其他线程在使用该方法，若进入等待状态，则直到正在调用该方法的线程调用执行完毕为止。

【例 2-4】操作成员变量，网站简单计数器的实现。

```
//程序文件：2-4.jsp
01  <%@ page language="java" contentType="text/html; charset=UTF-8" pageEncoding="UTF-8"%>
02  <html>
03  <body>
04  <%! int count = 0;
```

```
05    synchronized void setCount() {
06      count++;
07    }
08  %>
09  <% setCount();
10   out.println("你是第" + count + "个访问本网站的用户。");
11  %>
12  </body>
13  </html>
```

【程序说明】

第 4 行：声明成员变量 count，并赋初值。

第 5～7 行：使用 synchronized 关键字声明方法 setCount()。

第 9 行：调用 setCount()方法，操作成员变量 count 的值。

第 10 行：输出成员变量的值。

程序运行结果如图 2-2 所示。

一个 JSP 页面中的 Java 程序片会按其在页面中的顺序被执行，而且某个 Java 程序片中声明的局部变量在其后继的所有 Java 程序片以及表达式部分内都有效。利用 Java 程序片的这个性质，可以将 Java 程序片分割成几个程序片，在这些程序片之间插入 HTML 标签达到灵活显示数据的功能。

【例 2-5】随机产生 1～24 的一个整数，根据随机数输出不同的问候语。

```
//程序文件：2-5.jsp
01  <%@ page language="java" contentType="text/html; charset=UTF-8" pageEncoding= "UTF-8"%>
02  <html>
03  <body>
04  <% int num = 1 + (int)(Math.random() * 24); %>
05  随机数为：
06  <% out.println(num);
07  if (num >= 7 && num < 12) {
08  %>
09  <font style="color:red;">上午好！ </font>
10  <% }
11  else if (num == 12) {
12  %>
13  <font style="color:blue;">中午好！ </font>
14  <% }
15  else if (num > 12 && num <= 19) {
16  %>
17  <font style="color:green;">下午好!</font>
18  <% }
19  else {
20  %>
21  <font style="color:gray;">晚上好！ </font>
22  <% } %>
23  </body>
24  </html>
```

【程序说明】

第 4～6 行：产生 1～24 的随机数，并输出。

第 7～10 行：若随机数在 7 与 12 之间，输出“上午好！”。

第 11～14 行：若随机数等于 12，输出“中午好！”。

第 15～18 行：若随机数在 12 与 19 之间，输出“下午好！”。

第 19～22 行：其他情况，输出“晚上好！”。

运行结果如图 2-6 所示。

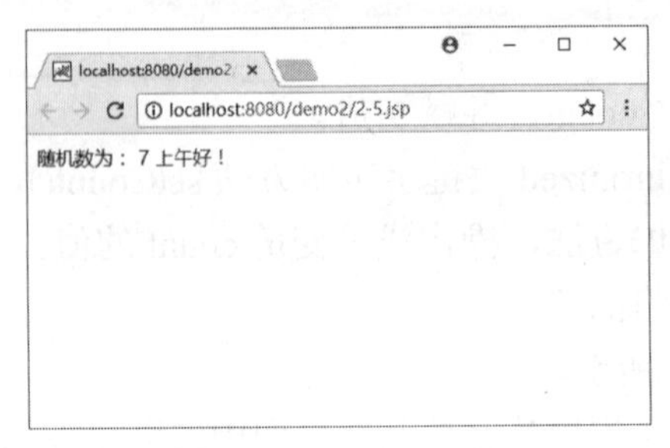

图 2-6　随机输出问候语

2.1.4　JSP 表达式

表达式在 JSP 请求处理阶段进行运算，运算所得的结果转换为字符串，并与模版数据结合。JSP 表达式在页面的位置就是该表达式计算结果显示的位置。JSP 表达式的语法格式如下。

```
<%=expression %>
```

【例 2-6】定义两个整数并输出两个整数的比较结果。

```
//程序文件：2-6.jsp
01    <%@ page language="java" contentType="text/html; charset=UTF-8" pageEncoding="UTF-8"%>
02    <html>
03    <body>
04    <% int x = 12, y = 9;
05    %>
06    计算表达式<%=x %>><%=y %>的值为<%=x>y %>
07    </body>
08    </html>
```

【程序说明】

第 4 行：声明了两个局部变量 x 和 y，并赋初值。

第 6 行：应用表达式输出 x 和 y 的值，并计算和输出 x>y 的值。

运行结果如图 2-7 所示。

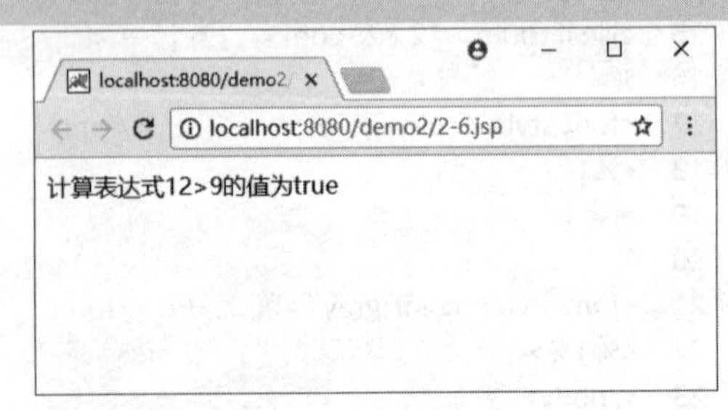

图 2-7　使用表达式

2.1.5　JSP 注释

在 JSP 规范中，可以使用两个格式的注释：一种是输出注释，另一种是隐藏注释。这两种注释在语法规则和产生的结果上略有不同。

1. 输出注释

输出注释是指会在浏览器中显示的注释。这种注释的语法和 HTML 中的注释相同，用户通过浏览器查看 JSP 页面的源文件能够看到注释。输出注释的语法格式如下。

```
<!--comment -->
```

2. 隐藏注释

隐藏注释是指注释虽然写在 JSP 程序中，但不会发送到客户端。JSP 引擎在编译 JSP 页面时会忽略隐藏注释。隐藏注释的语法格式如下。

```
<%-- commnet --%>
```

【例 2-7】输出注释和隐藏注释的应用。

```
//程序文件：2-7.jsp
01    <%@ page language="java" contentType="text/html; charset=UTF-8" pageEncoding= "UTF-8"%>
02    <html>
03    <body>
04    <h2>Comment Demo</h2>
05    <%-- This comment will not be visible in the page source --%>
06    <!-- The line above will not be seen by user -->
07    </body>
08    </html>
```

【程序说明】

第 5 行：使用隐藏注释，不在对应的 HTML 文件中显示。

第 6 行：使用输出注释显示静态内容。

在浏览器中浏览本页后，右击选择“查看网页源文件”，会发现该文件中只显示了输出注释而没有隐藏注释，如图 2-8 所示。

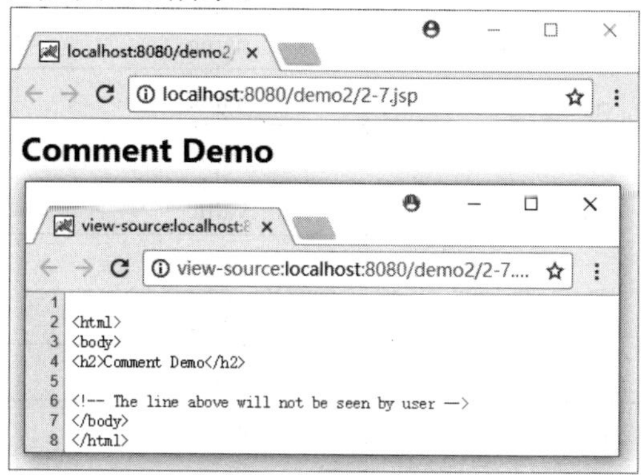

图 2-8　注释的应用

□ 任务实施

步骤 1：创建 chap0201 项目

在 Eclipse 中创建新的 Dynamic Web Project，名称为 chap0201。

步骤 2：新建 register.jsp 页面

在 WebContent 根目录下创建一个 JSP File 文件，文件名称为 register.jsp，如图 2-9 所示。

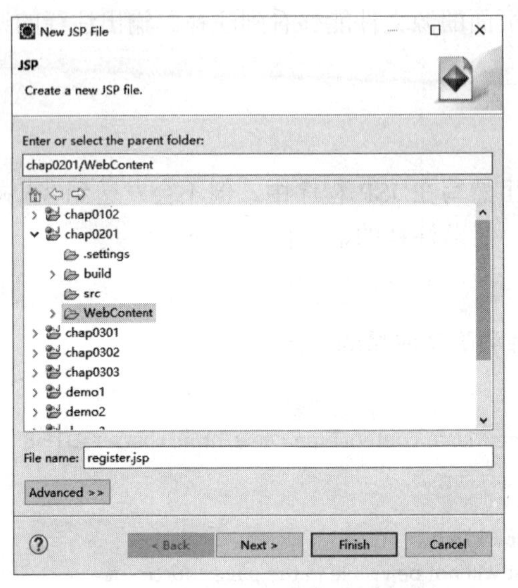

图 2-9　创建 register.jsp 文件

步骤 3：设计注册页面

在 register.jsp 文件中添加 HTML 标签和 CSS 代码实现注册页面的界面设计。页面中各表单元素的设置如表 2-1 所示。

表 2-1　注册页面表单元素设置

输入项	元素类型	属性名	属性值
用户名	text	name	uName
密码	password	name	uPwd
确认密码	password	name	uRepwd
性别	radio	name	uSex
		value	男
		checked	checked
	radio	name	uSex
		value	女
手机号码	text	name	uPhone
电子邮箱	text	name	uEmail

续表

输　入　项	元 素 类 型	属　性　名	属　性　值
注册按钮	submit	value	注册
重置按钮	reset	value	重置

register.jsp 文件代码如下所示。

```
//程序文件：register.jsp
01	<%@ page language="java" contentType="text/html; charset=UTF-8" pageEncoding= "UTF-8"%>
02	<html>
03	<head>
04	<style>
05	td.right {
06	text-align:right; height:25px;
07	}
08	</style>
09	</head>
10	<body>
11	<h3>用户注册</h3>
12	<form action="" method="post"><table>
13	<tr><td class="right">用户名：</td><td><input type="text" name="uName" /></td></tr>
14	<tr><td class="right">密码：</td><td><input type="password" name="uPwd" /></td></tr>
15	<tr><td class="right">确认密码：</td><td><input type="password" name="uRepwd" /></td></tr>
16	<tr>
17	<td class="right">性别：</td>
18	<td>
19	<input type="radio" name="uSex" value="男" checked="checked" />男
20	<input type="radio" name="uSex" value="女" />女
21	</td>
22	</tr>
23	<tr><td class="right">手机号码：</td><td><input type="text" name="uPhone" /></td> </tr>
24	<tr><td class="right">电子邮箱：</td><td><input type="text" name="uEmail" /></td> </tr>
25	<tr><td></td><td><input type="submit" value="注册" /> <input type="reset" value="重置"
/></td></tr>
26	</table></form>
27	</body>
28	</html>
```

步骤 4：运行项目，查看效果

启动 Tomcat 服务器，打开浏览器，在地址栏中输入如下地址，查看运行效果。

```
http://localhost:8080/chap0201/register.jsp
```

任务 2　设计网站主页

□ 任务场景

【任务描述】

网站首页是一个网站的入口，会让用户更加易于了解该网站，并引导用户浏览网站其他部分内容。本任务创建一个 Java Web 项目，完成“我的网站”的主页设计，并提取网站的公共部分，优化网站的布局。

【运行效果】

本任务完成的页面效果如图 2-10 所示。

图 2-10　网站主页效果

【任务分析】

（1）主页中的头部、底部和左边菜单部分也会被包含到网站的其他页面中，在网站的规划和布局时会考虑把这些部分提取出来作为单独的页面文件。

（2）在 JSP 中，可以使用 include 指令或者 include 动作标签将头部、底部和左边菜单这些公共页面部分包含到网站的各页面文件中。

□ 知识引入

2.2.1　JSP 指令

JSP 指令主要用于提供整个 JSP 页面的相关信息，指令并不向客户端产生任何输出，所有的指令都只在当前页面中有效。

JSP 指令的语法格式如下。

```
<%@directive {attr="value"}* %>
```

JSP 指令中可以包含一个或多个属性，属性值用单引号（''）或者双引号（" "）括起来。

在起始标识符<%@之后和结束标识符%>之前可以加空格，也可以不加。需要注意的是，起始标识符和结束标识符的各符号之间不能用空格。以下指令代码就是错误代码。

```
<% @ page attr1="value1" %>
```

上述代码中，%与@之间包含空格字符，页面加载时解析错误。

在 JSP 中，常用的指令有 3 种：page 指令、include 指令和 taglib 指令。

1．page 指令

page 指令作用于整个 JSP 页面，用来定义与页面相关的属性，包括导入包、指明输出内容类型、控制 Session 等一些与页面相关的信息。一个 JSP 页面可以包含一条或多条 page 指令。page 指令中，同名属性只能出现一次，重复的同名属性设置将覆盖先前的设置。page 指令中各属性的作用如表 2-2 所示。

表 2-2　page 指令的属性

属　性	描　述
language="scriptingLanguage"	该属性用于指定在脚本元素中使用的脚本语言，默认值是 Java。在 JSP 2.0 规范中，该属性的值只能是 Java，以后可能会支持其他语言
extends="className"	指定 JSP 页面转换后的 Servlet 类从哪个类继承，属性的值是完整的限定类名。通常不需要使用这个属性，JSP 容器就会提供转换后的 Servlet 类的父类
import="importList"	用于指定在脚本环境中可以使用的 Java 类
session="true|false"	用于指定在 JSP 页面中是否可以使用 session 对象，默认值是 true
buffer="none|sizeKB"	用于指定 out 对象使用的缓冲区大小。该属性值为 none 或者整数。设置为 none，将不使用缓冲区，直接输出；设置为整数，其单位为 KB。默认值为 8KB
autoFlush="true|false"	用于指定如果缓冲溢出，是否强制输出。设置为 true，输出正常；设置为 false，当缓冲溢出时，会导致一个意外错误的发生。默认值为 true
isThreadSafe="true|false"	用于指定是否能使用多线程，即是否能同时处理多个请求。默认值为 true
info="info_text"	用于指定页面的相关信息，该信息可以通过 Servlet 接口的 getServletInfo()方法获得
errorPage="error_url"	用于指定 JSP 页面发生异常时，将跳转的错误处理页面
isErrorPage="true|false"	用于指定当前 JSP 页面是否为错误处理页面。默认值为 false
contentType="ctinfo"	用于指定响应的 JSP 页面的 MIME 类型和字符编码
pageEncoding="peinfo"	用于指定 JSP 页面使用的字符编码。设置了该属性，则 JSP 页面的字符编码为属性值；没有设置该属性，则 JSP 页面的字符编码为 contentType 属性值。pageEncoding 属性和 contentType 属性都没有指定值，则 JSP 页面的字符编码为 ISO-8859-1
IsELIgnored="true|false"	用于指定 JSP 页面是否执行 EL 表达式。设置为 true，则 EL 表达式被忽略；设置为 flase，则 EL 表达式被执行

1）import 属性

import 属性是为 JSP 页面引入 Java 运行环境提供包中的类，这样可以在 JSP 页面的程序片段、变量方法定义部分以及表达式部分使用包中的类。可以为该属性设置多个值来引入多个包或类，包或类之间用逗号（,）隔开。例如：

```
<%@ page import="java.io.*,java.util.Date" %>
```

也可以分开到多个 page 指令的 import 属性中。例如：

```
<%@ page import="java.io.* " %>
<%@ page import="java.util.Date" %>
```

【例 2-8】使用 import 属性导入 java.util.Date，输出当前系统的日期时间。

```
//程序文件：2-8.jsp
01    <%@ page language="java" contentType="text/html; charset=UTF-8" pageEncoding="UTF-8"%>
02    <%@ page import="java.util.Date" %>
03    <html>
04    <head><title>Hello Time</title></head>
05    <body>
06    <%= new Date() %>
07    </body>
08    </html>
```

【程序说明】

第 2 行：通过 import 属性导入 java.util.Date 类。

第 6 行：使用 Date 类中的 Date()构造方法获取系统当前的日期时间输出在页面上。

运行结果如图 2-11 所示。

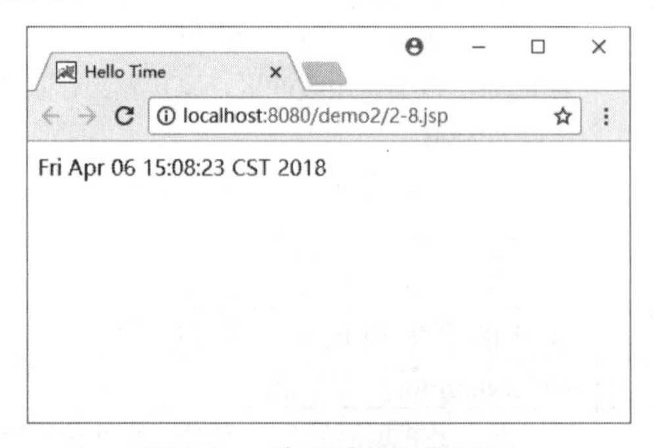

图 2-11　输出系统日期时间

2）contentType 属性和 pageEncoding 属性

contentType 用于指定 JSP 输出内容的 MIME 类型和字符集。MIME 类型通常由两部分组成，前面部分表示 MIME 类型，后面部分表示 MIME 子类型。例如：

```
<%@ page contentType="text/html; charset=UTF-8"%>
```

其中 text 为 MIME 类型，html 为 text 的子类型。

通过设置 contentType 属性，可以改变 JSP 页面输出的 MIME 类型，从而实现一些特殊的功能。例如：

```
<%@ page contentType="application/msword"%>
```

上述代码表示浏览器将启动本地的 MS-Word 应用程序来解析收到的信息。

```
<%@ page contentType="image/x-xbitmap"%>
```

上述代码表示浏览器将启动图形解码器来解析、执行收到的信息。

3）errorPage 属性和 isErrorPage 属性

errorPage 属性用于指定当前 JSP 页面中出现未被捕获的异常时所要跳转的页面，而 isErrorPage 属性用于指明出现未被捕获的异常时是否使用其他页面的错误处理。例如：

```
<%@ page isErrorPage="true" %>
<%@ page errorPage="errorHandle.jsp" %>
```

上面的代码指明了当前 JSP 页面中出现错误时，会跳转到 errorHandle.jsp 页面，并由该页面处理错误。

4）buffer 属性和 autoFlush 属性

buffer 属性用于指定 out 对象向客户端输出内容时使用的缓冲区大小或者不使用缓冲区，其默认值为 8KB。使用 buffer 属性可以修改缓冲区的大小，例如，要将缓冲区大小设置为 64KB，指令代码如下。

```
<%@ page buffer="64kb" %>
```

关闭缓冲区时，只需将 buffer 的值设置为 none，代码如下。

```
<%@ page buffer="none" %>
```

和缓冲区相关的属性还有 autoFlush，用于指明当缓冲区满时是否自动清空缓冲区，其默认值为 true。当 autoFlush 属性设置为 false 时，若输出缓冲区被填满则会抛出异常。当 buffer 属性设置为 none 时，不能将 autoFlush 属性设置为 false。

5）info 属性

info 属性用于指明 JSP 页面的一些说明信息，可以在 JSP 页面中使用 getServletInfo() 方法来获取 info 属性中设置的说明信息。

```
01    <%@ page info="JSP Message" %>
02    <% String s = getServletInfo();
03        out.println(s);
04    %>
```

上述代码在 page 指令中设置 info 属性，JSP 程序片段中通过 getServletInfo()方法获取 info 属性值并输出到浏览器。

6）isThreadSafe 属性

isThreadSafe 属性用于控制 JSP 页面是否允许多线程访问，默认值为 true。当 isThreadSafe 属性设置为 true 时，JSP 页面允许多线程访问，即 CPU 的使用权可以在多个线程间快速切换。也就是说，即使一个用户线程没有执行完毕，CPU 的使用权也可能会切换给其他线程，如此轮流执行，直到所有线程执行完毕。当 isThreadSafe 属性设置为 false 时，JSP 页面同一时刻只能响应一个用户线程的请求，其他用户线程必须排队等候。CPU 要保证一个线程执行完毕才会把使用权切换给其他用户线程。

2．include 指令

include 指令用于在 JSP 页面中静态包含一个文件，该文件可以是 JSP 页面、HTML 网页、文本文件或者一段 Java 代码。使用 include 指令的 JSP 页面在转换时，JSP 容器会在其中插入所包含文件的文本或者代码，同时解析这个文件中的 JSP 语句，从而方便地实现代码的重用，提高代码的使用效率。比如，每个 JSP 页面上可能都需要一个导航条，以便用户在各个 JSP 页面之间进行切换，那么每个 JSP 页面都可以使用 include 指令在页面的适当位置整体嵌入一个相同的文件。

【例 2-9】使用 include 指令包含输出日期的页面。

```
//程序文件：2-9/include.jsp
01    <%@ page language="java" contentType="text/html; charset=utf-8"%>
02    <html>
03    <body>
04    Current Date——<%@ include file="date.jsp" %>
05    </body>
06    </html>
```

【程序说明】

第 4 行：使用 include 指令包含文件 date.jsp。

```
//程序文件：2-9/date.jsp
01    <%@ page language="java" contentType="text/html; charset=utf-8"%>
02    <%@page import="java.text.SimpleDateFormat"%>
03    <%@ page import="java.util.*" %>
04    <% Date date = new Date();
05              SimpleDateFormat sdf = new SimpleDateFormat("yyyy-MM-dd");
06    %>
07    (当前日期)：<%= sdf.format(date)%>
```

【程序说明】

第 1～3 行：使用 page 指令设置页面属性。

第 4 行：获得系统当前日期。

第 5 行：创建 SimpleDateFormat 对象指定日期输出格式为 yyyy- MM-dd。

第 7 行：按指定格式输出系统当前日期。

运行效果如图 2-12 所示。

图 2-12　输出系统当前日期

3．taglib 指令

taglib 指令用来声明 JSP 文件使用了定义的标签，同时引用标签库，也指定了标签库的标签前缀。taglib 指令的语法格式如下。

```
<%@ taglib uri="URIToTagLibrary" prefix="tagPrefix"%>
```

taglib 指令的 prefix 属性用于指定这类自定义标签属于哪个标签库，即在同一个 JSP 页面中使用相同前缀的元素都属于这个标签库。每个标签库都定义了一个默认的前缀，用在标签库的文档中或者 JSP 页面中插入自定义标签。所以，可以在 JSP 页面中使用诸如 jsp、jspx、java 之类的前缀。taglib 指令的 uri 属性为每个自定义标签找到对应的类。JSP 容器使用 uri 属性值来定位对应类的 TLD 文件。该文件中包含指定标签库中所有标签处理类的名称。

2.2.2　JSP 动作

JSP 动作是一种特殊的标签，它影响 JSP 页面运行时的功能。JSP 动作标签可以将代码处理程序与特殊的 JSP 标签关联在一起。在 JSP 中，动作标签使用 XML 语法来表示，主要包括 include、param、forward、useBean、getProperty、setProperty 和 plugin。本节仅介绍 include、param、forward 这 3 个动作标签，而 useBean、setProperty、getProperty 和 plugin 这 4 个动作标签将在项目 6 的任务 1 中再做详细介绍。

1．include 动作

include 动作允许在 JSP 页面被请求时包含一些其他资源，包括 HTML 页面、JSP 页面等。include 动作的语法格式如下。

```
<jsp:include page="{relativeURL | <%= expression %>}" />
```

或者

```
<jsp:include page="{relativeURL | <%= expression %>}">
   <jsp:param name="paramterName" value="{parameterValue | <%= expression%>}" />+
</jsp:include>
```

☑　page 属性：表示相对路径，或者代表相对路径的表达式。

☑　param 标签：用来将一个或者多个参数传递给被包含的页面。

当 include 动作标签未包含 param 标签时，必须使用第一种格式。include 动作标签告诉 JSP 页面动态包含一个文件，在 JSP 页面运行时才将文件加入。与 include 指令不同，当 JSP 引擎把 JSP 页面转译成 Java 文件时，不会把 JSP 页面中 include 动作标签所包含的文件与原 JSP 页面合并成一个新的 JSP 页面，而是在 JSP 运行时才包含进来。include 动作标签可以包含动态文件和静态文件，但两种包含文件的处理过程不同。如果包含文件是静态的 HTML 文件，就将文件的内容直接发送到客户端，由客户端浏览器负责输出。如果包含的文件是动态的 JSP 文件，JSP 引擎会执行这个文件，然后将执行结果发送到客户端，并由客户端浏览器负责输出。

虽然 include 动作标签和 include 指令的作用都是处理所包含的文件，但是它们的处理方式、处理时间等方面都有所不同。表 2-3 对 include 指令和 include 动作进行了比较。

表 2-3　include 指令和 include 动作的比较

比　较　点	include 指令	include 动作
格式	<%@ include file="……" %>	<jsp:include page="……" >
作用时间	页面转译期间	请求期间
包含内容	包含文件内容	不包含文件内容
影响主页面	会	不会
编译速度	较慢（被包含资源必须被解析）	较快
执行速度	较快	较慢（每次被包含资源必须被解析）
灵活性	较差	较好

2．param 动作

param 动作标签以“名称值”对的形式为其他 JSP 页面提供参数信息。param 动作标签不能独立使用，需要作为 include、forward、plugin 标签的子标签来使用。param 动作标签的语法格式如下。

```
<jsp:param name="name" value="value" />
```

☑　name 属性：参数的名称。

☑　value 属性：参数值。

当该标签与 include 动作标签一起使用时，会将该标签中的值传递到 include 动作标签要加载的文件中去，被加载的 JSP 页面可以使用 request 对象获取 include 动作标签 param 子标签中 name 属性所提供的值。因此，include 动作标签通过使用 param 子标签来处理加载的文件，比 include 指令更为灵活。

【例 2-10】使用 include 动作标签加载 JSP 页面，计算三角形面积。

```
//程序文件：2-10/index.jsp
01  <%@ page language="java" contentType="text/html; charset=UTF-8" pageEncoding="UTF-8"%>
02  <html>
03     <body>
04        <% double a=3,b=4,c=5; %>
05        加载 triangle.jsp 计算三边为<%=a %> <%=b %> <%=c %>的三角形面积。<hr />
06        <jsp:include page="trangle.jsp">
07           <jsp:param value="<%=a %>" name="sa"/>
08           <jsp:param value="<%=b %>" name="sb"/>
09           <jsp:param value="<%=c %>" name="sc"/>
10        </jsp:include>
11     </body>
12  </html>
```

【程序说明】

第 6～10 行：使用 include 动作标签加载名为 triangle.jsp 的页面。

第 7～9 行：为 triangle.jsp 页面传递 3 个参数，参数名称分别为 sa、sb、sc，参数值分别为 a、b、c 这 3 个变量的值。

```
//程序文件：2-10/triangle.jsp
01    <%@ page language="java" contentType="text/html; charset=UTF-8" pageEncoding="UTF-8"%>
02    <%! public String getArea(double a, double b, double c) {
03            if(a+b>c && a+c>b && c+b>a) {
04               double p = (a+b+c)/2.0;
05               double area = Math.sqrt(p*(p-a)*(p-b)*(p-c));
06               return "" + area;
07            }
08            else {
09               return("" + a + "," + b + "," + "不能构成一个三角形，无法计算面积");
10            }
11        }
12    %>
13    <% String sa = request.getParameter("sa");
14       String sb = request.getParameter("sb");
15       String sc = request.getParameter("sc");
16       double a = Double.parseDouble(sa);
17       double b = Double.parseDouble(sb);
18       double c = Double.parseDouble(sc);
19    %>
20    我是被加载的文件，负责计算三角形的面积<br/>
21    传递的三条边分别是<%=sa%>,<%=sb%>,<%=sc%><br/>
22    三角形的面积是<%= getArea(a,b,c) %>
```

【程序说明】

第 2～11 行：声明计算面积的方法 getArea()。

第 13～15 行：获取 index.jsp 页面传递进来的 3 个参数。

第 16～18 行：将 3 个参数转换成 double 类型。

运行结果如图 2-13 所示。

图 2-13　计算三角形面积

3. forward 动作

forward 动作标签允许将请求转发到其他 HTML 页面、JSP 页面或者一个程序段。通常请求被转发后会停止执行当前 JSP 页面，即 forward 标签以下的代码将不会被执行。

forward 动作标签的语法格式如下。

```
<jsp:forward page={"relativeURL" | "<%= expression %>"} />
```

或

```
<jsp:forward page={"relativeURL" | "<%= expression %>"} >
  <jsp:param name="parameterName" value="{parameterValue | <%= expression %> }" />+
</jsp:forward>
```

☑ page 属性：表示相对路径，或者代表相对路径的表达式，其路径指向将要重定向的文件。

☑ param 子标签：为向重定向文件传递一个或多个参数，使用了 param 子标签。重定向文件必须是一个动态文件，即可以处理 request 对象的文件（如 ASP、CGI、PHP）。

【例 2-11】使用 forward 动作标签实现数字判断并跳转。

```
//程序文件：2-11/index.jsp
01    <%@ page language="java" contentType="text/html; charset=UTF-8" pageEncoding="UTF-8"%>
02    <html>
03    <body>
04    产生一个 1～10 之间的随机数
05    <% double i = (int)(Math.random()*10) + 1;
06      if(i<=5) {
07    %>
08          <jsp:forward page="small.jsp">
09            <jsp:param name="n" value="<%=i %>" />
10          </jsp:forward>
11    <% }
12      else {
13    %>
14      <jsp:forward page="large.jsp">
15          <jsp:param name="n" value="<%=i %>" />
16      </jsp:forward>
17    <% } %>
18    </body>
19    </html>
```

【程序说明】

第 8～10 行：使用 forward 动作标签跳转到 small.jsp 页面，并传递随机产生的数字。

第 14～16 行：使用 forward 动作标签跳转到 large.jsp 页面，并传递随机产生的数字。

```
//程序文件：2-11/small.jsp
01    <%@ page language="java" contentType="text/html; charset=UTF-8" pageEncoding="UTF-8"%>
02    <html>
```

```
03    <body>
04    <% String s = request.getParameter("n"); %>
05    传递过来的值为<%=s %>,其值小于 5
06    </body>
07    </html>
```

【程序说明】

第 4 行：获取传递过来的随机数。

第 5 行：输出随机数。

```
//程序文件：2-11/large.jsp
01    <%@ page language="java" contentType="text/html; charset=UTF-8" pageEncoding="UTF-8"%>
02    <html>
03    <body>
04    <% String s = request.getParameter("n"); %>
05    传递过来的值为<%=s %>,其值大于 5
06    </body>
07    </html>
```

【程序说明】

第 4 行：获取传递过来的随机数。

第 5 行：输出随机数。

当产生的随机数大于 5 时，页面的效果如图 2-14 所示。当产生的随机数小于 5 时，页面的效果如图 2-15 所示。

图 2-14　随机数大于 5

图 2-15　随机数小于 5

❑ 任务实施

步骤 1：创建 chap0202 项目

在 Eclipse 中创建新的 Dynamic Web Project，名称为 chap0202。

步骤 2：新建顶部页面 top.jsp

在 WebContent 根目录下新建顶部页面 top.jsp。在 top.jsp 文件中增加 HTML 标签，代码如下。

```
//程序文件：top.jsp
01    <%@ page language="java" contentType="text/html; charset=UTF-8" pageEncoding="UTF-8"%>
02    <div id="branding"><h1>我的网站</h1></div>
```

步骤 3：新建底部页面 bottom.jsp

在 WebContent 根目录下新建底部页面 bottom.jsp。在 bottom.jsp 文件中增加 HTML 标签，代码如下。

```
//程序文件：bottom.jsp
01    <%@ page language="java" contentType="text/html; charset=UTF-8" pageEncoding="UTF-8"%>
02    <div id="footer"><p>CopyRight @2018.ALL Right Reserved.</p></div>
```

步骤 4：新建左部页面 left.jsp

在 WebContent 根目录下新建左部页面 left.jsp。在 left.jsp 文件中增加 HTML 标签，代码如下。

```
//程序文件：left.jsp
01    <%@ page language="java" contentType="text/html; charset=UTF-8" pageEncoding="UTF-8"%>
02    <ul id="mainNav">
03            <li><a href="index.jsp">我的首页</a></li>
04            <li><a href="#">生活艺术</a></li>
05            <li><a href="#">学习天地</a></li>
06            <li><a href="#">友情链接</a></li>
07            <li><a href="#">有话要说</a></li>
08    </ul>
```

步骤 5：新建样式文件 css.css

在 WebContent 根目录下新建样式文件 css.css。在 css.css 文件中添加如下内容。

```
//程序文件：css.css
01    * { margin: 0; padding: 0;}
02    body { font-family: 宋体, Arial, Helvetica, sans-serif; background-color: #D4D4D4; text-align: center;
03          min-width: 800px; }
04    p, li { font-size: 1.1em; }
05    #branding { height: 150px; background-color: #438BF9; padding: 20px; }
06    #branding h1 { margin: 0; color: #FFFFFF; }
07    #mainNav { list-style: none; }
08    #secondaryContent h2 { font-size: 1.6em; margin: 0; }
09    #secondaryContent p { font-size: 0.8em; }
10    #footer { clear:both; background-color: #438BF9; padding: 1px 20px; }
11    #wrapper { width: 85%; margin: 0 auto; text-align: left; background: #fff;    }
12    #mainNav { width: 20%; float: left; padding-left: 10px;    }
13    #content { width: 75%; float: right; }
14    #mainContent { width: 66%; margin: 0; float: left; }
15    #secondaryContent { width: 31%; min-width: 10em; display: inline; float: right; }
16    #mainContent, #mainNav, #secondaryContent { padding-top: 20px; padding-bottom: 20px; }
17    #mainNav*, #secondaryContent* { padding-left: 20px; padding-right: 20px; }
18    #mainNav**, #secondaryContent** { padding-left: 0; padding-right: 0; }
```

【程序说明】

第 1 行：定义所有边界为 0。

第 2～3 行：定义 body 的字体、背景色、对齐方式和最小宽度。

第 4 行：定义所有段落和列表的字体大小。

第 5～18 行：定义各 div 的样式。

步骤 6：新建主页页面 index.jsp

在 WebContent 根目录下新建主页页面 index.jsp。在 index.jsp 文件中增加 HTML 标签，代码如下。

```
//程序文件：index.jsp
01  <%@ page language="java" contentType="text/html; charset=UTF-8" pageEncoding="UTF-8"%>
02  <html>
03  <head>
04  <link rel="stylesheet" type="text/css" href="css.css">
05  </head>
06  <body>
07  <form id="form1">
08          <div id="wrapper">
09                  <%@ include file="top.jsp" %>
10                  <div id="content">
11                          <div id="mainContent">
12                                  这是首页。
13                          </div>
14                          <div id="secondaryContent">
15                                  <h2>每周推荐</h2>
16                                  <p>请在这里添加文字</p>
17                          </div>
18                  </div>
19                  <%@ include file="left.jsp" %>
20                  <%@ include file="bottom.jsp" %>
21          </div>
22  </form>
23  </body>
24  </html>
```

【程序说明】

第 4 行：使用 link 标签引用 css.css 文件。

第 9 行：使用 include 指令引用 top.jsp 文件。

第 19 行：使用 include 指令引用 left.jsp 文件。

第 20 行：使用 include 指令引用 bottom.jsp 文件。

步骤 7：运行项目，查看效果

启动 Tomcat 服务器，打开浏览器，在地址栏中输入如下地址，查看运行效果。

```
http://localhost:8080/chap0202/index.jsp
```

项　目　小　结

本项目通过设计会员注册页面和设计网站主页两个任务的实现，介绍了 JSP 页面基本结构、JSP 声明、JSP 程序片、JSP 表达式、JSP 注释、JSP 指令和 JSP 动作等。本项目是 Java Web 项目开发的入门篇，为后续项目任务的实施奠定基础。

思考与练习

1．简述一个完整的 JSP 页面应该由哪些元素组成。

2．如何区分 JSP 脚本、表达式和声明？它们各有什么作用？

3．创建 JSP 页面，完成如下功能。

（1）使用 Math 对象的 random()方法产生一个 7～19 的随机数，并输出产生的随机数。

（2）如果产生的随机数小于 7，显示小学生的图片，否则显示中学生的图片。

4．创建 JSP 页面显示“九九乘法口诀表”，并要求在程序中添加适当注释。

5．创建一个 Java Web 项目，添加 3 个 JSP 页面：main.jsp、circle.jsp 和 ladder.jsp。

（1）main.jsp 使用 include 动作标签加载 circle.jsp 和 ladder.jsp 页面。

（2）circle.jsp 页面计算并显示圆的面积，ladder.jsp 页面计算并显示梯形的面积。

（3）当 circle.jsp 和 ladder.jsp 被加载时获取 main.jsp 页面 include 动作标签的 param 子标签提供的圆的半径和梯形的上底、下底、高。

项 目 实 训

【实训任务】

E 诚尚品（ESBuy）网上商城界面设计。

【实训目的】

☑ 会使用 JSP 的基本元素编写 JSP 页面。

☑ 会运用 JSP 指令和 JSP 动作标签规范网站界面框架。

【实训内容】

1．分析 ESBuy 的登录页效果图（见图 2-16）和注册页效果图（见图 2-17），使用 JSP 指令或者 JSP 动作标签完成系统界面框架设计，并在 ESBuy 项目中根据登录页效果图添加登录页 login.jsp。

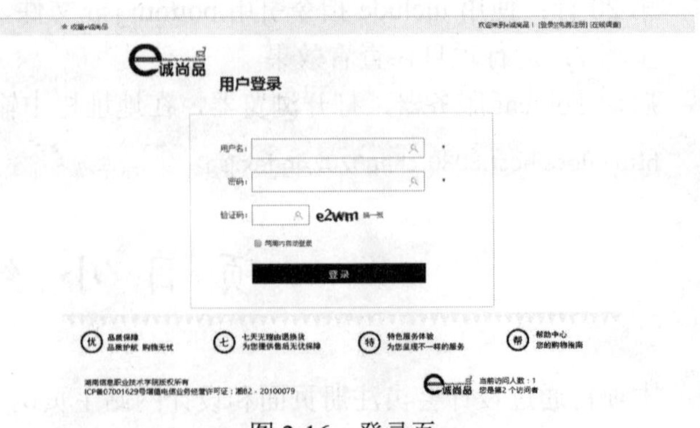

图 2-16　登录页

图 2-17 注册页

2. 修改 ESBuy 项目中的 index.jsp 页，使 index.jsp 和 login.jsp 应用统一框架。

项目3

使用内置对象响应用户请求

□ 学习导航

【学习任务】

任务1　实现用户登录

任务2　实现网站访问人数统计

任务3　实现用户自动登录

【学习目标】

- 掌握 JSP 内置对象的基本概念
- 会使用 out 对象向客户端输出信息
- 会使用 request 对象处理表单信息
- 会使用 response 对象处理响应
- 会运用 session 对象和 applicatin 对象实现数据共享
- 会使用 Cookie 对象维护客户端状态数据

任务 1　实现用户登录

□ 任务场景

【任务描述】

用户登录是网站的一个常见功能，网站通过用户登录来确定用户在该网站的操作权限，防止非法用户访问。通常用户登录时需要填写用户名、密码等信息，本任务通过使用JSP 内置对象 response、request 和 out 等实现简单的用户登录功能。用户在登录页填写登录信息，信息验证成功后进入用户信息页，该页面用于输出用户的登录信息。

【运行效果】

本任务共需要两个页面，分别为登录页 login.jsp 和用户信息页 userinfo.jsp 页。login.jsp 页用于填写登录信息，包括用户名和密码，页面效果如图 3-1 所示。

图 3-1　login.jsp 页面效果

在图 3-1 中，用户填写完登录信息后单击“登录”按钮。若用户输入的用户名和密码（即用户名为 admin，密码为 123）正确，则跳转到 userinfo.jsp。该页面会输出该用户的登录信息，页面效果如图 3-2 所示。

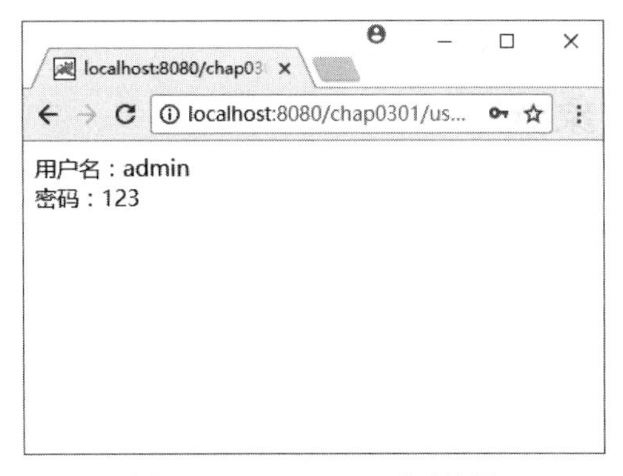

图 3-2　userinfo.jsp 页面效果

当用户未输入用户名或密码直接提交，则提示“用户名密码不能为空！”，页面效果如图 3-3 所示。若输入的用户名或密码不正确，则提示“用户名密码不正确！”，页面效果如图 3-4 所示。

图 3-3　用户名或密码不能为空页面效果

图 3-4　用户名或密码不正确页面效果

【任务分析】

（1）登录页 login.jsp 需要使用表单标签 form 及相应的表单元素。form 标签中 action 属性值设为空，即登录信息提交给本页处理。

（2）在 login.jsp 页面中，使用 request 对象的 getParameter()方法获取表单元素值。页面初次加载时，由于没有数据提交，getParameter()方法获取的值为空，使用 return 语句进行返回。

（3）在 login.jsp 页面中，处理用户提交的信息使用 if 语句进行判断。如果用户名或密码输入不正确或没有输入，在 login.jsp 页面显示提示信息。如果正确，则使用 response 对象的 sendRedirect()方法跳转到用户信息页 userinfo.jsp，并使用查询字符串传递用户名和密码。

（4）在 login.jsp 页面中，使用 request 对象的 getParameter()方法获取查询字符串中传递的值，使用 out 对象的 println()方法输出用户名和密码。

❑ 知识引入

3.1.1　JSP 内置对象概述

JSP 包括 request 对象、response 对象、out 对象、session 对象、application 对象、pageContext 对象、config 对象、page 对象、exception 对象共 9 个内置对象，这些对象都是 Servlet API 接口的实例，在客户端和服务器交互的过程中分别完成不同的功能。

- ☑ request 对象。request 对象是 javax.servlet.http.HttpServletRequest 类的实例，代表请求对象，主要用于接收客户端通过 http 协议连接传输到服务器端的数据，如表单中的数据、网页地址后带的参数等。
- ☑ response 对象。response 对象是 javax.servlet.http.HttpServletResponse 类的实例，

代表响应对象，主要用于向客户端发送数据。

☑ out 对象。out 对象是 javax.servlet.jsp.jspWriter 类的实例，主要用于向客户端浏览器输出数据。

☑ session 对象。session 对象是 javax.servlet.http.HttpSession 类的实例，主要用于保持在服务器与客户端之间需要保留的数据，如在会话期间保持用户的登录状态等信息。由于 http 协议是一个无状态协议，不保留会话间的数据，因此通过 session 对象扩展 http 的功能。比如用户登录一个网站之后，登录信息会暂时保存在 session 对象中，打开不同的页面时，登录信息是可以共享的，一旦用户关闭浏览器或退出登录，会清除 session 对象中保存的登录信息。

☑ application 对象。application 对象是 javax.servlet.ServletContext 类的实例，主要用于保存用户信息、代码片段的运行环境等。它是一个共享的内置对象，即一个容器中的多个用户共享一个 application 对象，故其保存的信息被所有用户共享。

☑ pageContext 对象。pageContext 对象是 javax.servlet.jsp.PageContext 类的实例，用来管理网页属性，为 JSP 页面包装页面的上下文，管理对属于 JSP 中特殊可见部分中已命名对象的访问，它的创建和初始化都由 JSP 容器来完成。

☑ config 对象。config 对象是 javax.servlet.ServletConfig 类的实例。它是代码片段配置对象，表示 Servlet 的配置。

☑ page 对象。page 对象是 javax.servlet.jsp.HttpJspPage 类的实例，用来处理 JSP 网页。它指的是 JSP 页面对象本身，或者代表编译后的 servlet 对象，只有在 JSP 页面范围之内才合法。

☑ exception 对象。exception 对象是 java.lang.Throwable 类的实例，用来处理 JSP 文件执行时发生的错误和异常，只有在 JSP 页面的 page 指令中指定 isErrorPage="true"后，才可以在本页面使用 exception 对象。

需要说明的是，pageContext 对象中的属性默认在当前页面是共享的，session 对象中的属性在当前 session 中是共享的，application 对象中的属性则对所有用户共享。

JSP 的内置对象主要特点如下。

☑ 由 JSP 规范提供，不用编写者实例化。

☑ 通过 Web 容器实现和管理。

☑ 所有 JSP 页面均可使用。

☑ 只有在脚本元素的表达式或代码中才能使用。

3.1.2　request 对象

request 对象是 javax.servlet.http.HttpServletRequest 类的实例。request 对象包含所有请求的信息，如请求的来源、标头、cookies 和请求相关的参数值等。用户通常使用 HTML 表单向服务器提交信息。

1. 表单提交方式

form 标签用于创建供用户输入的 HTML 表单，一般有两种提交方式：get 和 post。其基本语法如下。

```
<form name="name" method="get|post" action="address">
……
</form>
```

☑ name 属性：指定表单的名称。

☑ method 属性：指定提交方式。使用 get 方式，提交的信息会在提交的过程中显示在浏览器的地址栏中；使用 post 方式，提交的信息不会显示在地址栏中。其默认值为 post。

☑ action 属性：信息提交的地址，可以是绝对地址或相对地址。

2. request 对象的常用方法

客户端的请求信息被封装在 request 对象中，通过调用该对象相应的方法可以获取封装的信息。request 对象常用的方法如表 3-1 所示。

表 3-1 request 对象的常用方法

方　法	描　述
Object getAttribute(String name)	用来返回指定的属性值，该属性不存在时返回 null
String getCharacterEncoding()	返回请求中的字符编码方法，可以在 response 对象中设置
String getContentType()	返回在 response 中定义的内容类型
String getContentPath()	返回请求的路径
Enumeration getHeaderNames()	返回所有 HTTP 头的名称集合
String getHeader(String name)	返回指定名称的 HTTP 头的信息
String getLocalName()	获取响应请求的服务器端主机名
String getLocalAddr()	获取响应请求的服务器端地址
String getLocalPort()	获取响应请求的服务器端口
String getMethod()	获取客户端向服务器端发送请求的方法（GET、POST）
String getParameter(String name)	获取客户端发送给服务器端的参数值
Enumeration getParameterNames()	返回请求中所有参数的集合
String[] getParameterValues(String name)	获取请求中指定参数的所有值
String getQueryString()	返回 GET 方法传递的参数字符串，该方法不分解出单独的参数
String getRemoteAddr()	获取发出请求的客户端 IP 地址
String getRemoteHost()	获取发出请求的客户端主机名
String getRealPath(String path)	返回给定虚拟路径的物理路径
String getRequestURI()	返回发出请求的服务器端地址，但是不包括请求的参数字符串

续表

方　法	描　述
String getServletPath()	获取客户端所请求的脚本文件的文件路径
String getServerName()	返回响应请求的服务器名称或 IP 地址
String getServerPort()	返回响应请求的服务器端主机端口号
void setCharacterEncoding(String name)	设置请求的字符编码格式

【例 3-1】request 对象常用方法的应用。

```
//程序文件：3-1.jsp
01    <%@ page language="java" contentType="text/html; charset=UTF-8" %>
02    <html>
03    <body>
04        <form action="" method="post">
05            <input type="text" name="username" />
06            <input type="submit" value="提交" />
07        </form>
08        请求方式：<%= request.getMethod()%> <br />
09        请求的资源：<%= request.getRequestURI() %> <br />
10        请求的文件路径：<%= request.getServletPath() %> <br />
11        请求的服务器 IP：<%= request.getServerName() %> <br />
12        请求的服务器端口：<%= request.getServerPort() %> <br />
13        客户端 IP：<%= request.getRemoteAddr() %> <br />
14        客户端主机名：<%= request.getRemoteHost() %> <br />
15        表单提交的用户名：<%= request.getParameter("username") %>
16    </body>
17    </html>
```

【程序说明】

第 4 行：设置 method 属性为 post，则指定表单提交方式为 post；设置 action 属性为" "，则指定表单提交给本页面处理。

浏览页面，运行效果如图 3-5 所示。

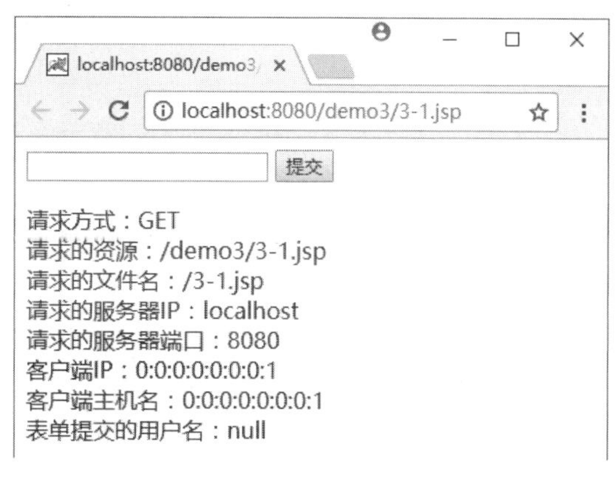

图 3-5　表单提交后的页面输出

【例 3-2】根据输入的半径，计算圆的面积。当输入的半径为非数值时，提示“请输入数字！”。

```
//程序文件：3-2.jsp
01    <html>
02    <body>
03        <form action="" method="post" name="form1">
04            半径：<input type="text" name="r1" /> <input type="submit" value="提交"
05                name="submit" />
06        </form>
07        <%
08            String strR = request.getParameter("r1");
09            double s = 0, r = 0;
10            if(strR == null) strR="0";
11            try{
12                r = Double.parseDouble(strR);
13                if(r>=0) {
14                    s = 3.14 * r * r;
15                    out.println("半径为" + r + "的圆面积为" + s);
16                }
17            }
18            catch(NumberFormatException e)
19            {
20                out.println("请输入数字！");
21            }
22        %>
23    </body>
24    </html>
```

【程序说明】

第 8 行：使用 request 对象的 getParameter()方法获取名称为 r1 的文本框输入值。

第 10～16 行：如果输入的是数字，则计算圆的面积并输出至页面。

第 18～21 行：如果输入串包含非数字字符，程序异常，页面输出“请输入数字！”。

浏览页面，当输入的半径合法时，显示该半径对应的圆面积，效果如图 3-6 所示，输入非数字提交后的页面效果如图 3-7 所示。

图 3-6　输入数字后页面提交

图 3-7　输入非数字后页面提交

【学习提示】

（1）对于普通文本框 text，当没有任何输入信息时，浏览器仍然提交该表单元素信息，这时在服务器端通过 getParameter()获取表单元素值时，结果为空字符串" "；而对于单选按钮 radio 或复选框 checkbox，当没有任何选择时，浏览器不会提交该表单元素，因此在服务器端获取该表单元素信息时为 null。

（2）不是每个文本框都会生成请求参数，只有包含 name 属性的文本框才生成请求参数。若文本框配置了 disabled="disabled"属性，则相应表单提交数据时不会提交该文本框信息。

3．request 对象获取汉字字符的处理

当 request 对象获取客户端提交的汉字字符时，会出现乱码问题。一般的处理方法是首先保证文件的编码格式和 page 指令中指定的编码一致，一般统一使用 utf-8。在文件的属性窗口中可以查看和修改本文件的编码格式。图 3-8 为 3-2.jsp 文件的属性窗口，可以看出该文件的编码格式默认为 utf-8。

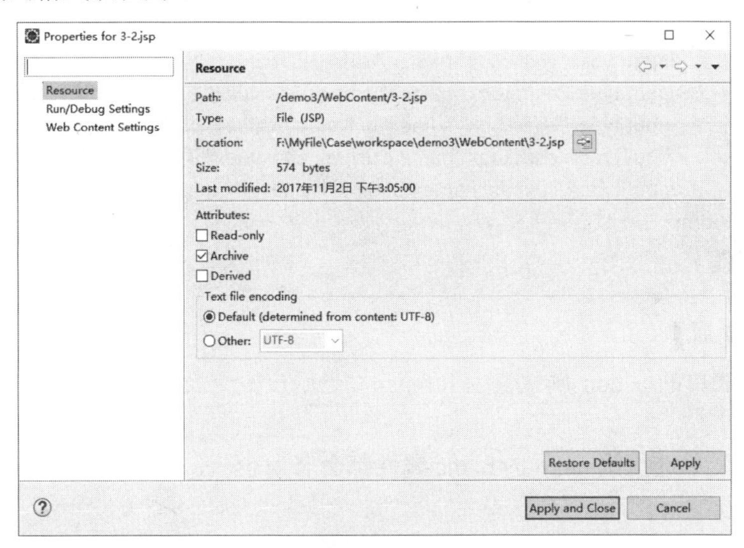

图 3-8　查看和修改文件的编码格式

JSP 页面中使用 page 指令指定编码为 utf-8，代码如下。

```
<%@ page contentType="text/html; charset=utf-8" %>
```

完成上述设置之后，在获取表单元素信息之前添加如下代码。

```
request.setCharacterEncoding(utf-8);
```

这表示客户端浏览器向服务器发送请求时的数据编码方式是 utf-8。

【例 3-3】实现网络在线调查功能。

网络在线调查功能共分为两个页面，其中页面 input.jsp 用于收集用户信息，页面 info.jsp 用于显示用户输入的调查信息。

```
//程序文件：3-3/input.jsp
01   <%@ page language="java" contentType="text/html; charset=UTF-8" pageEncoding="UTF-8"%>
02   <html>
03   <body>
04        <h3>信息调查</h3>   <hr />
05        <form name="f1" method="post" action="info.jsp">
06             姓名：<input type="text" name="uname" /><br />
07             性别：<input type="radio" name="usex" value="男" checked /> 男
08                  <input type="radio" name="usex" value="女" />女  <br />
09             学历：<select name="ueducation">
10                       <option value="初中及以下">初中及以下</option>
11                       <option value="高中">高中</option>
12                       <option value="大专">大专</option>
13                       <option value="本科">本科</option>
14                       <option value="研究生">研究生</option>
15                       <option value="博士">博士</option>
16                  </select>   <br />
17             获取信息渠道：
18             <input type="checkbox" name="uchannel" value="杂志" />杂志
19             <input type="checkbox" name="uchannel" value="网络" />网络
20             <input type="checkbox" name="uchannel" value="朋友推荐" />朋友推荐
21             <input type="checkbox" name="uchannel" value="报纸" />报纸
22             <input type="checkbox" name="uchannel" value="其他" />其他    <br />
23             <input type="submit" name="submit" value="提交" />
24        </form>
25   </body>
26   </html>
```

【程序说明】

第 5 行：表单的 action 属性值为 info.jsp，当用户提交表单时，数据会提交给 info.jsp 页面处理。

第 7～8 行：单选按钮 radio 的 name 属性都命名为 usex，表示这些按钮属于同一个组，同一时刻只能选中一个。

第 18～22 行：复选框 checkbox 的 name 属性都命名为 uchannel，同一时刻可以选择多个。

```
//程序文件：3-3/info.jsp
01   <%@ page language="java" contentType="text/html; charset=UTF-8" pageEncoding="UTF-8"%>
02   <html>
03   <body>
04        <%
05             request.setCharacterEncoding("utf-8");
06             String uname = request.getParameter("uname");
07             String usex = request.getParameter("usex");
08             String ueducation = request.getParameter("ueducation");
09             String[] uchannel = request.getParameterValues("uchannel");
10        %>
11        您输入的调查信息：
```

```
12          <br /> 姓名：<%=uname%>
13          <br /> 性别：<%=usex%>
14          <br /> 学历：<%=ueducation%>        <br />
15          <%   if (uchannel != null) {   %>
16          渠道：
17          <%      for(int i=0; i<uchannel.length; i++) {   %>
18                          <%=uchannel[i]%>  
19          <%   }}   %>
20      </body>
21      </html>
```

【程序说明】

第 5 行：使用 request 对象的 setCharacterEncoding()方法设置获取用户数据的编码方式为 utf-8。

第 6～8 行：使用 request 对象的 getParameter()方法获取只有一个值的表单元素。

第 9 行：使用 request 对象的 getParameterValues()方法获取具有多个值的表单元素。

浏览 input.jsp 页面，效果如图 3-9 所示。输入信息，单击“提交”按钮之后，页面效果如图 3-10 所示。

图 3-9　input.jsp 页面效果

图 3-10　info.jsp 页面效果

【例 3-4】使用超链接输出商品分类下对应品牌名称。

```
//程序文件：3-4.jsp
01    <%@ page language="java" contentType="text/html; charset=UTF-8" pageEncoding="UTF-8"%>
02    <html>
03    <body>
04          <%
05                String[] catalog = { "服装", "汽车", "鞋包", "手机" };
06                String[][] brand = {
07                          { "优衣库", "三彩", "eland", "拉夏贝尔", "ochirly", "真维斯", "美特斯邦威",
"only", "森马",
08    "圣宝龙", "海澜之家" },
09                          { "奔驰", "宝马", "别克", "大众", "福特", "捷豹", "现代", "雪铁龙", "雪弗兰", "劳
斯莱斯" },
10                          { "达芙妮", "kisscat", "kisskitty", "稻草人", "七匹狼", "奥康", "百丽", "万里马", "
红蜻蜓",
11    "金利来" },
```

```
12                  {"小米", "华为", "苹果", "三星", "vivo", "OPPO", "中兴", "LG", "金立", "魅族" } };
13            int cid = 0;
14            if (request.getParameter("id") != null)
15             cid = Integer.parseInt(request.getParameter("id"));
16            String str = "";
17            for (int i = 0; i < 10; i++) {
18                  str += brand[cid][i] + "  ";
19            }
20       %>
21       <table border=1 style="border-spacing:0px; border-collapse:collapse;">
22       <tr><td>分类</td><td>品牌</td></tr>
23       <tr>
24            <td style="width:50px; text-align: center;   height: 10px; ">
25                  <a href="3-4.jsp?id=0">服装</a>
26                  <a href="3-4.jsp?id=1">汽车</a>
27                  <a href="3-4.jsp?id=2">钱包</a>
28                  <a href="3-4.jsp?id=3">手机</a>
29            </td>
30            <td><%=str %></td>
31       </tr>
32  </table>
33  </body>
34  </html>
```

【程序说明】

第 5 行：定义一维字符串数组 catalog，包含 4 个元素。

第 6～12 行：定义二维字符串数组 brand，包含所有的品牌名称。

第 13～19 行：页面初次加载时，展示分类为“服装”的所有品牌名称。当单击某个分类名称时，显示该分类下的所有品牌名称。

第 25～28 行：为每个商品分类设置超链接，并设置传递的查询字符串。

浏览页面，初次加载时页面效果如图 3-11 所示，单击其中一个超链接之后的页面效果如图 3-12 所示。

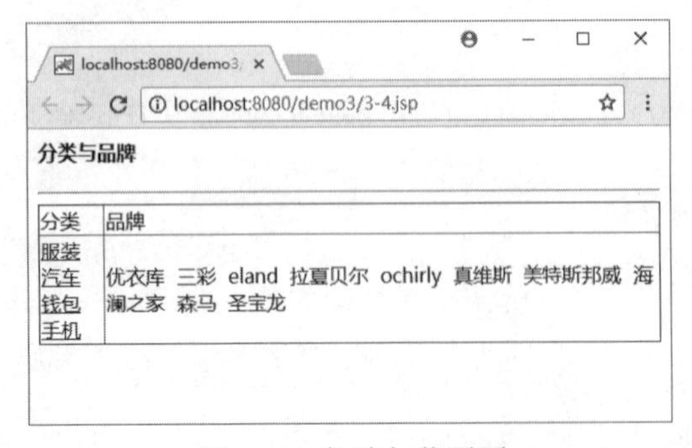

图 3-11　初次加载页面

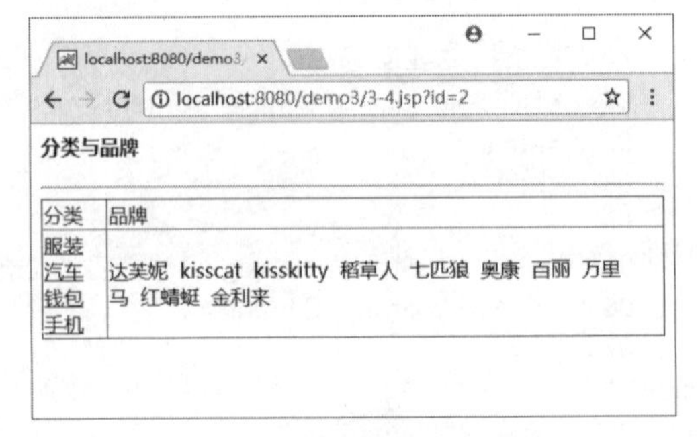

图 3-12　单击某类别后页面

3.1.3　response 对象

response 对象是 HttpServletResponse 接口实现类的实例，负责将响应结果发送到客户端浏览器，也可以用来重定向请求、向客户端浏览器增加 Cookie 等。response 对象的很多功能与 request 对象相匹配。

response 对象常用的方法如表 3-2 所示。

表 3-2　response 对象的常用方法

方　法	描　述
void addCookie(Cookie cookie)	创建一个 Cookie 对象并保存到客户端浏览器
void addHeader(String name, String value)	创建一个 HTTP 头，覆盖同名的旧 HTTP 头
String encodeRedirectURL(String url)	对 sendRedirect()方法使用的 URL 进行编码
String encodeURL(String url)	对 URL 进行编码，回传包含 sessionID 的 URL
void flushBuffer()	强制把当前缓冲区的内容发送到客户端
String getCharacterEncoding()	获取响应的字符编码格式
void setCharacterEncoding(String charset)	设置响应使用的字符编码格式
void setContentLength(int length)	设置响应的 BODY 长度
void setContentType(String type)	设置响应类型
void sendRedirect(String url)	用于将对客户端的响应重定向到指定的 URL 上，这里可以使用相对 URL
void setBufferSize(int size)	设置以 KB 为单位的缓冲区大小

【例 3-5】客户在 nameInput.jsp 页面填写表单提交给 proceeding.jsp 页面，如果填写表单不完整就会重新定向到 nameInput.jsp 页面。

```
//程序文件：3-5/nameInput.jsp
01  <%@ page language="java" contentType="text/html; charset=UTF-8" pageEncoding="UTF-8"%>
02  <html>
03  <body>
04  <p>填写姓名</p>
05  <form action="proceeding.jsp" method="get" name="form">
06          <input type="text" name="xm" />
07          <input type="submit" value="提交" />
08  </form>
09  </body>
10  </html>
```

【程序说明】

第 5 行：表单的 action 属性值为 proceeding.jsp，当用户提交表单时，数据会提交给 proceeding.jsp 页面处理。

```
//程序文件：3-5/proceeding.jsp
01  <%@ page language="java" contentType="text/html; charset=UTF-8" pageEncoding="UTF-8"%>
02  <html>
03  <body>
04  <%
05          String str = null;
06          str = request.getParameter("xm");
07          if(str == null || str.equals("")) {
08                  response.sendRedirect("nameInput.jsp");
```

```
09          }
10          else {
11                  out.print(str + "欢迎来到本网站！");
12          }
13  %>
14  </body>
15  </html>
```

【程序说明】

第 6 行：使用 request 对象的 getParameter()方法获取名称为 xm 的输入框的值。

第 7～12 行：如果 str 为 null 或者空字符串，则重定向到 nameInput.jsp 页面，否则输出“***欢迎来到本网站！”。

浏览页面，运行效果如图 3-13 和图 3-14 所示。

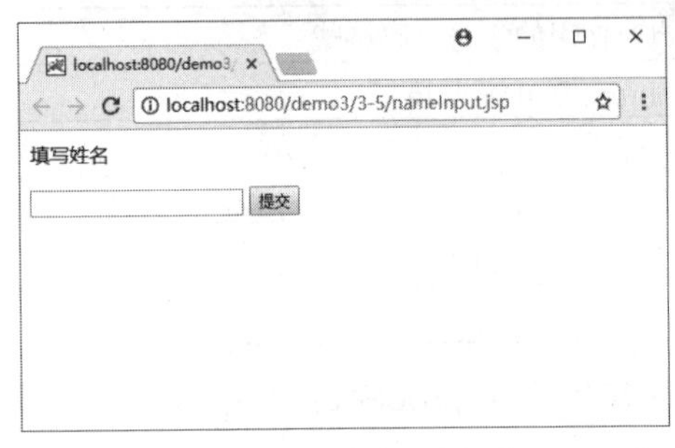

图 3-13　页面初次加载

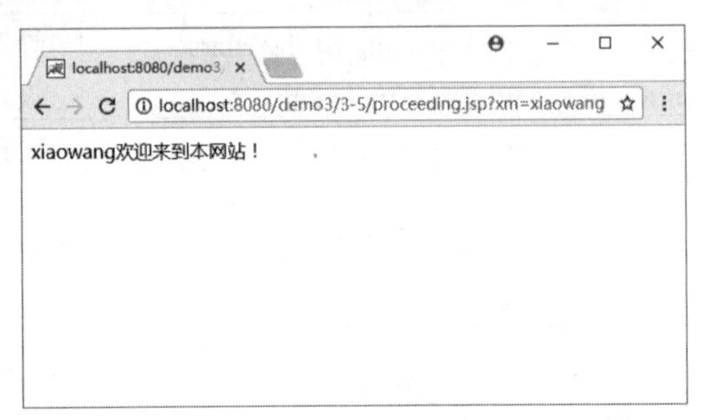

图 3-14　单击提交后

【例 3-6】设置自动刷新页面。

```
//程序文件：3-6.jsp
01  <%@ page language="java" contentType="text/html; charset=UTF-8" pageEncoding="UTF-8"%>
02  <%@ page import="java.util.*" %>
03  <html>
04  <body>
05  <p>现在的时间是：
06  <%
07  out.println("" + new Date());
08  response.setHeader("Refresh", "1");
09  %>
10  </p>
11  </body>
12  </html>
```

【程序说明】

第 8 行：response 对象添加一个响应头 Refresh，其值为 1。用于指定该网页每 1s 刷新一次。

浏览页面，运行效果如图 3-15 所示。

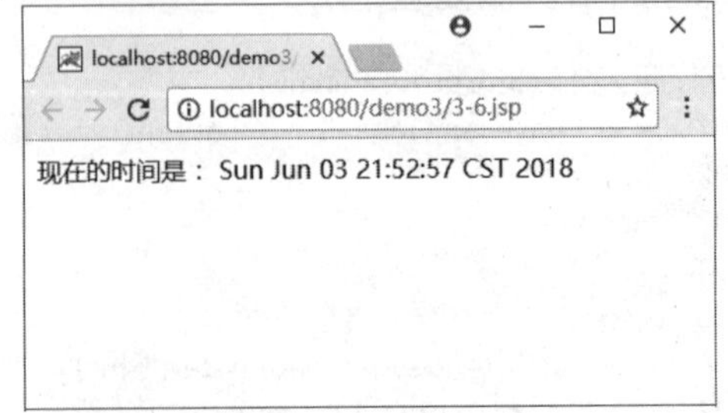

图 3-15　自动刷新页面

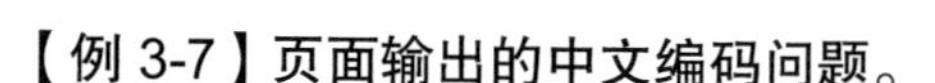

【例 3-7】页面输出的中文编码问题。

```
//程序文件：3-7.jsp
01    <%
02    String str="JSP 程序设计";
03    response.setContentType("text/html; charset=UTF-8");
04    out.print(str);
05    %>
```

【程序说明】

第 3 行：使用 response 对象的 setContentType()方法设置字符集编码为 UTF-8，解决中文乱码问题。

浏览页面，运行效果如图 3-16 所示。

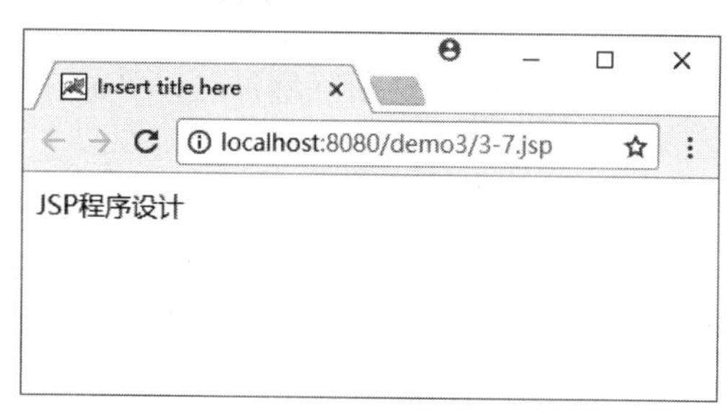

图 3-16　中文输出

3.1.4　out 对象

out 对象是向客户端的输出流进行写操作的对象，它会通过 JSP 容器自动转换为 java.io.PringWriter 对象。在 JSP 页面中可以用 out 对象把除脚本以外的所有信息发送到客户端浏览器。

out 对象最常用的方法是 print()方法和 println()方法。这两个方法都可以将信息输出到客户端浏览器，两者的区别在于 print()方法输出完毕后并不换行，而 println()方法实现换行输出。out 对象常用方法如表 3-3 所示。

表 3-3　out 对象的常用方法

方　法	描　述
void print(object obj)	将指定类型的数据输出到 http 流，不换行
void println(object obj)	将指定类型的数据输出到 http 流，并输出一个换行符
void clear()	清除缓冲区的数据，不把数据写到客户端
void clearBuffer()	清除缓冲区的当前内容，不把数据写到客户端
void flush()	输出缓冲区的数据
int getBufferSize()	返回缓冲区的字节数的大小，如不设缓冲区则为 0
boolean isAutoFlush()	返回缓冲区满时，是自动清空还是抛出异常
close()	关闭输出流，从而可以强制终止当前页面的剩余部分向浏览器输出

【例 3-8】使用 out 对象管理缓冲区。

```
//程序文件：3-8.jsp
01   <%
02          out.print("out 对象的 clear()方法的使用" + "<br />");
03          out.clear();
04          out.print("out 对象的 clearBuffer()方法的使用" + "<br />");
05          out.clearBuffer();
06          out.print("缓冲区管理" + "<br />");
07          out.flush();
08          out.print("默认缓冲区大小为：" + out.getBufferSize() + "<br />");
09          out.print("是否使用默认 AutoFlush：" + out.isAutoFlush() + "<br />");
10   %>
```

【程序说明】

第 2～3 行：使用 out 对象的 clear()方法清除缓冲区，“out 对象的 clear()方法的使用”不会输出。

第 4～5 行：使用 out 对象的 clearBuffer()方法清除缓冲区，“out 对象的 clearBuffer()方法的使用”不会输出。

第 6～7 行：使用 out 对象的 flush()方法输出缓冲区的内容，“缓冲区管理”会输出。

浏览页面，运行效果如图 3-17 所示。

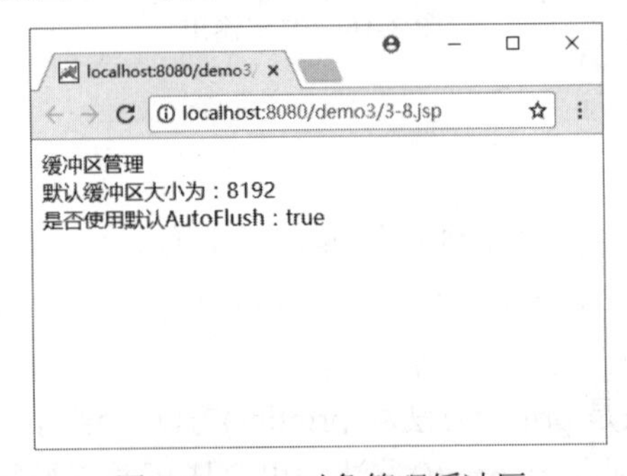

图 3-17　out 对象管理缓冲区

□ 任务实施

步骤 1：创建 chap0301 项目

在 Eclipse 中创建新的 Dynamic Web Project，名称为 chap0301。

步骤 2：新建 login.jsp 页面

在 WebContent 根目录下新建登录页面 login.jsp。在 login.jsp 文件中增加 HTML 标签和 CSS 代码实现登录页面的界面设计。

```
//程序文件：login.jsp
01   <%@ page language="java" contentType="text/html; charset=UTF-8" pageEncoding="UTF-8"%>
02   <html>
03   <head>
04   <style>
```

```
05        td.right {
06            text-align:right;
07        }
08    </style>
09    </head>
10    <body>
11        <h3>用户登录</h3><hr />
12        <form action="" method="post">
13            <table>
14                <tr><td class="right">用户名：</td><td><input type="text" name="uname" /></td></tr>
15                <tr><td class="right">密码：</td><td><input type="password" name="upwd" /></td></tr>
16                <tr><td colspan="2"><input type="submit" value="登录" /> <input type="reset" value="重
置" /></td></tr>
17            </table>
18        </form>
19    </body>
20    </html>
```

【程序说明】

第 12 行：设置以 post 方式提交数据，action 属性设置表示提交给本页。

第 14～15 行：定义用于输入用户名和密码的输入框。

步骤 3：增加判断注册信息的代码

在 login.jsp 文件的</table>和</form>之间增加对注册信息进行判断的代码，即当用户单击“登录”按钮后，如果用户名或密码为空，则提示用户“用户名密码不能为空！”；如果用户名为 admin 并且密码为 123，则跳转到 userinfo.jsp 页面；否则，提示用户“用户名密码不正确！”。

```
//程序文件：login.jsp
01    <%!
02    boolean ValidateUser(String name, String pwd) {
03            if(name.equals("admin") && pwd.equals("123")) return true;
04            else return false;
05    }
06    %>
07    <%
08    if(request.getParameter("uname") == null || request.getParameter("upwd") == null) {
09            return;
10    }
11    String name = request.getParameter("uname");
12    String pwd = request.getParameter("upwd");
13    if(name.equals("") || pwd.equals("")) {
14            out.println("用户名密码不能为空！");
15            return;
16    }
17    if(!ValidateUser(name, pwd)) {
18            out.println("用户名密码不正确！");
19            return;
20    }
21    response.sendRedirect("userinfo.jsp?name=" + name + "&pwd=" + pwd);
22    %>
```

【程序说明】

第 2～5 行：声明 ValidateUser()方法，用于判断用户名和密码是否正确。

第 8～10 行：页面初次加载，表单没有提交，request 对象的 getParameter()方法获取的值为空，直接返回。

第 11～12 行：使用 request 对象的 getParameter()方法获取表单中输入的用户名和密码。

第 13～16 行：判断用户名和密码是否为空，并输出提示信息。

第 17～20 行：调用 ValidateUser()方法判断用户名和密码是否正确，输出提示信息。

第 21 行：跳转到 userinfo.jsp 页面，并使用查询字符串传递 name 和 pwd 的值。

步骤 4：新建 userinfo.jsp 页面

在 WebContent 根目录下新建用户信息页面 userinfo.jsp。在 userinfo.jsp 文件的 body 标签之间增加代码实现获取查询字符串并输出。

```
//程序文件：userinfo.jsp
01    <%
02    String name = request.getParameter("name");
03    String pwd = request.getParameter("pwd");
04    out.println("用户名：" + name + "<br />");
05    out.println("密码：" + pwd);
06    %>
```

【程序说明】

第 2～3 行：使用 request 对象的 getParameter()方法获取查询字符串传递的 name 和 pwd 的值。

第 4～5 行：使用 out 对象的 println()方法输出用户名和密码。

步骤 5：运行项目，查看效果

启动 Tomcat 服务器，打开浏览器，在地址栏中输入如下地址。

```
http://localhost:8080/chap0301/login.jsp
```

任务 2　实现网站访问人数统计

❑ 任务场景

【任务描述】

统计网站访问人数是为了网站管理者可以了解当前访问网站的用户数量。通过这个信息，可以直观地了解网站的吸引力和运行效率。本任务实现一个网站计数器的 Java Web 项目，记录访问网站的总人数。当服务器关闭之后再启动，不会影响人数统计。

【运行效果】

本任务包含一个页面 count.jsp，用于显示“您是第*访问该页面的用户！”，页面效果如图 3-18 所示。

图 3-18　Chrome 浏览器访问网站计数器

单击浏览器上的“刷新”按钮，页面上的数字不会发生变化。图 3-18 中使用的是 Chrome 浏览器，当打开 QQ 浏览器再访问此页，计数器的值增加，效果如图 3-19 所示。

图 3-19　QQ 浏览器访问网站计数器

关闭以上两个浏览器，重启 Tomcat 服务器，再次使用 Chrome 浏览器访问此页，发现计数器的值继续增加，效果如图 3-20 所示。

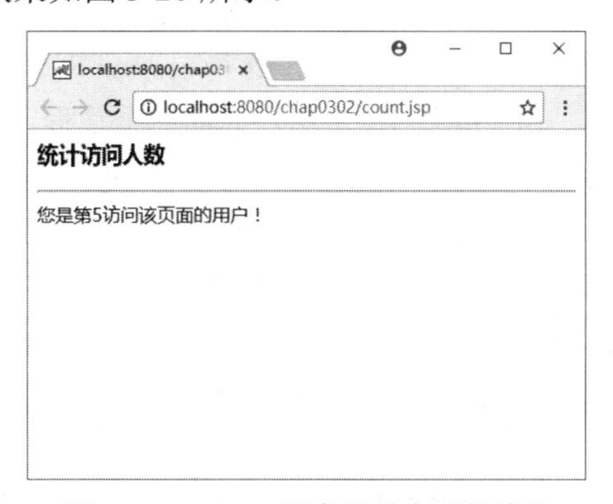

图 3-20　Tomcat 服务器重启后的效果

【任务分析】

（1）不同的用户有不同的 session，使用 session 对象的方法区分不同用户的访问。

（2）session 对象中定义的变量只能使同一用户在不同页面之间进行共享，如果想让不同用户共享同一变量，只能使用 application 对象。所以，网站计数器应保存在 application 对象中。

（3）当服务器关闭后，application 对象中保存的数据会丢失。为了防止数据丢失，需要将数据保存到磁盘文件中。

□ 知识引入

3.2.1 session 对象

HTTP 协议本身是一种无状态协议。用户向服务器发送请求（request），服务器接收并返回响应（response），当请求处理完毕，用户与服务器之间的连接就关闭了。服务器不保存任何与本次连接有关的信息，因此当用户再次发送请求时，服务器已没有之前的连接信息，无法判断本次请求和以前的请求是否属于同一用户。

如何保持用户在服务器的连接信息，并能传递给下一次请求，是动态网站技术必须解决的问题。在 JSP 技术中，通常采用会话（session）跟踪的方式来处理。

session 对象是 javax.servlet.http.HttpSession 类的实例，用于存储用户特定的信息。当一个用户发送第一个 JSP 页面请求时，会话被自动创建，并维持会话信息到下一个请求。通过会话，能够识别出同一用户所发送的请求，连接状态信息会一直保存。也就是说，如果 10 个用户访问同一网站，该网站会自动生成 10 个不同的会话对象来保存用户的连接信息，一直到用户离开网站为止。

1. sessionID

当用户首次登录该网站时，服务器会自动创建一个 session 对象。为了区别每个 session 对象，服务器会为其分配一个唯一的 ID 号。JSP 引擎将这个 ID 号和响应信息一起发送到用户，ID 号存放在客户端的 Cookie 中。这样，session 对象和用户之间就建立起一一对应的关系，即每个用户都对应一个 session 对象，这些 session 对象互不相同。

根据 JSP 的运行原理，JSP 引擎为每个用户启动一个线程，也就是说，JSP 为每个线程分配不同的 session 对象。当用户再访问连接该服务器的其他页面时，JSP 引擎不再分配给用户新的 session 对象，而是使用之前创建的 session 对象，直到用户关闭浏览器，服务器才将该用户的 session 对象清除，服务器与用户的会话对应关系才消失。当用户重新打开浏览器连接该服务器时，服务器会为该用户创建一个新的 session 对象。

session 对象使用 getId()方法获取服务器分配的 sessionID 值，代码如下。

```
session.getId();
```

【例 3-9】sessionID 示例。

```
//程序文件：3-9/test1.jsp
01    <%@ page language="java" contentType="text/html; charset=UTF-8" pageEncoding="UTF-8"%>
02    <html>
03    <body>
04    <%=session.getId() %> <br />
05    <a href="test2.jsp">跳转到 test2</a>
06    </body>
```

```
07    </html>
```

【程序说明】

第 4 行：读取并输出当前会话的 sessionID 值。

第 5 行：超链接跳转到 test2.jsp 页。

```
//程序文件：3-9/test2.jsp
01    <%@ page language="java" contentType="text/html; charset=UTF-8" pageEncoding="UTF-8"%>
02    <html>
03    <body>
04    <%=session.getId() %> <br />
05    <a href="test1.jsp">跳转到 test1</a>
06    </body>
07    </html>
```

【程序说明】

第 4 行：读取并输出当前会话的 sessionID 值。

第 5 行：超链接跳转到 test1.jsp 页。

打开浏览器访问 test1.jsp，页面效果如图 3-21 所示。单击超链接跳转到 test2.jsp，页面显示效果如图 3-22 所示。对比图 3-21 和图 3-22 可以看出，test1.jsp 和 test2.jsp 页面输出的 sessionID 值相同。这说明对于同一用户，在访问 Web 网站的多个页面时，session 对象是共享的。

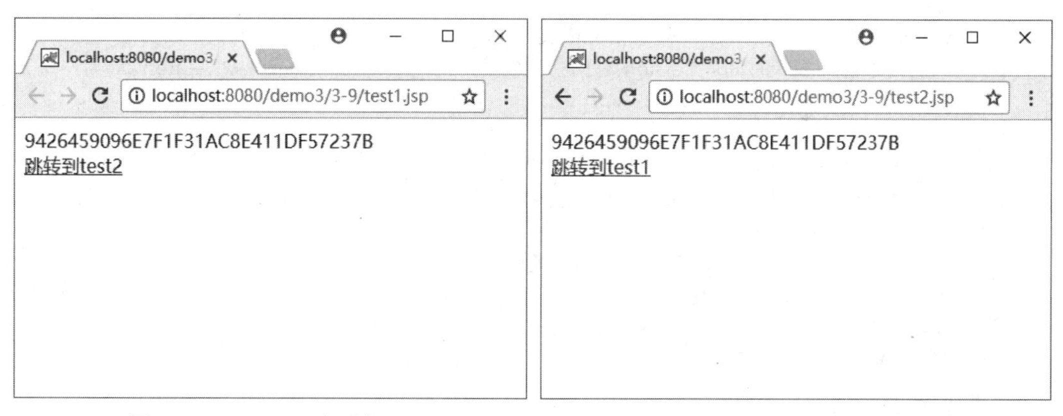

图 3-21 test1.jsp 页面效果　　　　图 3-22 test2.jsp 页面效果

2. session 对象的常用方法

session 对象不仅提供当前用户会话信息，还可用于会话范围的缓存访问及控制管理会话的方法。session 对象的常用方法如表 3-4 所示。

表 3-4 session 对象的常用方法

方　法	描　述
void setAttribute(String name, Object obj)	将 obj 对象以 name 名称存储到会话中
Object getAttribute(String name)	获取与指定名称相关联的 session 属性值

续表

方　法	描　述
Enumeration getAttributeNames()	取得 session 对象内所有属性的集合，返回一个枚举类型数据
long getCreationTime()	返回 session 对象的创建时间，单位为千分之一秒
String getId()	获取 sessionID 值
long getLastAccessedTime()	返回与当前 session 相关的客户端最后一次访问时间，由 1970 年 1 月 1 日算起，单位为毫秒
int getMaxInactiveInterval(int interval)	返回会话总时间，以秒为单位，即 session 对象的有效时间，当超过这个有效时间，此 session 被清除
void setMaxInactiveInterval(int interval)	设置 session 对象的有效时间
ServletContext getServeletContext()	返回一个该 JSP 页面对应的 ServletContext 对象实例
boolean isNew()	判断是否由服务器产生一个新的 session 对象
void invalidate()	销毁 session 对象

【例 3-10】session 对象的常用方法示例。

```
//程序文件：3-10.jsp
01    <%@ page language="java" contentType="text/html; charset=UTF-8" pageEncoding="UTF-8"%>
02    <html>
03    <body>
04    session 对象的创建时间：<%=new Date(session.getCreationTime())%><br />
05    两次请求间隔多长时间此 session 对象会被取消：<%=session.getMaxInactiveInterval() %> <br />
06    是否创建一个新的 session 对象：<%=session.isNew() %> <br />
07    <%
08            session.setAttribute("name", "长沙");
09            session.setAttribute("code", "410200");
10            out.println(session.getAttribute("name"));
11            out.println(session.getAttribute("code"));
12    %>
13    </body>
14    </html>
```

【程序说明】

第 4 行：返回会话创建的时间，返回的是一个整数，通过 Date 类转换成日期时间类型。

第 5 行：返回 session 对象的有效时间是 1800ms。

第 6 行；判断会话是不是一个新的会话。

第 8～9 行：使用 session 对象的 setAttribute()方法向当前用户会话分别添加名为 name 和 code 的属性。

第 10～11 行：使用 session 对象的 getAttribute()方法读取当前用户会话中名为 name 和 code 的属性值。

浏览页面，运行效果如图 3-23 所示。

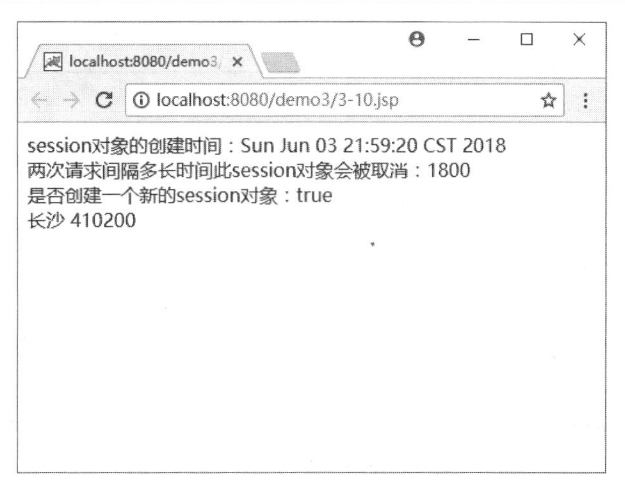

图 3-23　session 对象的常用方法

3.2.2　application 对象

服务器启动后会创建一个 application 对象，当用户在网站的各个页面之间浏览时，访问的都是同一个 application 对象，直到服务器关闭。与 session 对象不同的是，所有用户访问的 application 对象都是同一个，即所有用户共享 application 对象。

application 对象实现了用户数据的共享，可存放全局变量。它在服务器启动时创建，在服务器关闭时销毁。在此期间，application 对象将一直存在。因此，任一用户在任何页对 application 对象属性的操作，都会影响其他用户的访问。

application 对象是 javax.servlet.ServletContext 类的实例。application 对象的常用方法如表 3-5 所示。

表 3-5　application 对象的常用方法

方　法	描　述
void setAttribute(String name, Object obj)	将 obj 对象以 name 名称存储到 application 对象中
Object getAttribute(String name)	获取与指定名称相关联的 application 对象属性值
Enumeration getAttributes()	返回所有的 application 属性
ServletContext getContext(String uripath)	获取当前应用的 ServletContext 对象
String getInitParameter(String name)	返回由 name 指定的 application 属性的初始值
Enumeration getInitParameters()	返回所有的 application 属性的初始值的集合
String getRealPath(String path)	返回指定虚拟路径所对应的物理路径
RequestDispatcher getNamedDispatcher(String name)	为指定名称的 Servlet 对象返回一个 Request Dispatcher 对象的实例
RequestDispatcher getRequestDispatcher(String path)	返回一个 RequestDispatcher 对象的实例
Servlet getServlet(String name)	在 ServletContext 中检索指定名称的 Servlet

续表

方　法	描　述
Enumeration getServlets()	返回 ServletContext 中所有 Servlet 的集合
Enumeration getServletContextNames()	返回 ServletContext 中所有 Servlet 的名称集合
void removeAttribute(String name)	移除指定名称的 application 属性

【例 3-11】application 对象的常用方法示例。

```
//程序文件：3-11.jsp
01   当前页的物理路径：<%=application.getRealPath("3-11.jsp") %> <br />
02   <%
03   application.setAttribute("name", "zhangsan");
04   out.println(application.getAttribute("name") + "<br />");
05   application.removeAttribute("name");
06   out.println(application.getAttribute("name"));
07   %>
```

【程序说明】

第 1 行：使用 application 对象的 getRealPath()方法获取当前页面的完整物理路径。

第 3 行：使用 application 对象的 setAttribute()方法添加属性，其名称为 name，值为 zhangsan。

第 4 行：使用 application 对象的 getAttribute()方法获取其值。

第 5 行：使用 application 对象的 removeAttribute()方法移除名称为 name 的属性。

第 6 行：再次读取 name 属性值，由于该对象已经被移出，所以获取值为空。

浏览页面，运行效果如图 3-24 所示。

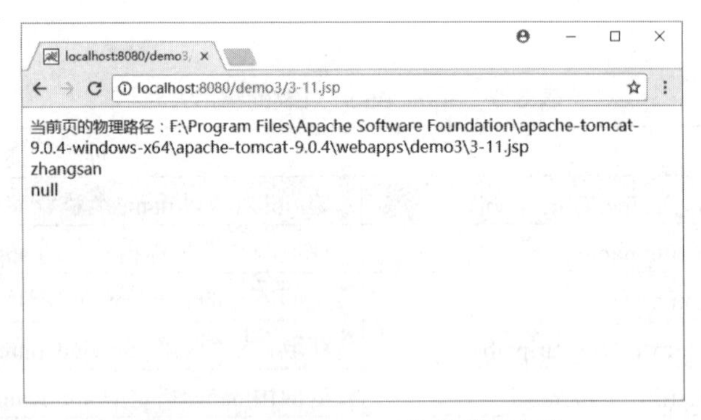

图 3-24　application 对象的常用方法

3.2.3　JSP 中的文件操作

动态 Web 交互时，经常要进行文件的上传和下载，如将客户提交的信息以文件的形式保存到服务器或将服务器上文件的内容显示到客户端。本节主要介绍如何在 JSP 中操作文件，实现服务器对文件的管理，以及如何利用对文本文件的读写，在没有数据库或者不必要使用数据库的情况下存储少量的数据。

1. 操作目录和文件

File 类主要用来获取文件本身的一些信息，如文件所在目录、文件长度、文件读写权限等，不涉及对文件的读写操作。File 类可以关联一个具体的文件，也可以关联一个目录。File 类的构造方法如表 3-6 所示。

表 3-6 File 类的构造方法

方　法	描　述
File(String filename)	filename 指定完整的文件路径，也可以直接指定文件名
File(String directoryPath, String filename)	directoryPath 指定文件路径，filename 指定文件名称
File(File f, String filename)	f 指定一个目录的文件对象，filename 指定目录 f 下的文件

可根据不同情况在实际应用中选用恰当的构造方法。例如，如果只访问一个文件可以用第一个构造方法创建文件对象，如果要访问一个目录中的多个文件，则可以使用第二个构造方法或者第二个和第三个构造方法相结合的方式构造文件对象。

File 类封装了很多设置文件属性的方法，使用这些方法能够获取文件本身的一些信息。常用的方法如表 3-7 所示。

表 3-7 File 类的常用方法

方　法	描　述
String getName()	获取文件的名称
boolean equals(Object obj)	比较两个文件对象的路径是否相同
boolean canRead()	判断文件是否可读
boolean canWrite()	判断文件是否可被写入
boolean exits()	判断文件是否存在
boolean delete()	删除当前文件或目录
long length()	获取文件的长度（单位是字节）
String getPath()	获取文件的相对路径，包括文件名在内
String getParent()	获取文件的父目录
boolean mkdir()	创建目录
boolean createNewFile()	如果实例文件不存在，则创建文件
boolean isFile()	判断是否是一个文件
boolean isDirectory()	判断是否是一个目录
boolean isHidden()	判断文件是否是隐藏文件
long lastModified()	获取文件最后修改的时间，返回的是一个整数
String[] list()	用字符串形式返回目录下的全部文件
File[] listFiles()	用 File 对象形式返回目录下的全部文件

【例 3-12】File 类的常用方法示例。

```
//程序文件：3-12.jsp
01    <%@ page language="java" contentType="text/html; charset=UTF-8" pageEncoding="UTF-8"%>
```

```
02    <%@ page import="java.io.*" %>
03    <html>
04    <body>
05    <% File dir = new File("f:/", "test1"); %>
06    <p>
07          在 f:/下创建一个新的目录：test1<br />
08          成功创建了吗？<%=dir.mkdir() %><br />
09          test1 是目录吗？<%=dir.isDirectory() %>
10    </p>
11    <%
12          File file;
13          file = new File("f:/test1/file1.txt");
14          file.createNewFile();
15          file = new File("f:/test1/file2.txt");
16          file.createNewFile();
17    %>
18    <p>列出目录 f:/test1 下的全部文件：<br/>
19    <%
20          File[] files = dir.listFiles();
21          int i;
22          for(i=0; i<files.length; i++) {
23                if(files[i].isFile()) {
24                      out.print(files[i].toString() + "文件<br />");
25                }
26          }
27    %>
28    </p>
29    <p>删除目录 f:/test1 下的全部文件：<br/>
30    <%
31          for(i=0; i<files.length; i++) {
32                out.println(files[i].getName() + "文件被删除<br />");
33                files[i].delete();
34          }
35    %>
36    </p>
37    </body>
38    </html>
```

【程序说明】

第 2 行：导入程序包 java.io。

第 5 行：声明一个文件对象 dir 指向目录 f:/test1。

第 8 行：使用 mkdir()方法创建目录，如果创建成功返回 true，否则返回 false。

第 9 行：使用 isDirectory()方法判断是否是目录，如果是返回 true，否则返回 false。

第 12～16 行：使用 File 对象的 createNewFile()方法在目录 test1 下分别创建两个文件 file1.txt 和 file2.txt。

第 20 行：使用 File 对象的 listFiles()方法获取目录 test1 下的所有文件。

第 22～26 行：使用 for 循环输出目录 test1 下的每个文件的文件名。

第 31～34 行：使用 for 循环删除目录 test1 下的每个文件。

浏览页面，运行效果如图 3-25 所示。

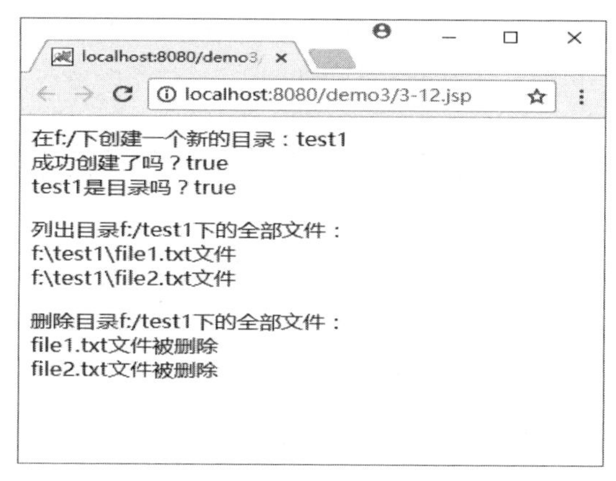

图 3-25　File 类的常用方法

2. 文件读写

在 JSP 中，可以使用字节流读写文件。java.io 包中提供了大量的输入/输出流类。所有字节输入流类都是 InputStream 抽象类的子类，而所有字节输出流类都是 OutputStream 抽象类的子类。本节重点介绍 FileInputStream 类和 BufferedInputStream 类两个输入流类，及 FileOutputStream 类和 BufferedOutputStream 类两个输出流类。

FileInputStream 类是从 InputStream 抽象类中派生，该类继承了 InputStream 类的所有方法。为了创建 FileInputStream 类的对象，需要调用它的构造方法。FileInputStream 的主要构造方法如表 3-8 所示。

表 3-8　FileInputStream 类的主要构造方法

方　法	描　述
FileInputStream(String name)	使用指定的文件名 name 创建一个 FileInputStream 对象
FileInputStream(File file)	使用 File 对象创建 FileInputStream 对象

FileOutputStream 类是从 OutputStream 抽象类中派生，提供了基本的文件写入功能。FileOutputStream 类的主要构造方法如表 3-9 所示。

表 3-9　FileOutputStream 类的主要构造方法

方　法	描　述
FileOutputStream(String name)	使用指定的文件名 name 创建一个 FileOutputStream 对象
FileOutputStream(File file)	使用 File 对象创建 FileOutputStream 对象

【例 3-13】文件输入/输出流示例。

```
//程序文件：3-13.jsp
01    <%@ page language="java" contentType="text/html; charset=UTF-8" pageEncoding="UTF-8"%>
```

```
02  <%@ page import="java.io.*" %>
03  <html>
04  <body>
05  <%
06          String path = request.getRealPath("/test.txt");
07          try {
08          FileInputStream fin = new FileInputStream(path);
09                  int len = fin.available();
10                  byte[] b = new byte[len];
11                  fin.read(b);
12                  String str = new String(b);
13                  out.print("文件原始内容：" + str);
14                  fin.close();
15                  FileOutputStream fout = new FileOutputStream(path);
16                  String str1 = "测试 FileOutputStream 类向文件写入数据";
17                  byte[] b1 = str1.getBytes();
18                  fout.write(b1);
19                  fout.close();
20          } catch (IOException e) {
21                  System.out.println("File read error!");
22          }
23  %>
24  </body>
25  </html>
```

【程序说明】

第 2 行：导入 java.io 程序包。

第 7～22 行：当试图打开的文件不存在时，如果使用文件输入流类建立通往文件的输入流，则会出现异常。该代码段需要使用 try、catch 块语句，以保证程序的健壮性。

第 8 行：按指定文件路径创建 FileInputStream 类的对象。

第 9 行：获取指定文件的长度。

第 11 行：将文件内容读入缓存数组。

第 12～13 行：将缓存数组转换为字符串数据并输出。

第 14 行：关闭输入流。

第 15 行：按指定文件路径创建 FileOutputStream 类的对象。

第 16～17 行：将需要写入的字符串转换成字节数组。

第 18 行：使用输出流将字节数组数据写入文件。

第 19 行：关闭输出流。

第 21 行：如果指定路径的文件不存在，创建 FileInputStream 类的对象失败，则在控制台输出提示。

当 Tomcat 服务器 webapps 目录下该项目的根目录中不存在 test.txt 文件，浏览该页面后控制台会提示“File read error！”，效果如图 3-26 所示。

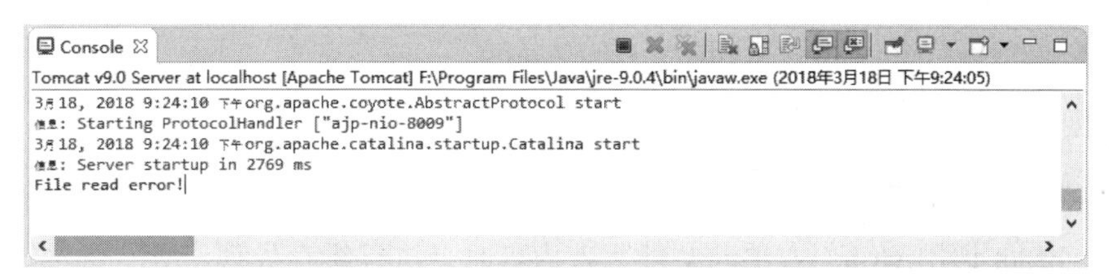

图 3-26　文件不存在的运行效果图

若文件存在，会读取并输出文件的原始内容，页面效果如图 3-27 所示。读取完毕之后，test.txt 文件的内容被改变，如图 3-28 所示。

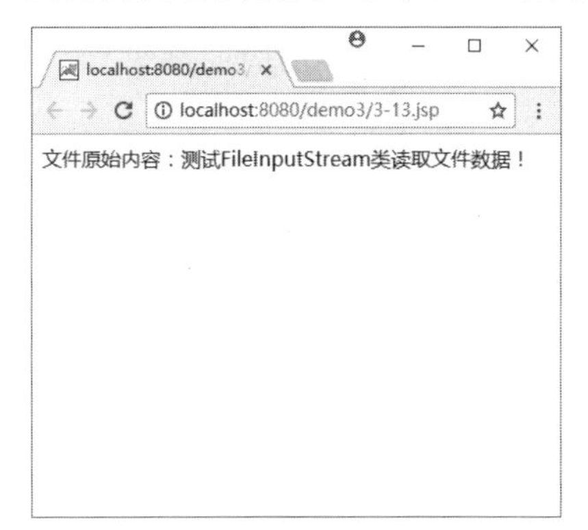

图 3-27　页面运行效果图

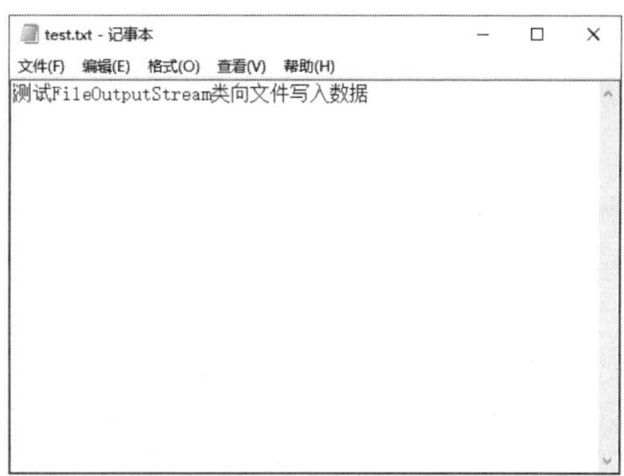

图 3-28　test.txt 文件新内容

为了提高文件读写的效率，可以将 FileInputStream 流和 BufferedInputStream 流配合使用，FileOutputStream 流和 BufferedOutputStream 流配合使用。BufferedInputStream 类的常用构造方法如表 3-10 所示。

表 3-10　BufferedInputStream 类的构造方法

方　法	描　述
BufferedInputStream(InputStream in)	创建缓存输入流，该输入流指向一个输入流

当读取一个文件 A.txt 时，需要先建立一个指向该文件的输入流，代码如下。

```
FileInputStream fin = new FileInputStream("A.txt");
```

然后创建一个指向文件输入流 fin 的缓存输入流，代码如下。

```
BufferedInputStream bfin = new BufferedInputStream(fin);
```

这时，就可以使用 bfin 调用 read()方法读取文件内容，bfin 在读取文件的过程中，会进行缓存处理，增加读取的效率。

同理，BufferedOutputStream 类的构造方法需要输出流作为参数，如表 3-11 所示。

表 3-11　BufferedOutputStream 类的构造方法

方　法	描　述
BufferedOutputStream(OutputStream out)	创建缓存输出流，该输出流指向一个输出流

当向文件 A.txt 写入数据时，需要先建立一个指向该文件的文件输出流，代码如下。

```
FileOutputStream fout = new FileOutputStream("A.txt");
```

然后创建一个指向输出流 fout 的缓存输出流，代码如下。

```
BufferedOutputStream bfout = new BufferedOutputStream(fout);
```

这时，bfout 调用 write()方法向文件写入内容时会进行缓存处理，增加写入效率。值得注意的是，写入完毕后，需要调用 bfout 对象的 flush 方法将缓存中的数据存入文件。

【例 3-14】缓存输入/输出流示例。

```
//程序文件：3-14.jsp
01    <%@ page language="java" contentType="text/html; charset=UTF-8" pageEncoding="UTF-8"%>
02    <%@ page import="java.io.*" %>
03    <html>
04    <body>
05    <%
06            String path = request.getRealPath("/test.txt");
07            try {
08                    FileOutputStream fout = new FileOutputStream(path);
09                    BufferedOutputStream bfout = new BufferedOutputStream(fout);
10                    String str1 = "测试缓存输入输出流读写文件数据";
11                    byte[] b = str1.getBytes();
12                    bfout.write(b);
13                    bfout.flush();
14                    bfout.close();
15                    fout.close();
16            FileInputStream fin = new FileInputStream(path);
17            BufferedInputStream bfin = new BufferedInputStream(fin);
18                    int len = fin.available();
19                    b = new byte[len];
20                    bfin.read(b);
21                    String str = new String(b);
22                    out.print(str);
23                    bfin.close();
24                    fin.close();
25            } catch (IOException e) {
26                    System.out.println("File read error!");
27            }
28    %>
29    </body>
30    </html>
```

【程序说明】

第 2 行：导入 java.io 程序包。

第 7～27 行：无法确定试图打开的文件是否存在，该代码段需要使用 try、catch 块语句，以保证程序健壮性。

第 8 行：按指定文件路径创建 FileOutputStream 类的对象。

第 9 行：使用 FileOutputStream 类的对象作为参数创建 BufferedOutputStream 类的对象。

第 10～14 行：使用 BufferedOutputStream 类的对象完成数据写入并关闭。

第 15 行：关闭输出流。

第 16 行：按指定文件路径创建 FileInputStream 类的对象。

第 17 行：使用 FileInputStream 类的对象作为参数创建 BufferedInputStream 类的对象。

第 18～23 行：使用 BufferedInputStream 类的对象完成数据读出并关闭。

第 24 行：关闭输入流。

第 26 行：如果指定路径的文件不存在，则在控制台输出提示信息。

当 Tomcat 服务器 webapps 目录下该项目的根目录中存在 test.txt 文件时，该页面的浏览效果如图 3-29 所示。test.txt 文件的内容如图 3-30 所示。

图 3-29　页面运行效果

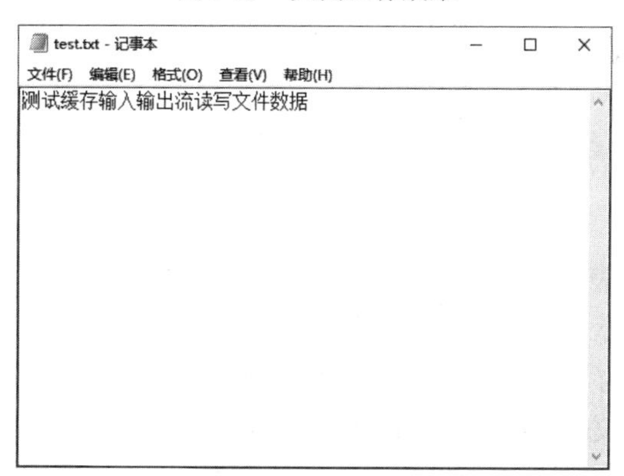

图 3-30　test.txt 文件内容

❑ 任务实施

步骤 1：创建 chap0302 项目

在 Eclipse 中创建新的 Dynamic Web Project，名称为 chap0302。

步骤 2：创建保存总人数的文本文件 count.txt

在 WebContent 根目录下新建一个文本文件 count.txt，并在文件中设置初值为 0，如图 3-31 所示。

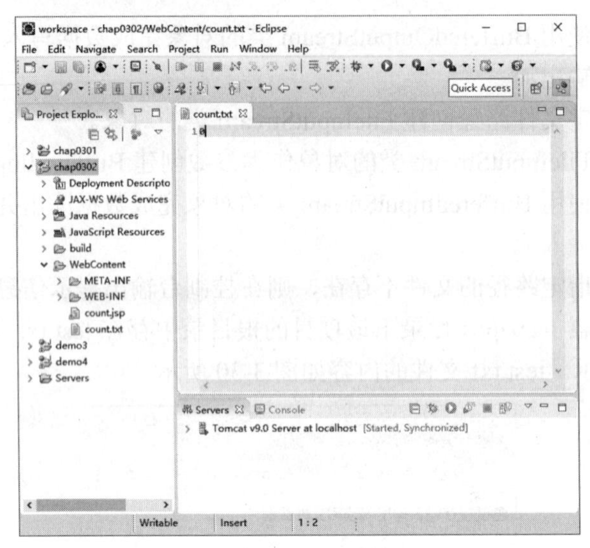

图 3-31　count.txt 文件初值为 0

步骤 3：新建 count.jsp 页面

在 WebContent 根目录下新建计数器页面 count.jsp。在 count.jsp 文件中增加 HTML 标签实现计数器页面的界面设计。

```
//程序文件：count.jsp
01	<%@ page language="java" contentType="text/html; charset=UTF-8" pageEncoding="UTF-8"%>
02	<html>
03	<body>
04	<h3>统计访问人数</h3><hr />
05	您是第<%=num %>访问该页面的用户！
06	</body>
07	</html>
```

【程序说明】

第 5 行：使用 JSP 表达式输出变量 num 的值。

步骤 4：在 count.jsp 文件中增加实现网站计数器的代码。

在 count.jsp 文件的<body>和<h3>之间增加实现网站计数器的代码。如果 application 对象中无统计值，则从文本文件 count.txt 中读取到内存。为了防止通过页面刷新来增加人数统计，使用 session 对象的 isNew()方法判断是否为同一用户。

```
//程序文件：count.jsp
01	<%
02	int num = 0;
03	byte[] b = null;
04	String path = request.getRealPath("count.txt");
05	try {
06		if (application.getAttribute("count") == null) {
07			FileInputStream fin = new FileInputStream(path);
08			int len = fin.available();
```

```
09                b = new byte[len];
10                fin.read(b);
11                fin.close();
12                application.setAttribute("count", Integer.parseInt(new String(b)));
13           }
14           if (session.isNew()) {
15                num = (int) application.getAttribute("count") + 1;
16           } else {
17                num = (int) application.getAttribute("count");
18           }
19           application.setAttribute("count", num);
20           FileOutputStream fout = new FileOutputStream(path);
21           b = String.valueOf(num).getBytes();
22           fout.write(b);
23           fout.close();
24      } catch (IOException ex) {
25      }
26      %>
```

【程序说明】

第 4 行：获取保存统计值的文本文件 count.txt 的物理路径。

第 5～25 行：无法确定试图打开的文件是否存在，使用 try、catch 块语句保证程序健壮性。

第 6～13 行：判断 application 对象中存储统计值的 count 属性是否存在，如果不存在，则需要从 count.txt 文件中读取并保存到 application 对象的 count 属性中。

第 14～18 行：判断当前会话是否是一个新的会话，如果是新的会话，统计值 num+1；如果不是新的会话，则统计值 num 不变。这样可以防止页面刷新造成的统计值增加。

第 19 行：将统计值 num 重新存储到 application 对象的 count 属性中。

第 20～23 行：将统计值 num 重新写入到文本文件 count.txt 中。

步骤 5：运行项目，查看效果

启动 Tomcat 服务器，打开浏览器，在地址栏中输入如下地址。

```
http://localhost:8080/chap0302/count.jsp
```

任务 3　实现用户自动登录

❑ 任务场景

【任务描述】

当用户第一次访问系统时需要输入用户名和密码才能登录系统，如果用户选中“自动登录”复选框进入系统，则系统记录了用户的登录信息。当该用户再次访问同一系统时，则无须再次输入账号和密码，可直接进入。这种交互方式就是“自动登录”，该种方式可以提供较好的用户体验，是目前许多应用系统不可缺少的功能。本任务实现用户自动登录的 Java Web 项目。

【运行效果】

实现本任务需要两个页面：登录页 login.jsp 和欢迎页 welcome.jsp。login.jsp 用于填写登录信息，包括用户名和密码，并提供给用户是否要自动登录的选项。在此页面中输入用户名 admin 和密码 admin，选中“自动登录”复选框，页面效果如图 3-32 所示。

图 3-32　登录页

单击“登录”按钮，进入主页 welcome.jsp 并输出“欢迎来到本网站！”，效果如图 3-33 所示。

图 3-33　欢迎页

关闭并再次打开浏览器，在地址栏中访问登录页 login.jsp，直接跳转到主页 welcome.jsp 并输出“欢迎来到本网站！”。

【任务分析】

（1）登录页 login.jsp 初次加载，使用 request 对象的 getCookie()方法读取本地 Cookie，判断是否曾经保存了用户名和密码。

（2）如果没有在 Cookie 中保存过用户名和密码，则打开登录页 login.jsp。

（3）使用 response 对象的 addCookie()方法保存用户名和密码到本地 Cookie 中。

（4）使用 Cookie 对象的 setMaxAge()方法设置 Cookie 的有效期，防止浏览器关闭之后 Cookie 丢失。

❑ 知识引入

3.3.1 Cookie 对象

Cookie 是服务器发送给客户端浏览器的纯文本信息。用户在访问同一个 Web 服务器时浏览器会把 Cookie 值按原样发送给服务器。通过使用 Cookie，可以维护用户提供的信息，如标识用户信息、定制用户所需信息、安全要求不高的情况下避免用户重复进行登录验证、有针对性地投放广告等。尽管使用 Cookie 可以为用户带来诸多方便，但在安全性要求较高的场合下，不建议使用 Cookie。

此外，在浏览器中只允许存放 300 个 Cookie，每个站点最多存放 20 个 Cookie，每个 Cookie 的大小限制为 4KB，所以不用担心 Cookie 会占用过多的硬盘空间。

当用户访问某个站点时，可以使用 response 对象的 addCookie()方法添加一个 Cookie 对象，并将它发送到客户端，保存到客户端浏览器所分配的内存空间或者以文件形式保存到特定的磁盘目录下。当该用户再次访问同一站点时，浏览器会自动将该 Cookie 对象发送回服务器。

1．创建 Cookie

使用 Cookie 对象的构造方法可以创建 Cookie 对象，Cookie 对象是 javax.servlet.http.Cookie 类的实例。在 JSP 页面中创建 Cookie 需要使用 page 指令进行引用，代码如下。

```
<%@ page import="javax.servlet.http.Cookie" %>
```

下面的代码创建了一个名称为 name 的 Cookie，其值为 zhangsan。

```
Cookie c = new Cookie("name", "zhangsan");
```

2．保存 Cookie 到客户端

在 JSP 中要将封装的 Cookie 对象保存到客户端需要使用 response 对象的 addCookie()方法。将 Cookie 保存到客户端的代码如下。

```
response.addCookie(c);
```

3．读取客户端 Cookie

使用 request 对象的 getCookie()方法将所有客户端传来的 Cookie 对象以数组形式排列，如果要取出符合要求的 Cookie 对象，则需要循环比较数组中每个对象的关键字。以下代码可读取并输出名称为 name 的 Cookie。

```
01    Cookie[] cs = request.getCookies();
02    for(int i = 0; i < cs.length; i++) {
03            if(cs[i].getName().equals("name")) {
04                    out.print(cs[i].getValue());
```

```
05        }
06    }
```

4．设置 Cookie 对象的有效时间

将 Cookie 对象保存到客户端时，如果没有设置有效时间或者有效时间为 0，则表示此 Cookie 对象存放在浏览器的内存空间中，浏览器关闭时会自动清除 Cookie。如果设置了有效时间，则表示该 Cookie 对象以文件形式保存在特定路径中。Cookie 的有效时间以秒为单位。如果需要使保存的 Cookie 对象失效，只需要将有效时间设置为一个负值即可。以下代码用于设置 Cookie 对象的有效时间为 1min。

```
c.setMaxAge(60);
```

【例 3-15】读写 Cookie 示例。

```
//程序文件：3-15.jsp
01    <%
02    //写入 Cookie
03    Cookie cookie = new Cookie("name", "zhangsan");
04    cookie.setMaxAge(60);
05    response.addCookie(cookie);
06    //读取 Cookie
07    Cookie[] cookies = request.getCookies();
08    for(int i = 0; i < cookies.length; i++) {
09            if(cookies[i].getName().equals("name")) {
10                    out.println(cookies[i].getValue());
11            }
12    }
13    %>
```

【程序说明】

第 3～5 行：保存名称为 name 的 Cookie，值为 zhangsan，并设置保存时间为 1min。

第 7～12 行：读取名称为 name 的 Cookie 并输出。

浏览页面，运行效果如图 3-34 所示。

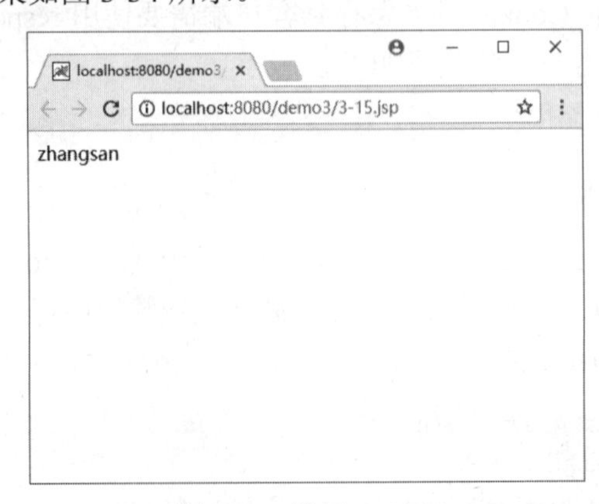

图 3-34　读写 Cookie

3.3.2　其他内置对象

除了 out、request、response、session、Cookie 和 application 对象外，JSP 页面中还可以使用 page、pageContext、config 和 exception 对象。

1．page 对象

page 对象表示当前页面程序本身，是 this 变量的别名。page 对象是 java.lang.Object 类的实例，可以使用 Object 类的方法。page 对象的常用方法如表 3-12 所示。

表 3-12　page 对象的常用方法

方　法	描　述
int hasCode()	返回网页文件中的 hasCode
Class getClass()	返回网页的类信息
String toString()	返回代表当前网页的文字字符串
boolean equal(Object obj)	比较 obj 对象和指定的对象是否相等
ServletConfig getServletConfig()	获得当前的 config 对象
String getServletInfo()	返回关于服务器程序的信息

【例 3-16】page 对象的常用方法示例。

```
//程序文件：3-16.jsp
01    page 对象的 getCLass()方法的返回值：<%=page.getClass() %> <br />
02    page 对象的 toString()方法的返回值:<%=page.toString() %> <br />
03    <%! Object obj; %>
04    Page 对象等于 Object 对象：<%=page.equals(obj) %> <br />
05    Page 对象等于 this 对象：<%=page.equals(this) %>
```

浏览页面，运行效果如图 3-35 所示。

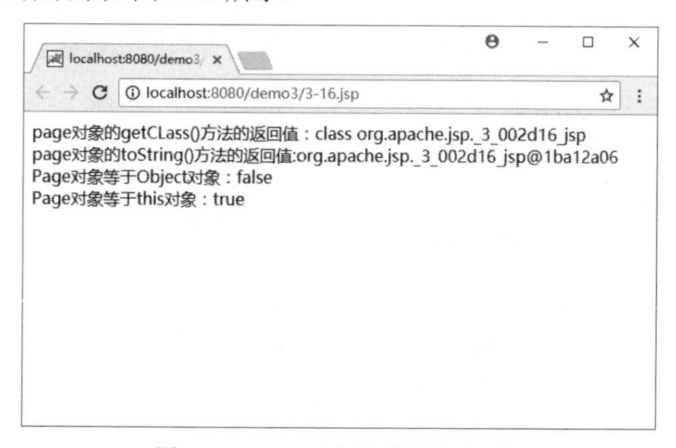

图 3-35　page 对象的常用方法示例

2．pageContext 对象

pageContext 对象是 javax.servlet.jsp.PageContext 类的实例。使用 pageContext 对象可以

存取关于 JSP 执行时期所要用到的属性和方法。PageContext 对象既可以访问本页所在的 session 对象属性值，也可以读取 application 对象属性值，是页面中所有功能的集大成者。pageContext 对象的常见方法如表 3-13 所示。

表 3-13　pageContext 对象的常用方法

方　法	描　述
void forward(String relativeUrlPath)	把页面重定向到另外一个页面或者 servlet
void include(String relativeUrlPath)	在当前位置包含另一个文件
void setAttribute(String name, Object value, [int scope])	在指定范围内设置属性及属性值
Object getAttribute(String name, [int scope])	获取某一指定范围内的属性值
void removeAttribute(String name, [int scope])	在指定范围内移除某属性
int getAttributeScope(String name)	获取某属性的作用范围
Exception getException()	获取当前的 exception 对象
ServletRequest getRequest()	获取当前的 request 对象

3．config 对象

config 对象提供了对每个给定的 Java 程序片段及 JSP 页面的 javax.servlet.ServletConfig 对象的访问，该对象封装了初始化参数以及一些实用方法。config 对象的常用方法如表 3-14 所示。

表 3-14　config 对象的常用方法

方　法	描　述
String getInitParameter(String name)	根据指定的 name 返回其初始化参数的值
Enumeration getInitParameterNames()	返回所有初始化参数的名称
String getServletName()	返回 Servlet 的名称
ServletContext getServletContext()	返回一个含有服务器相关信息的 ServletContext 对象

【例 3-17】使用 config 对象读取 web.xml 配置文件中的参数信息。

```
//程序文件：WEB-INF/web.xml
01	<?xml version="1.0" encoding="UTF-8"?>
02	<web-app>
03		<servlet>
04			<servlet-name>myconfig</servlet-name>
05			<jsp-file>/3-17.jsp</jsp-file>
06			<init-param>
07				<param-name>mysqlip</param-name>
08				<param-value>192.168.0.1</param-value>
09			</init-param>
10			<init-param>
11				<param-name>dbname</param-name>
12				<param-value>onlinedb</param-value>
13			</init-param>
14			<init-param>
```

```
15                  <param-name>user</param-name>
16                  <param-value>root</param-value>
17              </init-param>
18              <init-param>
19                  <param-name>password</param-name>
20                  <param-value>ROOT</param-value>
21              </init-param>
22          </servlet>
23          <servlet-mapping>
24              <servlet-name>myconfig</servlet-name>
25              <url-pattern>/3-17.jsp</url-pattern>
26          </servlet-mapping>
27      </web-app>
```

【程序说明】

第 4 行：设置 servlet 节点的 servlet-name 子节点为 myconfig。

第 6～9 行：设置初始参数名称为 mysqlip，其值为 192.168.0.1。

第 10～13 行：设置初始参数名称为 dbname，其值为 onlinedb。

第 14～17 行：设置初始参数名称为 user，其值为 root。

第 18～21 行：设置初始参数名称为 password，其值为 ROOT。

```
//程序文件：3-17.jsp
01    数据库 IP 地址：<%=config.getInitParameter("mysqlip") %> <br />
02    数据库名称：<%=config.getInitParameter("dbname") %> <br />
03    用户名：<%=config.getInitParameter("user") %> <br />
04    密码：<%=config.getInitParameter("password") %> <br />
```

【程序说明】

第 1～4 行：使用 config 对象的 getInitParameter()方法读取 web.xml 配置文件中设置的初始信息。

浏览页面，运行效果如图 3-36 所示。

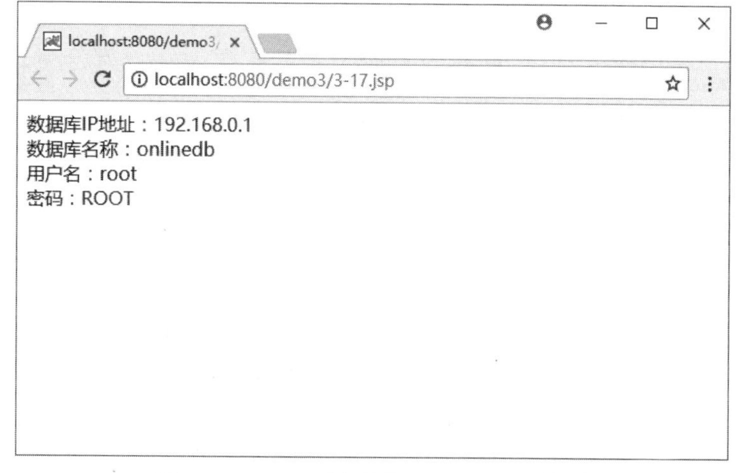

图 3-36　config 对象读取 web.xml 配置文件

❑ 任务实施

步骤 1：创建 chap0303 项目

在 Eclipse 中创建新的 Dynamic Web Project，名称为 chap0303。

步骤 2：新建 login.jsp 页面

在 WebContent 根目录下新建一个登录页面 login.jsp。在 login.jsp 文件中增加 HTML 标签和 CSS 代码实现登录页面的界面设计。

```
//程序文件：login.jsp
01    <%@ page language="java" contentType="text/html; charset=UTF-8" pageEncoding="UTF-8"%>
02    <html>
03    <head>
04    <style>
05        td.right {
06            text-align:right;
07            height:25px;
08        }
09    </style>
10    </head>
11    <body>
12        <h3>用户自动登录</h3><hr />
13        <form action="" method="post">
14            <table>
15                <tr><td class="right">用户名：</td><td><input type="text" name="uname" /></td></tr>
16                <tr><td class="right">密码：</td><td><input type="password" name="upwd" /></td></tr>
17                <tr><td  class="right"></td><td><input  type="checkbox"  name="selected"  /> 自动登录
</td></tr>
18                <tr>
19                    <td></td><td><input  type="submit"  value="登录"  /><input  type="reset"  value="重置"
/></td>
20                </tr>
21            </table>
22        </form>
23    </body>
24    </html>
```

【程序说明】

第 15～16 行：定义用于输入用户名和密码的输入框。

第 17 行：定义用于自动登录的复选框。

第 19 行：定义用于单击登录的按钮。

步骤 3：增加读取 Cookie 的代码

在 login.jsp 文件的<head>和</head>之间增加读取 Cookie 的代码，即当 login.jsp 页面加载时，读取名称为 uname 和 upwd 的 Cookie，并判断名称为 upwd 的 Cookie 值。如果其值为 admin，则跳转到欢迎页 welcome.jsp。

```
//程序文件：login.jsp
01    <% String uname = "";
```

```
02        String upwd = "";
03        Cookie[] cs = request.getCookies();
04        if (cs != null) {
05          for (int i = 0; i < cs.length; i++) {
06            if (cs[i].getName().equals("uname")) {
07              uname = cs[i].getValue();
08            } else if (cs[i].getName().equals("upwd")) {
09              upwd = cs[i].getValue();
10            }
11          }
12          if (upwd.equals("admin")) {
13            response.sendRedirect("welcome.jsp");
14            return;
15          }
16      }
17    %>
```

【程序说明】

第 1～2 行：定义了两个变量 uname 和 upwd，分别用于保存用户名和密码。

第 3 行：使用 request 对象的 getCookies()方法获取本网站保存的所有 Cookie 对象。

第 5～11 行：使用循环获取 Cookie 对象中的用户名和密码，分别赋予变量 uname 和 upwd。

第 12～15 行：如果密码为 admin，则直接跳转到 welcome.jsp 页面。

步骤 4：增加保存 Cookie 的代码

在 login.jsp 文件的</form>和</body>之间增加保存 Cookie 的代码，即当 login.jsp 页面初次加载时，没有读取到保存的 Cookie 则返回输出表单元素。当用户单击“提交”按钮后，仍然对用户输入的密码进行判断。如果密码为 admin，则将用户名和密码保存到 Cookie 并跳转到 welcome.jsp 页面，否则提示用户“用户名密码错误！”。

```
//程序文件：login.jsp
01   <%
02        if (request.getParameter("uname") == null || request.getParameter("upwd") == null) return;
03        uname = request.getParameter("uname");
04        upwd = request.getParameter("upwd");
05        if(!upwd.equals("admin")) {
06             out.print("<script>alert('用户名密码错误！ ')</script>"); return;
07        }
08        if(request.getParameter("selected") != null) {
09             Cookie kn = new Cookie("uname", uname);
10             Cookie kp = new Cookie("upwd", upwd);
11             kn.setMaxAge(60*60*24*14);
12             kp.setMaxAge(60*60*24*14);
13             response.addCookie(kn);
14             response.addCookie(kp);
15        }
16        response.sendRedirect("welcome.jsp");
17   %>
```

【程序说明】

第 2 行：如果没有保存 Cookie 并且页面初次加载，则返回，即输出表单元素。

第 3～4 行：获取表单中输入的用户名和密码，分别赋予变量 uname 和 upwd。

第 5～7 行：如果用户输入的密码不为 admin，则弹出提示框显示“用户名密码错误！”并返回。

第 8～14 行：如果用户输入的密码为 admin，则判断用户是否选中“自动登录”复选框。如果选中，则保存用户名和密码到 Cookie 对象，并设置有效时间为两周。

第 15 行：跳转到 welcome.jsp 页面。

步骤 5：新建 welcome.jsp 页面

在 WebContent 根目录下新建欢迎页 welcome.jsp。在 welcome.jsp 文件中增加 HTML 标签实现登录页面的界面设计。

```
//程序文件：welcome.jsp
01    <%@ page language="java" contentType="text/html; charset=UTF-8" pageEncoding="UTF-8"%>
02    <html>
03    <body>
04    欢迎来到本网站！
05    </body>
06    </html>
```

步骤 6：运行项目，查看效果

启动 Tomcat 服务器，打开浏览器，在地址栏中输入如下地址。

```
http://localhost:8080/chap0303/login.jsp
```

项 目 小 结

本项目通过用户登录、网站访问人数统计和用户自动登录 3 个任务的实现，介绍了 request 对象、response 对象、session 对象、application 对象、Cookie 对象和其他内置对象。以丰富的实例展现这些对象的使用场景和方法，为 Java Web 项目中页面之间或用户之间的数据共享提供依据。

思考与练习

1. JSP 内置对象有哪些？

2. JSP 页面的中文乱码问题有哪些？分别应该怎么处理？

3. session 对象和 application 对象有什么区别？

4. 创建两个 JSP 页面：inputString.jsp 和 computer.jsp，用户可以使用 inputString.jsp 提供的表单输入一个字符串，并提交给 computer.jsp 页面，该页面输出字符串和字符串的长度。

5. 创建两个 JSP 页面，名称分别为 login.jsp 和 main.jsp，用于输入用户名和密码，如果输入的密码为 admin，则跳转到 main.jsp，并输出“***，欢迎来到本网站”。

6. 创建 JSP 页面，页面表单提供一个文本框和一个提交按钮，文本框用于输入乘法表的终止数字。例如文本框中输入 7，单击提交按钮后，页面输出 1～7 的乘法表，并要求以正三角的形式输出。如果输入的不是 1～9 的数字，提示用户输入错误。另外，乘积值必须是红色字体。

7. 创建 JSP 页面，完成一个简单的计算器。页面提供两个文本框、一个下拉列表和一个提交按钮。两个文本框用于输入两个运算数，下拉列表用于选择运算符，单击提交按钮后将运算结果显示在页面上。

8. 创建一个聊天室的 Java Web 项目，并按如下要求实现：

（1）添加两个页面，名称分别为 login.jsp 和 main.jsp。

（2）login.jsp 需要用户输入用户名和密码。如果没有输入用户名或密码进行登录，弹框提示用户“必须输入用户名和密码！”；输入的密码为 admin 时才能进入 main.jsp，否则弹框提示用户“密码不正确”。

（3）用户没有登录直接打开 main.jsp 则转到 login.jsp，不用给出任何提示。

（4）用户进入 main.jsp 页面后，显示当前登录用户的用户名，并以下拉列表的形式显示当前在线用户的用户名。当前用户可以选择需要聊天的对象，并发送聊天信息。所有在线用户可以看到所有的聊天信息。聊天界面效果参考图 3-37 所示。

图 3-37 聊天室主界面

（5）用户退出聊天室后，该用户的用户名不会显示在在线用户列表中。

项 目 实 训

【实训任务】

E 诚尚品（ESBuy）网上商城的用户登录和网站计数。

【实训目的】

☑ 进一步明确 Java Web 项目开发的基本思路。

☑ 会运用 JSP 内置对象获取并传递数据。

【实训内容】

1. 为 ESBuy 项目增加登录页，登录页效果如图 3-38 所示。用户登录成功后，在网站的每一个页面中显示当前登录用户的用户名。

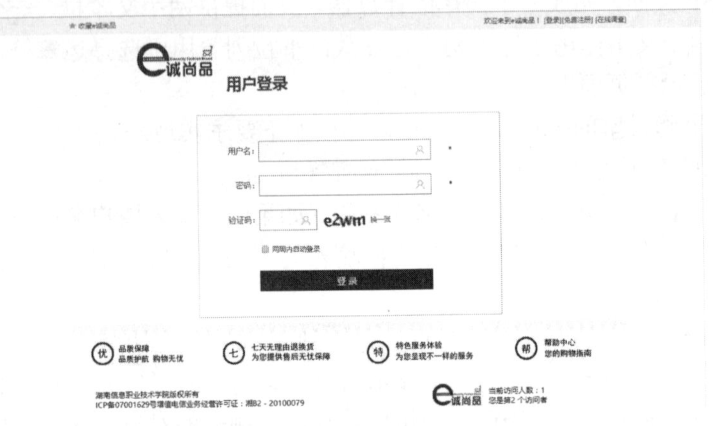

图 3-38 用户登录页

2. 为 ESBuy 项目增加网站计数功能。
3. 为 ESBuy 项目增加两周内自动登录功能。

项目 4

使用 Servlet 技术响应用户请求

❑ 学习导航

【学习任务】

任务 1　网站在线调查实现

任务 2　使用监听器统计在线人数

任务 3　使用过滤器验证用户登录

【学习目标】

➢ 掌握 Servlet 的配置

➢ 会编写和调用 Servlet

➢ 学会运用 Servlet 处理实际问题

任务 1　实现网站在线调查

❑ 任务场景

【任务描述】

网站在线调查通过简单问题的选择和填写，不花费用户太多的时间就能完成。调查数据可以帮助了解用户的特定需求，为网站的改进指明方向。本任务实现一个网站在线问卷调查的 Java Web 项目。用户在问卷页面填写问卷信息，提交页面后可以查看调查结果。

【运行效果】

本任务实现在线问卷调查，页面 question.jsp 用于填写问卷信息，效果如图 4-1 所示。

单击“提交并查看”按钮，跳转到结果显示页，该页面显示用户填写的调查信息，效果如图 4-2 所示。

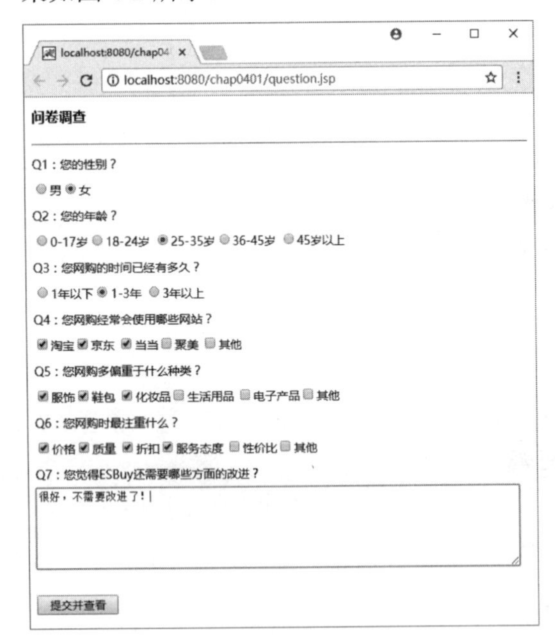

图 4-1　调查页

图 4-2　结果显示页

【任务分析】

（1）问卷页需要使用 form 表单及相应的表单元素。form 标签中的 action 属性设置为 web.xml 文件中定义的 Servlet 的 url。

（2）Servlet 起到控制器的作用，负责接收用户的输入并向客户端浏览器进行输出。

❑ 知识引入

4.1.1 Servlet 概述

1. Servlet 简介

Servlet 是一种应用于服务器端、独立于平台和协议的 Java 程序，由 Web 服务器负责加载，可以生成动态的 Web 页面。Servlet 先于 J2EE 平台出现，在 Java Web 项目中被广泛应用，是一种非常成熟的技术。

Servlet 使用 Java Servlet 应用程序设计接口（API）及相关类和方法的 Java 程序。除了 Java Servlet API，它还可以使用扩展和添加 API 的 Java 类软件包。Java 语言能够实现的功能，Servlet 也基本上都可以实现（图形界面除外）。Servlet 主要用于处理客户端传递的 HTTP 请求，并返回一个响应。Servlet 的工作流程如图 4-3 所示。

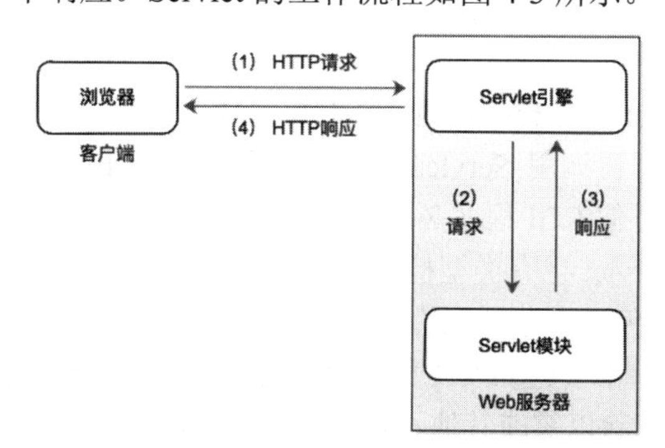

图 4-3　Servlet 的工作流程

当启动 Web 服务器或客户端第一次请求服务时，可以自动装入 Servlet，然后 Servlet 继续运行，直到其他客户端发出请求。从图 4-3 中可以看出，整个处理流程如下。

（1）HTTP 请求：用户将客户端请求发送给 Servlet 引擎。

（2）请求：Servlet 引擎将请求转发给处理请求的 Servlet 模块。

（3）响应：Servlet 模块接受请求后，调用相应的服务对请求进行处理，然后将处理结果返回给 Servlet 引擎。

（4）HTTP 响应：Servlet 引擎将结果发送给客户端。

Servlet 涉及的范围很广，具体功能如下。

（1）创建并返回一个包含给予客户请求性质的、动态内容的 JSP 页面。

（2）创建可嵌入到现有的 HTML 页面的 JSP 页面中的部分片段。

（3）与其他服务器资源（文件、数据库、Applet、Java 应用程序等）进行通信。

（4）处理多个客户连接，接收多个客户输入，并将结果发送到多个客户端上。

（5）对特殊的处理采用 MIME 类型的过滤数据，如图像转换等。

（6）将定制的处理提供给所有服务器的标准例行程序。例如，Servlet 可以设置如何认证合法用户。

2．Servlet 的特点

Servlet 运行在服务器端，动态生成 Web 页面。与传统的 CGI（计算机图形接口）和许多其他类似 CGI 技术相比，Servlet 具有可移植性更好、功能更强大、更节省投资，效率高、安全性好及代码结构更清晰等特点。

（1）可移植性好。Servlet 使用 Java 语言编写，具有 Java 语言"编写一次，到处运行"的特点。Servlet API 具有完善的标准，编写的 Servlet 无须任何实质上的改动即可移植到 Apache、IIS 或者其他 Web 服务器上。

（2）功能强大。Servlet 可以轻松完成许多使用传统 CGI 程序很难完成的任务。例如，Servlet 能够直接与 Web 服务器交互，而普通的 CGI 程序不能。Servlet 能够在各个程序之间共享程序，使数据库连接池之类的功能容易实现。

（3）节省投资。不仅有许多廉价甚至免费的 Web 服务器可供个人或小规模网站使用，而且对于现有的服务器，如果它不支持 Servlet，要加上这部分功能也是免费的。

（4）方便。Servlet 提供了大量的实用工具例程，如自动解析和解码 HTML 表单数据、读取和设置 HTTP 头、处理 Cookie、跟踪会话状态等。

（5）性能高。Servlet 在加载执行后，其对象实体通常会一直停留在 Server 的内存中，若有请求发生时，服务器再调用 Servlet 来服务，假若收到相同服务的请求，Servlet 会利用不同的线程来处理，不像 CGI 程序必须产生许多进程来处理数据。

（6）安全性好。Servlet 也有类型检查的特性，并且利用 Java 的垃圾收集与没有指针的设计，使得 Servlet 避免了内存管理的问题。由于在 Java 的异常处理机制下，Servlet 能够安全地处理各种错误，不会因为发生程序上的逻辑错误而导致整体服务器系统的毁灭。例如，某个 Servlet 发生除以零或其他不合法的运算时，它会抛出一个异常（Exception）让服务器处理，如记录在记录文件中。

（7）效率高。使用传统的 CGI 编程，对于每个 HTTP 请求都会打开一个新的进程，这样将会带来性能和扩展性的问题。由于 Java VM（Java 虚拟机）是一直运行的，因此开始一个 Servlet 只会创建一个新的 Java 线程而不是一个系统进程。

（8）灵活性和可扩展性好。采用 Servlet 开发的 Web 项目，由于 Java 类的继承性及构造函数等特点，使得应用灵活，可随意扩展。

3．Servlet 的生命周期

Servlet 的生命周期并不由程序员控制，而是由 Servlet 容器掌管。当启动 Servlet 容器后，就会加载 Servlet 类，形成 Servlet 实例，此时服务器端就处在一个等待的状态，当客户端向服务器发送一个请求，服务器端就会调用相应 Servlet 实例处理客户端发送的请求，处理完毕后，把执行的结果发回。上述操作基本上构成了 Servlet 的生命周期，如图 4-4 所示。

具体的，Servlet 的生命周期可以划分为 3 个阶段：初始化阶段、响应客户请求阶段和终止阶段，分别对应 javax.servlet.Servlet 接口中定义的 3 个方法：init()、service()和 destroy()。每个阶段完成的任务不同，其详细信息如下。

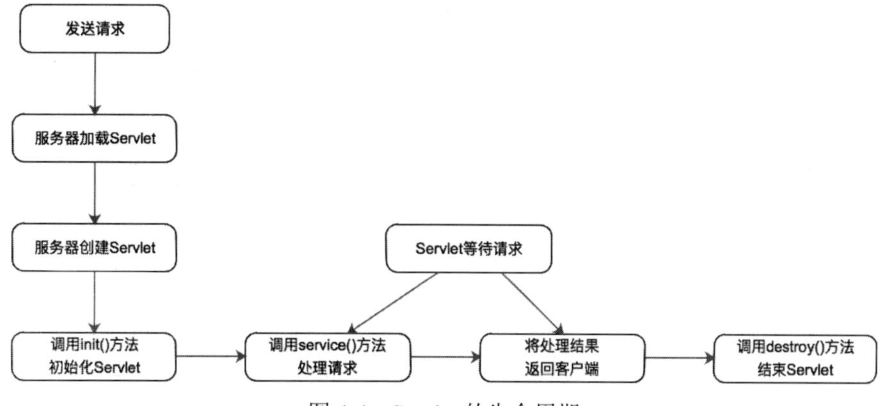

图 4-4　Servlet 的生命周期

（1）初始化阶段。init()方法是 Servlet 生命周期的起点。在 init()方法中，Servlet 创建和初始化它在处理请求时需要用到的资源。以下情况下，Tomcat 服务器会装入 Servlet。

☑　如果已配置好 Servlet 类的自动装入选项，则在启动服务器时自动装入；
☑　在服务器启动后，客户端首次向 Servlet 发出请求时；
☑　装入一个 Servlet 类时，服务器创建一个 Servlet 实例并且调用 Servlet 的 init()方法；
☑　在初始化阶段，Servlet 初始化参数被传递给 Servlet 配置对象。

该阶段主要由 init()方法完成，init()方法仅执行一次，以后就不再执行。

（2）响应客户请求阶段。对于到达服务器的客户端请求，服务器创建特定于请求的一个“请求”对象和一个“响应”对象。服务器调用 Servlet 的 service()方法，传递“请求”和“响应”对象。service()方法从“请求”对象获得请求信息、处理该请求并用“响应”对象的方法将响应传回客户端。service()方法可以调用其他方法来处理请求，如 doGet()、doPost()方法等。service()方法处于等待的状态，一旦获取请求就会马上执行，该方法可以多次执行。

（3）终止阶段。destroy()方法标志 Servlet 生命周期的结束。当服务器不再需要 Servlet 或重新装入 Servlet 的新实例时，服务器会调用 Servlet 的 destroy()方法。destroy()方法执行后，Servlet 所占用的资源就会得到释放。

在 Servlet 生命周期的 3 个阶段中，能够重复执行的是第 2 个阶段中的 service 方法，该方法中保存的代码主要是对客户端的请求做出响应。第 1 个阶段和第 3 个阶段中的 init()方法和 destroy()方法仅能执行一次，这两个方法主要完成资源的初始化和撤销。

4.1.2　Servlet 的常用类和接口

Java API 提供了 javax.servlet 和 javax.servlet.http 包，为编写 Servlet 提供了接口和类。所有的 Servlet 都必须实现 Servlet 接口，该接口定义了 Servlet 的生命周期方法。当实现一个通用的服务时，可以使用或继承由 Java Servlet API 提供的 GenericServlet 类。Servlet 类的层次关系如图 4-5 所示。

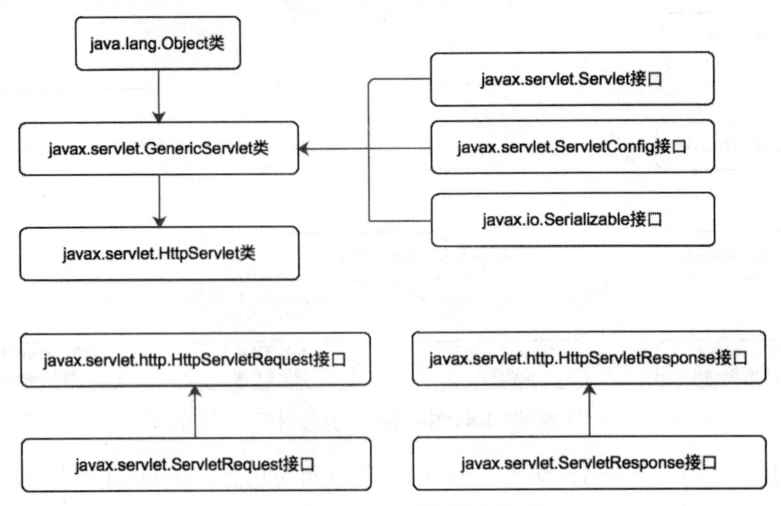

图 4-5 Servlet 类的层次关系

编写 Servlet 时用到的 javax.servlet.HttpServlet 类为 javax.servlet.GenericServlet 的子类。Javax.servlet.GenericServet 类为 java.lang.Object 类的子类，且实现了 javax.servlet.Servlet 接口、javax.servlet.ServletConfig 接口和 javax.io.Serializable 接口。一般情况下要用到的 javax.servlet.http.HttpServletRequest 接口继承自 javax.servlet.ServletRequest 接口，javax.servlet.http.HttpServletResponse 接口继承自 javax.servlet.ServletResponse 接口。常用类和接口如表 4-1 所示。

表 4-1 Servlet 常用类和接口

类/接口	描 述
Servlet 接口	定义 Servlet 必需的实现方法
HttpServlet 类	提供 Servlet 接口的 HTTP 特定实现
HttpServletRequest 接口	获得客户端的请求信息
HttpServletResponse 接口	获得服务器端的响应信息
ServletContext 接口	与相应的 Servlet 容器通信
ServletConfig 接口	用于在 Servlet 初始化时向其传递信息

编写 Servlet 时必须直接或间接地实现 javax.servlet.Servlet 接口，一般采用间接实现，即通过 javax.servlet.GenericServlet 或 javax.servlet.http.HttpServlet 类派生。

1. Servlet 接口

Servlet 接口是所有 Servlet 都必须直接或间接实现的接口。它规定了必须由 Servlet 类实现、由 Servlet 容器识别和管理的方法集。该接口常用的方法如表 4-2 所示。

表 4-2 Servlet 接口的常用方法

方 法	描 述
void init(ServletConfig config)	Servlet 实例化后，Servlet 容器调用此方法来完成初始化工作
ServletConfig getServletConfig()	返回传递到 Servlet 的 init()方法的 ServletConfig 对象

续表

方　法	描　述
void service(ServletRequest request, ServletResponse response)	处理 request 对象中描述的请求，使用 response 对象返回请求结果
String getServletInfo()	返回有关 Servlet 的信息，该信息是纯文本格式的字符串，如作者、版权等
void destory()	当 Servlet 将要卸载时由 Servlet 容器调用，释放资源

2．HttpServlet 抽象类

HttpServlet 类是所有基于 Web 的 Servlet 类的基础类。开发一个 Servlet，通常不是通过直接实现 javax.servlet.Servlet 接口，而是通过继承 javax.servlet.http.HttpServlet 抽象类来实现的。HttpServlet 抽象类是专门为 HTTP 设计的，对 javax.servlet.Servlet 接口中的方法都提供了默认实现。一般通过继承 HttpServlet 抽象类并重写它的 doGet()和 doPost()方法就可以实现自己的 Servlet。表 4-3 列出了 HttpServlet 类包含的主要方法。

表 4-3　HttpServlet 类的主要方法

方　法	描　述
void doPost(HttpServletRequest request, HttpServletResponse response)	用于处理和响应 HTTP POST 请求
void doGet(HttpServletRequest request, HttpServletResponse response)	用于处理和响应 HTTP GET 请求
void doPut(HttpServletRequest request, HttpServletResponse response)	处理一个 HTTP PUT 请求，请求 URI 指出被载入的文件位置
void doDelete()	处理一个 HTTP DELETE 请求，请求 URL 指出资源被删除
void service()	将请求导向 doGet()、doPost()等，一般不覆盖此方法

3．GenericServlet 抽象类

GenericServlet 和 HttpServlet 类提供了两种基本的 Servlet，分别为 Servlet 方法提供了一种默认的实现模式。通常自己编写的 Servlet 类总是从这两种 Servlet 类继承。

GenericServlet 实现了 Servlet 接口。它是一个抽象类，其包含的 service()方法是一个抽象方法。GenericServlet 的派生类必须实现 service()方法。

4．HttpServletRequest 接口

HttpServletRequest 接口封装了 HTTP 请求，通过此接口可以获取客户端传递的 HTTP 请求参数，其常用的方法如表 4-4 所示。

表 4-4　HttpServletRequest 接口的常用方法

方　法	描　述
String getContextPath()	返回上下文路径，路径以“/”开头

续表

方　法	描　述
Cookie[] getCookies()	返回所有 Cookie 对象，返回值类型为 Cookie 数组
String getHeader(String name)	返回指定的 HTTP 头标
String getMethod()	返回 HTTP 请求的类型，如 GET 和 POST 等
String getQueryString()	返回请求的查询字符串
String getRequestURI()	返回主机名到请求参数之间部分的字符串
String getServletPath()	返回请求 URI 上下文后的子串
HttpSession getSession()	返回与客户端页面关联的 HttpSession 对象

5．HttpServletResponse 接口

HttpServletResponse 接口封装了对 HTTP 请求的响应。通过此接口可以向客户端发送响应，其常用的方法如表 4-5 所示。

表 4-5　HttpServletResponse 接口的常用方法

方　法	描　述
void addCookie(Cookie cookie)	向客户端发送 Cookie 信息
void addDateHeader(String name, long date)	使用指定日期值加入带有指定名称的响应头标
void setHeader(String name, String value)	设置具有指定名称和取值的一个响应头标
String getCharacterEncoding()	返回响应使用字符编码的名称
void sendError(int sc)	发送一个错误状态代码为 sc 的错误响应到客户端
void sendError(int sc, String name)	发送包含错误代码状态及错误信息的响应到客户端
void sendRedirect(String location)	将客户端请求重新定向到新的 URL

4.1.3　配置和调用 Servlet

1．配置 Servlet

一个 Servlet 的正常运行需要进行相应的配置，以告知 Web 容器哪一个请求调用哪一个 Servlet 对象处理，对 Servlet 起到注册作用。首先需要将该 Servlet 文件编译为字节码文件。在使用 JDK 编译 Servlet 文件时，由于 JDK 中并不包含 javax.servlet 和 javax.servlet.http 程序包，而这两个程序包被包含在 Tomcat 的安装目录 lib 子目录下的 servlet-api.jar，因此需要将该文件复制到 JDK 的扩展目录中，即 JDK 的安装目录\jre\lib\ext。

Servlet 的配置包含在 web.xml 文件中，主要通过以下两个步骤进行设置。

（1）在 web.xml 文件中，通过 servlet 标签声明一个 Servlet 对象，此标签中包含两个子元素，分别为 servlet-name 和 servlet-class。其中，servlet-name 元素用于指定 Servlet 的名称，此名称可以是自定义名称；servlet-class 元素用于指定 Servlet 对象的完整位置，包含 Servlet 对象的包名和类名。

（2）在 web.xml 文件中声明 Servlet 对象后，需要映射访问 Servlet 的 URL，此操作使用 servlet-mapping 标签进行配置。servlet-mapping 标签有两个元素，分别为 servlet-name 和 url-pattern。其中，servlet-name 元素与 servlet 标签中的 servlet-name 对应，不可以随意命名；url-pattern 元素用于映射访问 URL。

【例 4-1】修改 web.xml 文件配置 Servlet。

```
//程序文件：web.xml
01    <?xml version="1.0" encoding="UTF-8"?>
02    <web-app>
03            <servlet>
04                    <servlet-name>login</servlet-name>
05                    <servlet-class>myservlet.LoginServlet</servlet-class>
06            </servlet>
07            <servlet-mapping>
08                    <servlet-name>login</servlet-name>
09                    <url-pattern>/login</url-pattern>
10            </servlet-mapping>
11    </web-app>
```

【程序说明】

第 3～6 行：对 Servlet 的名称和 Servlet 类之间的匹配，即名称为 login 的 Servlet 匹配到 myservlet 包中的 LoginServlet 类。

第 7～10 行：配置 Servlet 的映射，即 URL 为/login 映射到名称为 login 的 Servlet。

2．Servlet 程序结构

（1）引入程序包。编写 Servlet 时，需要引入 java.io 包（PrintWriter 类）、javax.servlet 包（HttpServlet 类）、javax.servlet.http 包（HttpServletRequest 类和 HttpServletResponse 类）。

（2）通过继承 HttpServlet 类得到 Servlet。编写 Servlet 时，首先要继承 HttpServlet 类，然后确定数据是通过 GET 还是 POST 发送，覆盖 doGet()、doPost()方法中的一个或全部。

（3）重载 doGet()方法或 doPost()方法。doGet()方法和 doPost()方法都有两个参数，分别为 HttpServletRequest 类型和 HttpServletResponse 类型。其中，HttpServletRequest 提供访问有关请求的信息的方法，如表单数据、HTTP 请求头等；HttpServletResponse 提供用于指定 HTTP 应答状态（200、404 等）、应答头（Content-Type、Set-Cookie 等）的方法。

（4）实现 Servlet 功能。一般情况下，在 doGet()或 doPost()方法中利用 HttpServletResponse 的一个用于向客户端发送数据的 PrintWriter 类的 println()方法生成向客户端发送的页面。

【例 4-2】使用例 4-1 中配置的 Servlet，读取 HTML 表单数据。

（1）添加例 4-1 中的配置文件 web.xml。

（2）编写用户登录的 HTML 文件 4-1.html。

```
//程序文件：4-1.html
01          <form action="login" method="post">
02                  username: <input type="text" name="username" /><br />
```

```
03          password: <input type="password" name="upwd" /><br />
04          <input type="submit" value="Submit" />
05      </form>
```

【程序说明】

第 1 行：定义一个表单 form，设置 action 属性为 login，与例 4-1 中 url-pattern 配置的值一致。

第 2～3 行：定义两个文本输入框，其 name 属性分别为 username 和 upwd。

第 4 行：定义一个提交按钮。

（3）在 src 文件夹下添加编写读取 4-1.html 表单中输入用户名和密码的 Servlet 文件 LoginServlet.java。

```
//程序文件：LoginServlet.java
01  package myservlet;
02  import java.io.*;
03  import java.io.IOException;
04  import javax.servlet.ServletException;
05  import javax.servlet.annotation.WebServlet;
06  import javax.servlet.http.HttpServlet;
07  import javax.servlet.http.HttpServletRequest;
08  import javax.servlet.http.HttpServletResponse;
09  @WebServlet("/LoginServlet")
10  public class LoginServlet extends HttpServlet {
11      protected void doPost(HttpServletRequest request, HttpServletResponse response) throws
ServletException, IOException {
12          PrintWriter out = response.getWriter();
13          out.println("username:" + request.getParameter("username"));
14          out.println("password:" + request.getParameter("upwd"));
15      }
16  }
```

【程序说明】

第 1～8 行：引入程序包。

第 9 行：@WebServlet 注解用来实现 servlet 和 url 的映射，与 web.xml 文件中 url-pattern 元素的作用相同。

第 11 行：重载 doPost()方法。

第 12 行：使用 HttpServletResponse 对象的 getWriter()方法构造输出对象 out。

第 13～14 行：使用 HttpServletRequest 对象的 getParameter()方法分别读取名称为 username 和 upwd 的表单元素的值，使用 out 对象的 println()方法输出元素值。

（4）启动 Tomcat 后，在浏览器地址栏中输入如下地址，在加载的页面上输入用户名 cherry 和密码 123456，效果如图 4-6 所示。单击 Submit 按钮后，效果如图 4-7 所示。

```
http://localhost:8080/demo4/4-1.html
```

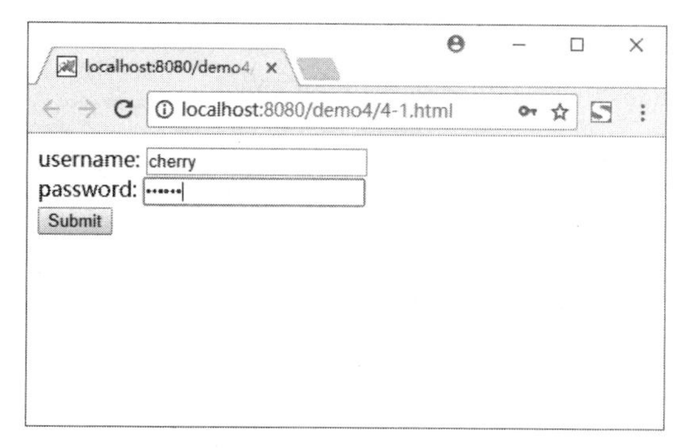

图 4-6　4-1.html 的运行效果

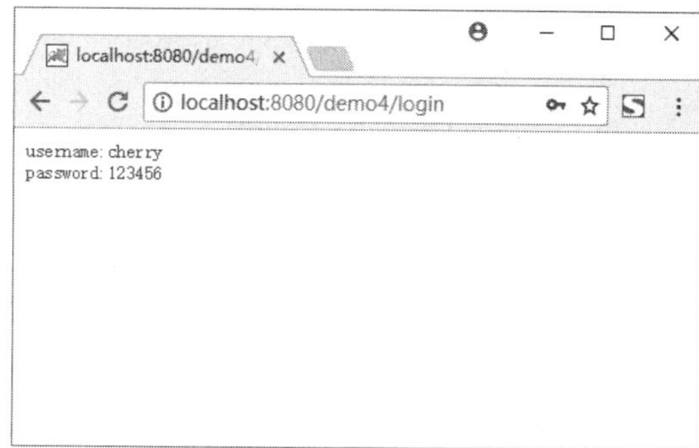

图 4-7　LoginServlet 的运行效果

❑ 任务实施

步骤 1：创建 chap0401 项目

在 Eclipse 中创建新的 Dynamic Web Project，名称为 chap0401。

步骤 2：新建 question.jsp 页面

在 WebContent 根目录下新建一个调查页面 question.jsp。在 question.jsp 文件中增加 HTML 标签实现调查页面的布局，代码如下。

```
//程序文件：question.jsp
01  <%@ page language="java" contentType="text/html; charset=UTF-8" pageEncoding="UTF-8"%>
02  <html>
03  <head></head>
04  <body>
05    <h3>问卷调查</h3><hr />
06    <form action="survey" method="post">
07    Q1：您的性别？<br />
08    <input type="radio" name="sex" value="男" />男<input type="radio" name="sex" value="女" />
女<br />
09    Q2：您的年龄？<br />
10    <input type="radio" name="age" value="0-17 岁" />0-17 岁
11    <input type="radio" name="age" value="18-24 岁" />18-24 岁
12    <input type="radio" name="age" value="25-35 岁" />25-35 岁
13    <input type="radio" name="age" value="36-45 岁" />36-45 岁
14    <input type="radio" name="age" value="45 岁以上" />45 岁以上<br />
15    Q3：您网购的时间已经有多久？<br />
16    <input type="radio" name="time" value="1 年以下" />1 年以下
17    <input type="radio" name="time" value="1-3 年" />1-3 年
18    <input type="radio" name="time" value="3 年以上" />3 年以上<br />
19    Q4：您网购经常会使用哪些网站？<br />
20    <input type="checkbox" name="website" value="淘宝" />淘宝
21    <input type="checkbox" name="website" value="京东" />京东
22    <input type="checkbox" name="website" value="当当" />当当
23    <input type="checkbox" name="website" value="聚美" />聚美
24    <input type="checkbox" name="website" value="其他" />其他<br />
25    Q5：您网购多偏重于什么种类？<br />
26    <input type="checkbox" name="catalog" value="服饰" />服饰
```

```
27        <input type="checkbox" name="catalog" value="鞋包" />鞋包
28        <input type="checkbox" name="catalog" value="化妆品" />化妆品
29        <input type="checkbox" name="catalog" value="生活用品" />生活用品
30        <input type="checkbox" name="catalog" value="电子产品" />电子产品
31        <input type="checkbox" name="catalog" value="其他" />其他<br />
32        Q6：您网购时最注重什么？<br />
33        <input type="checkbox" name="attention" value="价格" />价格
34        <input type="checkbox" name="attention" value="质量" />质量
35        <input type="checkbox" name="attention" value="折扣" />折扣
36        <input type="checkbox" name="attention" value="服务态度" />服务态度
37        <input type="checkbox" name="attention" value="性价比" />性价比
38        <input type="checkbox" name="attention" value="其他" />其他<br />
39        Q7：您觉得 ESBuy 还需要哪些方面的改进？<br />
40        <textarea rows="6" cols="80" name="advise"></textarea><br /><br />
41        <input type="submit" value="    提交并查看    " />
42        </form>
43    </body>
44    </html>
```

【程序说明】

第 6 行：设置 form 提交的 url 为 survey。

步骤 3：设置调查页面样式

在 question.jsp 文件的 head 标签中增加 css 样式，调整调查页面的页面样式，代码如下。

```
//程序文件：question.jsp
01    <style type="text/css">
02    body {
03        font-family: Microsoft YaHei;
04        font-size: 14px;
05        line-height: 30px;
06    }
07    </style>
```

【程序说明】

第 3～5 行：设置 body 标签样式，包括字体、字体大小以及行高等。

步骤 4：新建处理问卷信息的 SurveyServlet.java

在 src 根目录下新建一个名称为 SurveyServlet，包名为 myservlet 的 Servlet，并在 doPost() 方法中处理提交的信息，代码如下。

```
//程序文件：SurveyServlet.java
01    package myservlet;
02    public class SurveyServlet extends HttpServlet {
03        protected void doPost(HttpServletRequest request, HttpServletResponse response)
04            throws ServletException, IOException {
05            response.setContentType("text/html;charset=utf-8");
06            PrintWriter out = response.getWriter();
07            request.setCharacterEncoding("utf-8");
08            out.println("您的性别：" + request.getParameter("sex") + "<br />");
```

```
09        out.println("您的年龄：" + request.getParameter("age") + "<br />");
10        out.println("您的网购时间：" + request.getParameter("time") + "<br />");
11        out.println("您网购会使用的网站：");
12        String[] websites = request.getParameterValues("website");
13        out.println("<ul>");
14        for(int i=0; i<websites.length; i++) {
15           out.println("<li>" + websites[i] + "</li>");
16        }
17        out.println("</ul>");
18        out.println("您网购的种类：");
19        String[] catalogs = request.getParameterValues("catalog");
20        out.println("<ul>");
21        for(int i=0; i<catalogs.length; i++) {
22           out.println("<li>" + catalogs[i] + "</li>");
23        }
24        out.println("</ul>");
25        out.println("您网购注重的是：");
26        String[] attentions = request.getParameterValues("attention");
27        out.println("<ul>");
28        for(int i=0; i<attentions.length; i++) {
29           out.println("<li>" + attentions[i] + "</li>");
30        }
31        out.println("</ul>");
32        out.println("您的建议：" + request.getParameter("advise"));
33     }
34  }
```

【程序说明】

第 3～33 行：重载 doPost()方法。

第 5 行：设置响应的内容类型。

第 6 行：应用 HttpServletResponse 对象的 getWriter()方法构造输出对象 out。

第 8～10 行：分别应用 HttpServletRequest 对象的 getParameter()方法获取名称为 sex、age、time 的表单对象值。

第 12～17 行：应用 HttpServletRequest 对象的 getParameterValues()方法获取名称为 website 的表单对象集合，并使用 ul 标签和 li 标签循环输出这个集合。

第 19～24 行：应用 HttpServletRequest 对象的 getParameterValues()方法获取名称为 catalog 的表单对象集合，并使用 ul 标签和 li 标签循环输出这个集合。

第 26～31 行：应用 HttpServletRequest 对象的 getParameterValues()方法获取名称为 attention 的表单对象集合，并使用 ul 标签和 li 标签循环输出这个集合。

步骤 5：新建配置文件 web.xml

在 WebContent 根目录的 WEB-INF 文件夹下新建一个配置文件 web.xml。在 web.xml 文件中增加访问 SurveyServlet 的配置，代码如下。

```
//程序文件：web.xml
01   <?xml version="1.0" encoding="UTF-8"?>
```

```
02  <web-app>
03  <servlet>
04      <servlet-name>survey</servlet-name>
05      <servlet-class>myservlet.SurveyServlet</servlet-class>
06  </servlet>
07  <servlet-mapping>
08      <servlet-name>survey</servlet-name>
09      <url-pattern>/survey</url-pattern>
10  </servlet-mapping>
11  </web-app>
```

【程序说明】

第 3～6 行：将名称为 survey 的 Servlet 匹配到 myservlet 包下的 SurveyServlet 类。

第 7～10 行：将 url 为/survey 下的内容映射到名称为 survey 的 Servlet。

步骤 6：运行项目，查看效果

启动 Tomcat 服务器，打开浏览器，在地址栏中输入如下地址。

```
http://localhost:8080/chap0401/question.jsp
```

任务 2　使用监听器统计在线人数

❑ 任务场景

【任务描述】

在线人数的统计数据可以很好地体现网站的访问峰值、访问时段等，对于网站运营计划的修订、网站内容和风格的改进等都起到一定的参考作用。本任务实现一个统计在线人数的 Java Web 项目，能较为准确地反映网站在线的用户数量。

【运行效果】

本任务完成网站的在线人数统计，页面效果如图 4-8 所示。

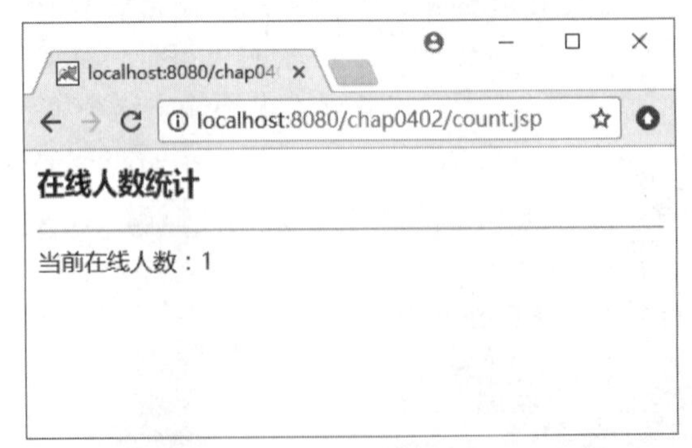

图 4-8　在线人数统计

单击浏览器的“刷新”按钮，页面上的数字不会发生变化。打开另一个浏览器（QQ 浏览器），再次访问此页，计数器的值增加，效果如图 4-9 所示。此时刷新图 4-8 所示的 Chrome 浏览器，会发现计数器的值和 QQ 浏览器中显示的计数值相同。

图 4-9　使用 QQ 浏览器访问在线人数统计

关闭 QQ 浏览器，30min 后再次刷新 Chrome 浏览器，计数器的值减少。

【任务分析】

（1）本任务的实现效果与项目 3 任务 2 的实现效果非常相似，不同的是项目 3 任务 2 中计数器的值不会减少，而本任务要求计数器的值会减少。

（2）本任务使用 Servlet 监听器来实现，使用 Servlet 会话监听接口的相应方法来处理人数的加 1 和减 1。

❑ 知识引入

4.2.1　监听器概述

Servlet 监听器是在 Servlet 2.3 规范中与 Servlet 过滤器一起引入的，并且在 Servlet 2.4 中进行了较大的改进，主要用来对 Web 应用进行监听和控制，监听器对象可以在事情发生前、发生后做一些必要的处理。Servlet 监听器的功能类似于 Java GUI 程序的事件监听器，可以监听由 Web 应用中的状态改变而引起的 Servlet 容器产生的相应事件，并进行相应的事件处理。

目前，Servlet 2.4 和 JSP 2.0 共有 8 个监听器接口和 6 个事件类，Listener 接口与 Event 类的对应关系如表 4-6 所示。

表 4-6　Servlet 监听器与 Event 类的对应关系

Listener 接口	Event 类
HttpSessionAttributeListener	HttpSessionBindingEvent
HttpSessionBindingListener	
HttpSessionListener	HttpSessionEvent
HttpSessionActivationListener	

续表

Listener 接口	Event 类
ServletContextListener	ServletContextEvent
ServletContextAttributeListener	ServletContextAttributeEvent
ServletRequestListener	ServletRequestEvent
ServletRequestAttributeListener	ServletRequestAttributeEvent

4.2.2 上下文监听器

Servlet 上下文监听器可以监听 ServletContext 对象的创建、删除以及属性添加、删除和修改操作。在 JSP 文件中，application 是 ServletContext 的实例，由 JSP 容器默认创建。在 Servlet 中调用 getServletContext()方法得到 ServletContext 的实例，通过 ServletContext 的实例可以存取应用程序的全局对象以及初始化阶段的变量。

全局对象即 application 范围对象，初始化阶段的变量是指在 web.xml 中由 context-param 元素所设定的变量，它的范围也是 application 范围，配置代码如下。

```
<context-param>
    <param-name>name</param-name>
    <param-value>browser</param-value>
</context-param>
```

当容器启动时，建立一个 application 范围的对象，在 JSP 网页中获取变量 name 的代码如下。

```
String name = (String)application.getInitParameter("name");
```

在 Servlet 中，下列代码用于获取变量 name 的值。

```
String name = (String)ServletContext.getInitParameter("name");
```

Servlet 上下文监听需要用到两个接口：ServletContextListener 和 ServletContextAttribute-Listener。

（1）ServletContextListener 接口用于监听 Web 应用启动和销毁的事件，监听器类需要实现 javax.servlet.ServletContextListener 接口。

ServletContextListener 是 ServletContext 的监听者，随 ServletContext 的变化而改变。例如，服务器启动时 ServletContext 被创建，服务器关闭时 ServletContext 要被销毁。Serv-letContextListener 接口中的方法见表 4-7。

表 4-7 ServletContextListener 接口中的方法

方 法	描 述
void contextInitialized(ServletContextEvent event)	当 ServletContext 对象创建时，将会调用此方法进行处理
void contextDestroyed(ServletContextEvent event)	当 ServletContext 对象销毁时，将会调用此方法进行处理

对应的 ServletContextEvent 事件中的方法为 getServletContext()方法，该方法用于获取 ServletContext 对象。

（2）ServletContextAttributeListener 接口用于监听 Web 应用属性改变事件，包括增加属性、删除属性、修改属性，监听器类需要实现 javax.servlet.ServletContextAttributeListener 接口。ServletContextAttributeListener 接口及对应的 ServletContextAttributeEvent 事件中的方法见表 4-8。

表 4-8 ServletContextAttributeListener 接口中的方法

方 法	功 能
void attributeAdded(ServletContextAttributcEvent scae)	当 ServletContext 中增加一个属性时，将会调用此方法进行处理
void attributeRemoved(ServletContextAttributeEvent scae)	当 ServletContext 中删除一个属性时，将会调用此方法进行处理
void attributeReplaced(ServletContextAttributeEvent scae)	当 ServletContext 中修改一个属性时，将会调用此方法进行处理

【例 4-3】实现 Servlet 上下文监听器接口示例。

（1）在 src 文件夹下，添加实现上下文监听类文件 ContextListener.java。

```
//程序文件：ContextListener.java
01  package mylistener;
02  import javax.servlet.ServletContextAttributeEvent;
03  import javax.servlet.ServletContextAttributeListener;
04  import javax.servlet.ServletContextEvent;
05  import javax.servlet.ServletContextListener;
06  import javax.servlet.annotation.WebListener;
07  @WebListener
08  public class ContextListener implements ServletContextListener, ServletContextAttributeListener {
09      public ContextListener() {
10      }
11      /*添加属性*/
12      public void attributeAdded(ServletContextAttributeEvent scae)   {
13       System.out.println("增加一个 ServletContext 属性：名称为" + scae.getName() + "，值为" +
14  scae.getValue());
15      }
16      /*删除属性*/
17      public void attributeRemoved(ServletContextAttributeEvent scae)   {
18       System.out.println("删除一个 ServletContext 属性：名称为" + scae.getName() + "，值为" +
19  scae.getValue());
20      }
21      /*修改属性*/
22      public void attributeReplaced(ServletContextAttributeEvent scae)   {
23       System.out.println("修改一个 ServletContext 属性：名称为" + scae.getName() + "，值为" +
24  scae.getValue());
25      }
```

```
26          /*上下文销毁*/
27          public void contextDestroyed(ServletContextEvent sce)   {
28          }
29                /*上下文初始化*/
30          public void contextInitialized(ServletContextEvent sce)   {
31          }
32    }
```

【程序说明】

第 1 行：ContextListener 类所属的包名为 mylistener。

第 8 行：ContextListener 类实现了 ServletContextListener 和 ServletContextAttribute Listener 两个监听接口。

第 12～15 行：在增加属性事件的处理方法中向控制台输出信息。

第 17～20 行：在删除属性事件的处理方法中向控制台输出信息。

第 22～25 行：在修改属性事件的处理方法中向控制台输出信息。

（2）在 WebContent 文件夹下添加页面 4-2.jsp，并在该页面编写实现上下文属性的增加、修改和删除的程序逻辑，代码如下。

```
//程序文件：4-2.jsp
01   <%
02          out.println("添加属性<hr />");
03          config.getServletContext().setAttribute("uname", "zhangsan");
04          out.println("修改属性<hr />");
05          config.getServletContext().setAttribute("uname", "lisi");
06          out.println("删除属性<hr />");
07          config.getServletContext().removeAttribute("uname");
08   %>
```

【程序说明】

第 2～7 行：使用 config 隐含对象的 getServletContext()方法获取 ServletContext 对象。

第 3 行：往 ServletContext 对象中添加属性 uname，其值为 zhangsan。

第 5 行：修改 ServletContext 对象中名为 uname 的属性，其值修改为 lisi。

第 7 行：删除 ServletContext 对象中名为 uname 的属性。

（3）修改 web.xml 文件，注册监听类 ContextListener，代码如下。

```
//程序文件：web.xml
01      <listener>
02          <listener-class>mylistener.ContextListener</listener-class>
03      </listener>
```

（4）启动 Tomcat，在浏览器地址栏中输入如下地址，效果如图 4-10 所示。控制台输出的内容如图 4-11 所示。

```
http://localhost:8080/demo4/4-2.jsp
```

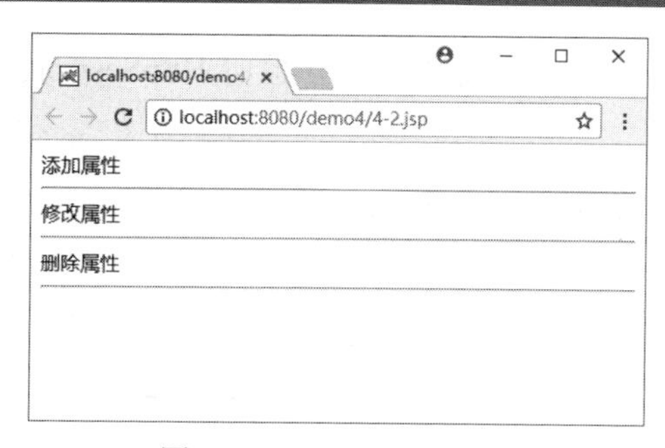

图 4-10　4-2.jsp 运行效果

```
Servers  Console  Progress
Tomcat v9.0 Server at localhost [Apache Tomcat] F:\Program Files\Java\jre-9.0.4\bin\javaw.exe (2018年3月5日 下午8:14:23)
信息: Deployment of web application directory [F:\Program Files\Apache Software Foundation\apache-tomcat-9.0.4-windows-x64\apache-tomcat-9.0.4\webapps\
3月 05, 2018 8:14:30 下午 org.apache.coyote.AbstractProtocol start
信息: Starting ProtocolHandler ["http-nio-8080"]
3月 05, 2018 8:14:30 下午 org.apache.coyote.AbstractProtocol start
信息: Starting ProtocolHandler ["ajp-nio-8009"]
3月 05, 2018 8:14:30 下午 org.apache.catalina.startup.Catalina start
信息: Server startup in 3493 ms
增加一个ServletContext属性: 名称为org.apache.jasper.runtime.JspApplicationContextImpl, 值为org.apache.jasper.runtime.JspApplicationContextImpl@810f295
增加一个ServletContext属性: 名称为org.apache.jasper.compiler.ELInterpreter, 值为org.apache.jasper.compiler.ELInterpreterFactory$DefaultELInterpreter@3e41a445
增加一个ServletContext属性: 名称为uname, 值为zhangsan
ServletContext属性被修改: 名称为uname, 值为zhangsan
删除一个ServletContext属性: 名称为uname, 值为lisi
```

图 4-11　控制台内容

4.2.3　HTTP 会话监听

HTTP 会话监听（HttpSession）要用到 4 个接口，分别是 HttpSessionBindingListener、HttpSessionAttributeListener、HttpSessionListener 和 HttpSessionActivationListener。

（1）HttpSessionBindingListener 接口。当监听器类实现 HttpSessionBindingListener 接口后，只要对象加入 Session 范围（即调用 HttpSession 对象的 setAttribute 方法时）或从 Session 范围中移出（即调用 HttpSession 对象的 removeAttribute 方法时或 Session Time out 时），容器会分别自动调用 HttpSessionBindingListener 接口的方法，该接口方法如表 4-9 所示。

表 4-9　HttpSessionBindingListener 接口的方法

方　法	功　能
void valueBound(HttpSessionBindingEvent event)	当有对象加入 Session 的范围时会被自动调用
void valueUnbound(HttpSessionBindingEvent event)	当有对象从 Session 的范围内移除时会被自动调用

（2）HttpSessionAttributeListener 接口。该接口用于监听 HttpSession 中的属性操作，共提供了 3 个方法，如表 4-10 所示。

表 4-10　HttpSessionAttributeListener 接口的方法

方　法	功　能
void attributeAdded(HttpSessionBindingEvent se)	当在 Session 增加一个属性时激发
void attributeRemoved(HttpSessionBindingEvent se)	当在 Session 删除一个属性时激发
void attributeReplaced(HttpSessionBindingEvent se)	当在 Session 属性被重新设置时激发

（3）HttpSessionListener 接口。该接口用于监听 HttpSession 的操作，共提供了两个方法，如表 4-11 所示。

表 4-11　HttpSessionListener 接口的方法

方　法	功　能
void sessionCreated(HttpSessionEvent se)	当创建一个 Session 时激发
void sessionDestroyed(HttpSessionEvent se)	当销毁一个 Session 时激发

（4）HttpSessionActivationListener 接口。该接口用于监听 HTTP 会话的 active、passivate 状态，提供的方法如表 4-12 所示。

表 4-12　HttpSessionActivationListener 接口的方法

方　法	功　能
void sessionDidActivate(HttpSessionEvent se)	通知正在收听的对象，session 状态变为有效状态
void sessionWillPassivate(HttpSessionEvent se)	通知正在收听的对象，session 状态变为无效状态

4.2.4　Servlet 请求监听

Servlet 请求监听是 Servlet 2.4 规范中新增的一个技术，用来监听客户端的请求。

（1）ServletRequestListener 接口。该接口与 ServletContextListener 接口类似，提供的两个方法如表 4-13 所示。

表 4-13　ServletRequestListener 接口的方法

方　法	功　能
void requestInitialized(ServletRequestEvent event)	当 Request 被创建及初始化时，调用此方法进行处理
void requestDestroyed(ServletRequestEvent event)	当 Request 被销毁时，调用此方法进行处理

（2）ServletRequestAttributeListener 接口。该接口与 ServletContextAttributeListener 接口类似，提供的 3 个方法如表 4-14 所示。

表 4-14　ServletRequestAttributeListener 接口的方法

方　法	功　能
void attributeAdded(ServletRequestAttributeEvent event)	当 Request 中增加一个属性时，将会调用该方法进行处理
void attributeReplaced(ServletRequestAttributeEvent event)	当 Request 中修改一个属性时，将会调用该方法进行处理
void attributeRemoved(ServletRequestAttributeEvent event)	当 Request 中删除一个属性时，将会调用该方法进行处理

□　任务实施

步骤 1：创建 chap0402 项目

在 Eclipse 中创建新的 Dynamic Web Project，名称为 chap0402。

步骤 2：新建监听器 OnlineCountListener.java

在 src 根目录下新建一个名为 OnlineCountListener 的 Listener，包名为 myservlet，选中 Servlet context events 的 Lifecycle 和 HTTP session events 的 Lifecycle 后，完成 Listener 的创建，如图 4-12 所示。

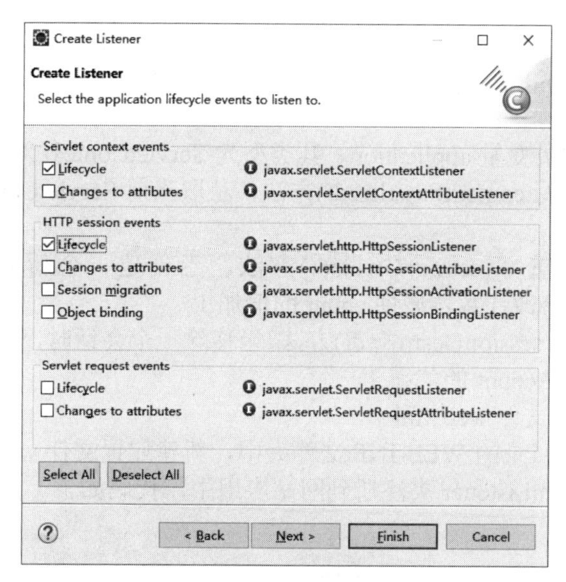

图 4-12　Create Listener 窗口

步骤 3：在 OnlineCountListener.java 文件中编写代码，完成在线人数统计的功能

分别在 OnlineCountListener.java 文件中的 sessionCreated()、sessionDestroyed()和 contextInitialized()方法中编写代码，实现人数统计的功能。代码如下。

```
//程序文件：OnlineCountListener.java
01  package mylistener;
02  import javax.servlet.ServletContext;
03  import javax.servlet.ServletContextEvent;
04  import javax.servlet.ServletContextListener;
05  import javax.servlet.annotation.WebListener;
06  import javax.servlet.http.HttpSessionEvent;
07  import javax.servlet.http.HttpSessionListener;
08  @WebListener
09  public class OnlineCountListener implements ServletContextListener, HttpSessionListener {
10      ServletContext application = null;
11      public OnlineCountListener() { }
12      public void contextInitialized(ServletContextEvent sce)   {
13          application = sce.getServletContext();
14          application.setAttribute("count", 0);
15      }
16      public void sessionCreated(HttpSessionEvent se)   {
17          application = se.getSession().getServletContext();
18          application.setAttribute("count", (int)application.getAttribute("count") + 1);
19      }
```

```
20      public void sessionDestroyed(HttpSessionEvent se)   {
21          application = se.getSession().getServletContext();
22          application.setAttribute("count", (int)application.getAttribute("count") -1);
23      }
24  }
```

【程序说明】

第 9 行：OnlineCountListener 类实现了 ServletContextListener 接口和 HttpSessionListener 接口。

第 10 行：定义成员变量 application，其类型为 ServletContext 对象，并初始化为 null。

第 12～15 行：重写 contextInitialized()方法，获取当前 ServletContext 对象，并设置计数器 count 的初值为 0。

第 16～19 行：重写 sessionCreated()方法，当创建一个新的会话时，获取当前 ServletContext 对象，修改计数器属性 count 的值加 1。

第 20～23 行：重写 sessionDestroyed()方法，当移除一个会话时，获取当前 ServletContext 对象，修改计数器属性 count 的值减 1。

步骤 4：新建配置文件 web.xml

在 WebContent 根目录的 WEB-INF 文件夹中，新建配置文件 web.xml。在 web.xml 文件中配置将 OnlineCountListener 类注册到网站应用中，代码如下。

```
//程序文件：web.xml
01   <?xml version="1.0" encoding="UTF-8"?>
02   <web-app>
03     <listener>
04         <listener-class>mylistener.OnlineCountListener</listener-class>
05     </listener>
06   </web-app>
```

步骤 5：新建 count.jsp 页面

在 WebContent 根目录下新建用于计数的页面 count.jsp。在 count.jsp 文件中增加 HTML 标签实现计数页面的布局，代码如下。

```
//程序文件：count.jsp
01   <%@ page language="java" contentType="text/html; charset=UTF-8" pageEncoding="UTF-8"%>
02   <html>
03   <body>
04     <h3>在线人数统计</h3><hr />
05     当前在线人数：<%=application.getAttribute("count") %>
06   </body>
07   </html>
```

【程序说明】

第 5 行：获取 application 中计数器 count 的值并输出。

步骤 6：运行项目，查看效果

启动 Tomcat 服务器，打开浏览器，在地址栏中输入如下地址。

```
http://localhost:8080/chap0402/count.jsp
```

任务 3　使用过滤器验证用户登录

❑ 任务场景

【任务描述】

在用户登录成功之后的请求中，只要不允许匿名访问都需要对用户登录进行验证，以防止非法用户入侵网站。本任务实现一个验证用户登录的 Java Web 项目，用户在请求非匿名访问的页面之前对当前用户进行身份验证。

【运行效果】

本任务首先需要完成用户登录页 login.jsp，效果如图 4-13 所示。

图 4-13　登录页

在如图 4-13 所示页面中输入用户名和密码，如果输入的密码不是 admin，则提示用户密码不正确，效果如图 4-14 所示。

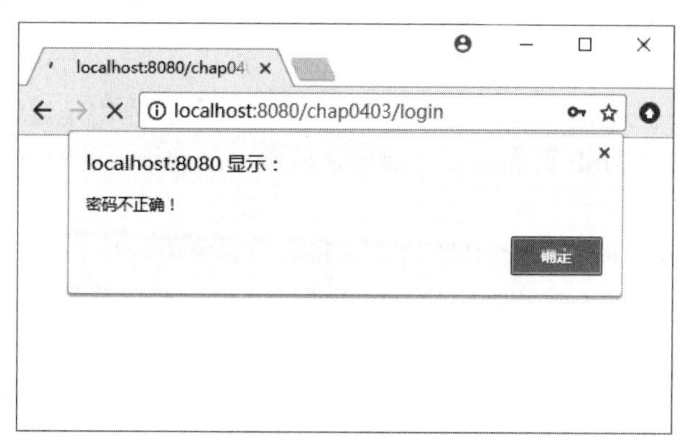

图 4-14　提示密码不正确

如果输入的密码为 admin，则跳转到欢迎页 welcome.jsp，效果如图 4-15 所示。

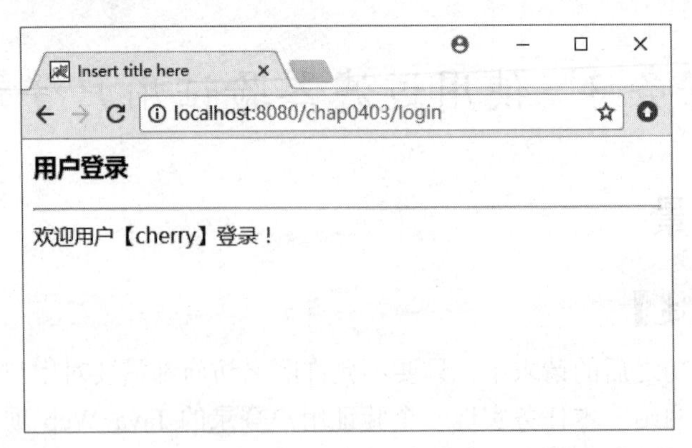

图 4-15　提示欢迎登录

关闭浏览器再打开，直接访问 welcome.jsp 页面，会提示用户未登录，效果如图 4-16 所示。

图 4-16　提示用户没有登录

❑ 知识引入

4.3.1　Filter 简介

过滤器（Filter）技术是 Servlet 2.3 规范新增加的功能，作用是过滤、拦截请求或响应信息，可以在 Servlet 或 JSP 页面运行之前或之后被自动调用，从而增强了 Java Web 应用项目的灵活性和安全性。

Servlet 过滤器能够对 Servlet 容器的请求和响应对象进行检查和修改，它是小型 Web 组件。Servlet 过滤器拦截请求和响应后，可以查看、提取或以某种方式操作正在客户机和服务器之间的数据。过滤器是封装了一些功能的 Web 组件，这些功能虽然很重要，但对于处理客户机请求和发送响应来说不是决定性的。典型的应用场景包括记录关于请求和响应的数据、处理安全协议、管理会话属性等。过滤器提供一种面向对象的模块化机制，用以将公共任务封装到可插入的组件中，这些组件通过一个配置文件来声明，并动态处理。过滤器本身并不生成请求和响应对象，它只提供过滤作用。过滤器能够在 Servlet 被调用之前检查 request 对象，可以修改 request 对象的头部和内容；在 Servlet 调用之后检查 response 对象，可以修改 response 对象的头部和内容。过滤器负责过滤的 Web 组件可以是 Servlet、JSP 或 HTML 文件。Servlet 过滤器的执行流程如图 4-17 所示。

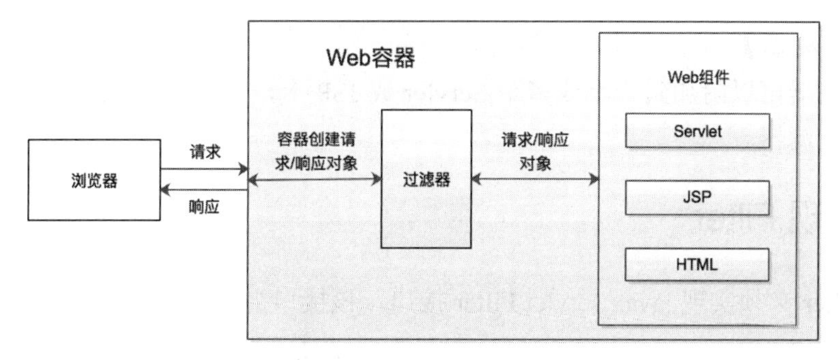

图 4-17　过滤器的执行流程

从图 4-17 中可知，当用户发送请求后，运行的步骤如下。

（1）浏览器根据用户的请求生成 HTTP 请求消息，并将其发送给 Web 容器。

（2）Web 容器创建针对该次访问的请求对象（request）和响应对象（response）。请求对象中包含了 HTTP 的请求信息，响应对象用于封装将要发送的 HTTP 响应信息，此时响应对象的内容为空。

（3）Web 容器在调用 Web 组件（Servlet、JSP 或 HTML）之前把 request 对象和 response 对象传递给过滤器。

（4）过滤器对 request 对象进行处理（如获取请求的 URL 等），一般不对 response 对象进行处理。

（5）过滤器把处理后的 request 对象和可能没有处理的 response 对象传递给 Web 组件。

（6）Web 组件调用完毕后，再次经过该过滤器，此时过滤器可能对 response 对象进行特殊处理（如设置响应报头或内容压缩等操作）。

（7）过滤器把 response 对象传递给 Web 容器。

（8）Web 容器把响应的结果传递给浏览器，并由浏览器显示响应结果。

实际应用中，可以使用过滤器来完成如下任务。

（1）加载：对于到达系统的所有请求，过滤器收集诸如浏览器类型、一天中的时间、转发 URL 等相关信息，并对它们进行日志记录。

（2）性能：过滤器在内容到达 Servlet 和 JSP 页面之间时解压缩该内容，然后取得响应内容，并在将响应内容发送到客户端之前将它转换为压缩格式。

（3）安全：过滤器处理身份验证令牌的管理，并适当地限制安全资源的访问，提示用户进行身份验证或将它们指引到第三方进行身份验证。过滤器甚至能够管理访问控制列表，以便除了身份验证之外还提供授权机制。将安全逻辑放在过滤器中，而不是放在 Servlet 或者 JSP 页面中，这样提供了很大的灵活性。在开发期间，过滤器可以关闭；在线上应用中，过滤器又可以再次启用。此外，还可以添加多个过滤器，以便根据需要提供安全、加密和不可拒绝的服务登记。

（4）会话处理：将 Servlet 和 JSP 页面与会话处理代码混杂在一起可能会带来相当大的麻烦。使用过滤器来管理会话可以让 Web 页面集中精力考虑内容显示和委托处理，而不必担心会话管理的细节。

【学习提示】

一个过滤器可以附加到一个或多个 Servlet 或 JSP 上，一个 Servlet 或 JSP 也可以附加一个或多个过滤器。

4.3.2 实现 Filter

一个 Filter 必须实现 javax.servlet.Filter 接口，该接口提供 3 个方法，如表 4-15 所示。

表 4-15 Filter 接口的方法

方 法	描 述
void init(FilterConfig config)	此方法用于初始化，在容器装载并实例化过滤器时自动调用
void doFilter(ServletRequest request, ServletResponse response, FilterChain chain)	此方法是过滤器的核心方法，用于对请求和响应进行过滤处理
void destroy()	此方法用于销毁过滤器，当容器销毁过滤器实例之前自动调用

实现一个 Filter 的步骤如下。

（1）创建一个实现 javax.servlet.Filter 接口的类。

（2）实现接口中的 init()方法，读取过滤器的初始化方法。

（3）实现接口中的 doFilter()方法，编写过滤的任务代码。

（4）调用 FilterChain 接口对象的 doFilter()方法，向后续的过滤器传递请求和响应。

（5）销毁过滤器。

（6）在 web.xml 注册这个 Filter 和需过滤的页面。

【学习提示】

Filter 过滤器的配置和 Servlet 配置相似，都包括两个部分：配置 Filter 名称和配置 Filter 拦截 URL 模式。区别在于，Servlet 通常只会配置一个 URL，而 Filter 过滤器可以同时拦截多个请求的 URL，因此在配置 Filter 的 URL 模式时，通常指定使用模式字符串，以便 Filter 可以拦截多个请求。

4.3.3 过滤器链

过滤器链（FilterChain）由 Servlet 容器提供，表示资源请求调用时过滤器的链表。过滤器使用 FilterChain 来调用链表里的下一个过滤器，当调用完链表里最后一个过滤器以后，再继续调用其他资源。

FilterChain 的实现就是将多个过滤器类在 web.xml 文件中进行设置。设置完毕后，只要在过滤器类中调用 doFilter()方法，过滤器将自动按 web.xml 文件中配置的顺序依次执行。

【例 4-4】在 web.xml 配置文件中配置过滤器链。

```
01  <web-app>
02          <filter>
03                  <filter-name>test</filter-name>
04                  <filter-class>com.filters.TestFilter</filter-class>
05          </filter>
06          <filter>
07                  <filter-name>encode</filter-name>
08                  <filter-class>com.filters.EncodingFilter</filter-class>
09          </filter>
10          <filter>
11                  <filter-name>signon</filter-name>
12                  <filter-class>com.filters.SignonFilter</filter-class>
13          </filter>
14          <filter-mapping>
15                  <filter-name>test</filter-name>
16                  <url-pattern>/inner/*</url-pattern>
17          </filter-mapping>
18          <filter-mapping>
19                  <filter-name>encode</filter-name>
20                  <url-pattern>/*</url-pattern>
21          </filter-mapping>
22          <filter-mapping>
23                  <filter-name>signon</filter-name>
24                  <url-pattern>/inner/*</url-pattern>
25          </filter-mapping>
26  </web-app>
```

【程序说明】

第 2～9 行：使用 servlet 标签和 servlet-mapping 标签配置名称为 test 的过滤器，针对 inner 目录下的所有资源进行过滤。

第 10～17 行：使用 servlet 标签和 servlet-mapping 标签配置名称为 encode 的过滤器，对项目根目录下的所有资源进行过滤。

第 18～25 行：使用 servlet 标签和 servlet-mapping 标签配置名称为 signon 的过滤器，针对 inner 目录下的所有资源进行过滤。

❑ 任务实施

步骤 1：创建 chap0403 项目

在 Eclipse 中创建新的 Dynamic Web Project，名称为 chap0403。

步骤 2：新建 login.jsp 页面

在 WebContent 根目录下新建登录页 login.jsp。在 login.jsp 文件中增加 HTML 标签和

CSS 代码，实现登录页面的界面设计。

```
//程序文件：login.jsp
01  <%@ page language="java" contentType="text/html; charset=UTF-8" pageEncoding="UTF-8"%>
02  <html>
03  <head>
04  <style>
05    td.right {
06      text-align:right;
07      height:25px;
08    }
09  </style>
10  </head>
11  <body>
12    <h3>用户登录</h3><hr />
13    <form action="login" method="post">
14      <table>
15      <tr><td class="right">用户名：</td><td><input type="text" name="uname" /></td></tr>
16      <tr><td class="right">密码：</td><td><input type="password" name="upwd" /></td></tr>
17      <tr>
18        <td></td><td><input type="submit" value="登录" /> <input type="reset" value="重置"
/></td>
19      </tr>
20      </table>
21    </form>
22  </body>
23  </html>
```

【程序说明】

第 15～16 行：定义用于输入用户名和密码的输入框。

第 18 行：定义用于登录和重置的按钮。

步骤 3：新建处理登录的 LoginServlet.java

在 src 根目录下新建一个名称为 LoginServlet 的 Servlet，包名为 myservlet，并在 doPost() 方法中处理提交的信息，代码如下。

```
//程序文件：LoginServlet.java
01  package myservlet;
02  public class LoginServlet extends HttpServlet {
03    protected void doPost(HttpServletRequest request, HttpServletResponse response)
04      throws ServletException, IOException {
05      request.setCharacterEncoding("utf-8");
06      response.setContentType("text/html;charset=utf-8");
07      String uname = request.getParameter("uname");
08      String upwd = request.getParameter("upwd");
09      if(!upwd.equals("admin")) {
10        PrintWriter out = response.getWriter();
11        out.print("<script>alert('密码不正确！');location.href='login.jsp';</script>");
12        return;
```

```
13          }
14          HttpSession session = ((HttpServletRequest)request).getSession();
15          session.setAttribute("user", uname);
16          request.getRequestDispatcher("welcome.jsp").forward(request, response);
17      }
18  }
```

【程序说明】

第 3～17 行：重载 doPost()方法。

第 5 行：设置请求的字符编码类型。

第 6 行：设置响应的内容类型。

第 7～8 行：分别应用 HttpServletRequest 对象的 getParameter()方法获取名称为 uname 和 upwd 的表单对象值。

第 9～13 行：判断输入的密码是否为 admin，如果不是，提示“用户密码不正确！”。

第 14～16 行：如果密码是 admin，则获取会话对象，将用户名保存到会话对象，并跳转到 welcome.jsp 页面。

步骤 4：新建处理登录验证的 LoginFilter.java

在 src 根目录下新建一个名称为 LoginFilter 的 Filter，包名为 myfilter，并在 doFilter()方法中处理登录验证信息，代码如下。

```
//程序文件：LoginFilter.java
01  package myfilter;
02  public class LoginFilter implements Filter {
03      public void doFilter(ServletRequest request, ServletResponse response, FilterChain chain)
04          throws IOException, ServletException {
05          request.setCharacterEncoding("utf-8");
06          response.setContentType("text/html;charset=utf-8");
07          HttpSession session = ((HttpServletRequest)request).getSession();
08          if (session.getAttribute("user") == null) {
09              PrintWriter out = response.getWriter();
10              out.print("<script>alert('你还没有登录！');location.href='login.jsp';</script>");
11          } else {
12              chain.doFilter(request, response);
13          }
14      }
15  }
```

【程序说明】

第 3～14 行：重载 doFilter()方法。

第 5 行：设置请求的字符编码类型。

第 6 行：设置响应的内容类型。

第 7 行：使用 getSession()方法获取当前的会话对象。

第 8～11 行：如果会话对象中没有保存 user，则弹出用户提示。

第 12 行：访问后续过滤器。

步骤 5：新建配置文件 web.xml

在 WebContent 根目录的 WEB-INF 文件夹下新建配置文件 web.xml。在 web.xml 文件中配置将 LoginServlet 和 LoginFilter 注册到网站应用中，代码如下。

```
//程序文件：web.xml
01    <?xml version="1.0" encoding="UTF-8"?>
02    <web-app>
03          <servlet>
04                <servlet-name>login</servlet-name>
05                <servlet-class>myservlet.LoginServlet</servlet-class>
06          </servlet>
07          <servlet-mapping>
08                <servlet-name>login</servlet-name>
09                <url-pattern>/login</url-pattern>
10          </servlet-mapping>
11          <filter>
12                <filter-name>filter</filter-name>
13                <filter-class>myfilter.LoginFilter</filter-class>
14          </filter>
15          <filter-mapping>
16                <filter-name>filter</filter-name>
17                <url-pattern>/welcome.jsp</url-pattern>
18          </filter-mapping>
19    </web-app>
```

【程序说明】

第 3～10 行：使用 servlet 标签和 servlet-mapping 标签配置 LoginServlet。

第 11～18 行：使用 filter 标签和 filter-mapping 标签配置 LoginFilter。

步骤 6：新建 welcome.jsp 页面

在 WebContent 根目录下新建欢迎页 welcome.jsp。在 welcome.jsp 文件中增加 HTML 标签和 CSS 代码，实现欢迎页的界面设计。

```
//程序文件：welcome.jsp
01    <%@ page language="java" contentType="text/html; charset=UTF-8" pageEncoding="UTF-8"%>
02    <html>
03    <body>
04       <h3>用户登录</h3><hr />
05       <% String name = request.getSession().getAttribute("user").toString(); %>
06       欢迎用户【<%= name %>】登录！
07    </body>
08    </html>
```

【程序说明】

第 5～6 行：使用 request 对象的 getSession()方法获取保存在会话中的用户名并输出。

步骤 7：运行项目，查看效果

启动 Tomcat 服务器，打开浏览器，在地址栏中输入如下地址。

```
http://localhost:8080/chap0403/login.jsp
```

项 目 小 结

本项目通过网站在线调查、使用监听器统计在线人数、使用过滤器验证用户登录 3 个任务的实现，介绍了 Servlet 基础、配置和调用 Servlet 的方法、Servlet 过滤器、Servlet 监听器等。Servlet 是 Java Web 应用开发的重要技术，Servlet 的学习对于后续 MVC 模式应用方面具有非常重要的意义。

思考与练习

1. 简述 Servlet 的生命周期。
2. 简述 Servlet 过滤器的工作原理。
3. 创建 Servlet，向浏览器输出“welcome to Servlet！”。
4. 创建 Servlet，向浏览器随机输出 4 位数字的验证码。
5. 创建 Servlet，获取用户在表单中输入的用户名和密码并向浏览器输出。

项 目 实 训

【实训任务】

E 诚尚品（ESBuy）网上商城的在线调查、人数统计和登录验证。

【实训目的】

☑ 会编写、配置和调用 Servlet。
☑ 会使用 Servlet 读取指定 HTML 表单数据。
☑ 会编写和配置 Servlet 过滤器。
☑ 会编写和配置 Servlet 监听器。

【实训内容】

1. 为 ESBuy 项目增加网站在线调查功能。
2. 为 ESBuy 项目优化人数统计功能，要求：

（1）在系统的右下方显示当前在线人数和访问总人数，如图 4-18 所示。

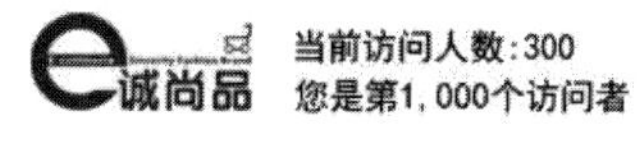

图 4-18　人数统计

（2）访问总人数采用文件保存。

3. 为 ESBuy 项目优化用户登录验证功能，使用 Servlet 过滤器实现。

项目 5

Java Web 项目中的数据访问

❑ 学习导航

【学习任务】

任务1　实现用户注册
任务2　实现用户管理
任务3　实现省份城市动态更新

【学习目标】

- 能运用 JDBC API 访问 MySQL 数据库
- 能运用 JDBC API 实现预编译 SQL 和执行存储过程
- 掌握数据分页显示的方法
- 掌握 XML 文档的结构
- 能运用 DOM 解析器解析 XML 文档
- 能运用 SAX 解析器解析 XML 文档

任务 1　实现用户注册

❑ 任务场景

【任务描述】

通过项目 2 任务 1 的学习已经完成了用户注册页面设计，为了给注册用户提供后续服务，需要将页面收集的用户信息添加到数据库中。MySQL 作为关系型数据库管理系统的重要产品之一，由于具有强大的功能、卓越性能、跨平台、开源、成本低等优点，成为企业级数据库产品的首先。

本任务通过 JDBC 访问 MySQL 数据库，将收集的用户信息保存到数据库中，完成用户注册功能的数据保存，并返回相应提示。

【运行效果】

本任务需要两个页面：注册页 register.jsp 和结果页 result.jsp。注册页 register.jsp 用于填写注册信息，包括用户名、密码、邮箱、性别、出生年月等，页面效果如图 5-1 所示。

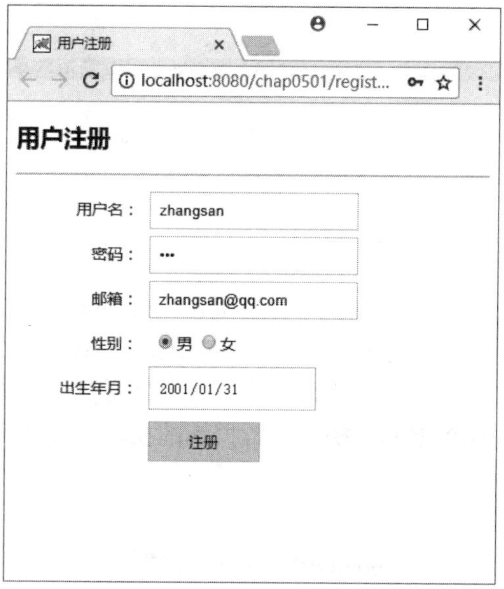

图 5-1　register.jsp 页面效果

用户填写相关信息后，单击“注册”按钮，将注册信息提交到服务器进行处理，处理结果转发至 result.jsp，页面效果如图 5-2 所示。

打开 Navicat 工具并登录 MySQL 服务器，查看数据库 onlinedb 中的数据表 user，可以看出新增用户名为 zhangsan 的记录，如图 5-3 所示。

图 5-2 result.jsp 页面效果

user @onlinedb (localhost) - 表

文件 编辑 查看 窗口 帮助

开始事务 备注 筛选 排序 导入 导出

uID	uName	uPwd	uSex	uBirth	uCity	uPhone	uEmail
2	admin	123	男	1998-10-28 00:00:00	北京	14786593245	258269775@
3	duanxianglin	123	男	2000-03-01 00:00:00	长沙	18974521635	127582934@
4	shengweigan	123	男	1994-04-20 00:00:00	上海	13598742685	24596325@c
5	lizhenzhen	123	女	1989-09-03 00:00:00	上海	14752369842	24589632@c
6	changhaopin	123	女	1985-09-24 00:00:00	北京	16247536915	2157596@qc
7	caizongwen	123	男	1983-02-19 00:00:00	北京	18245739214	225489365@
8	lisha	123	女	1994-01-24 00:00:00	重庆	17632954782	458963785@
9	chenjing	123	女	2001-07-02 00:00:00	长沙	15874269513	2159635874
10	cidanduoji	123	男	2008-12-23 00:00:00	长沙	17654289375	2459632@qc
11	fenglingfen	123	女	1983-09-12 00:00:00	长沙	19875236942	25578963@c
12	qingfanquan	123	男	1984-04-29 00:00:00	长沙	17652149635	2225478@qc
15	zhangsan	123	男	2001-01-31 00:00:00	(Null)	(Null)	zhangsan@c

1 行已选择　　第 13 条记录 (共 13 条) 于第 1 页

图 5-3 数据库查询结果

【任务分析】

（1）注册页 register.jsp 需要用到表单标签 form 及相应的表单元素。form 标签中 action 属性值设为/register，即注册信息提交给 url 为/register 的 Servlet 处理。

（2）RegisterServlet 进行注册逻辑的编写，先判断提交的注册信息是否为空，若不为空，则通过 JDBC API 进行数据库的操作。数据库的操作步骤如下。

☑ 加载并注册数据库驱动。

☑ 获取数据库连接。

☑ 获取 Statement 对象或 PreparedStatement 对象。

☑ 定义插入 SQL 语句。

☑ 执行数据库插入操作。

☑ 获取插入操作结果。

☑ 关闭数据库，回收数据库资源。

（3）数据插入完成后跳转到 result.jsp 页面，并将操作结果显示在页面中。

❑ 知识引入

5.1.1 JDBC 简介

JDBC（Java Database Connectivity，Java 数据库连接）是一套用于执行 SQL 语句的 Java API（Application Programming Interface，应用程序编程接口）。应用程序可通过这些 API 操作建立与数据库的连接，可使用 SQL 语句对数据库进行查询、删除和更新等操作。通过 JDBC 技术，Java 程序可以非常方便地与各种数据库交互。换句话说，JDBC 在 Java 程序与数据库系统之间建立了桥梁。Java 程序与数据库的交互过程如图 5-4 所示。

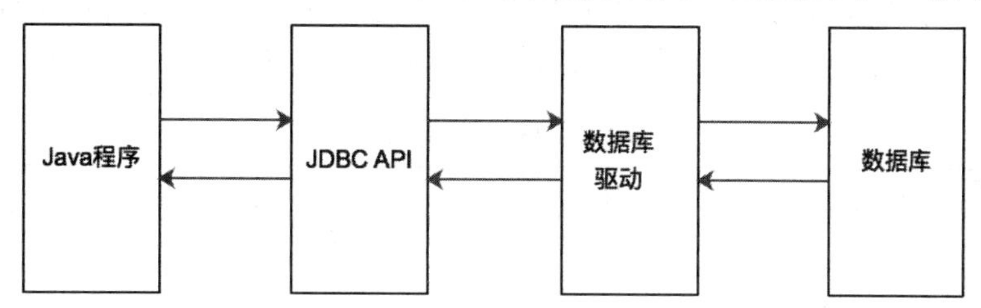

图 5-4　Java 程序与数据库的交互

通过 JDBC 可以方便地向各种关系数据库发送 SQL 语句，开发人员不需要为访问不同的数据库而编写不同的应用程序，而只需使用 JDBC 编写一个通用程序就可以向不同的数据库发送 SQL 语句。由于 Java 的平台无关性，使用 Java 编写的应用程序可以运行在任何支持 Java 语言的平台上。将 Java 和 JDBC 结合起来操作数据库，可以真正实现“一次编写，处处运行”。

JDBC 可以看作是一个中间件，它与数据库厂商提供的驱动程序进行通信。例如 MySQL 数据库、Oracle 数据库、SQL Server 数据库都需提供其相应的 JDBC 驱动程序，而驱动程序与数据库进行通信，从而屏蔽不同数据库驱动程序之间的差异。应用程序只需要调用 JDBC 就可以与不同的数据库进行交互，因此使用 JDBC 所开发的应用程序不受限于具体数据库产品。JDBC 的体系结构如图 5-5 所示。

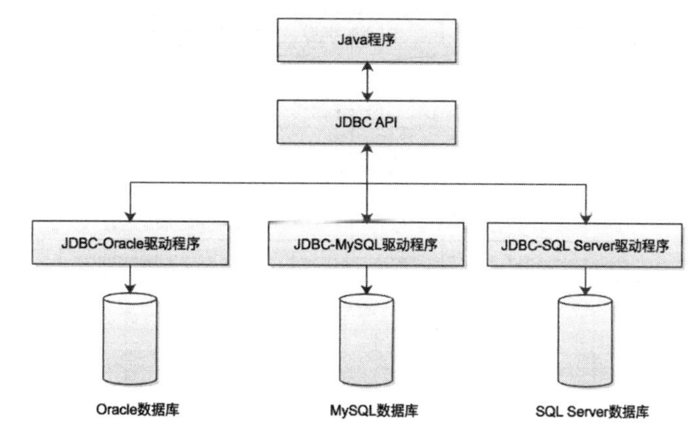

图 5-5　JDBC 的体系结构

从图 5-5 中可以看出，JDBC 体系结构主要由 JDBC API 和 JDBC 驱动程序构成，其中 JDBC API 提供了应用程序对 JDBC 的管理连接，JDBC 驱动程序则支持 JDBC 管理到驱动器的连接。此外，JDBC API 使用驱动程序管理器和数据库特定的驱动程序提供透明的连接到异构数据库，而 JDBC 驱动程序管理器则确保使用正确的驱动程序来访问每个数据源。

5.1.2 JDBC 常用 API

JDBC 是一个编程接口集，它所定义的接口主要包含在 java.sql（JDBC 核心包）和 javax.sql（JDBC Optional Package）中。java.sql 包中的类和接口主要提供基本的数据库编程服务，如建立连接、执行语句、预编译和运行批处理等。javax.sql 包则主要是为数据库高级操作提供接口和类。java.sql 包中常用的接口和类如表 5-1 所示。

表 5-1 JDBC 常用接口和类

接口或类	描　述
java.sql.Driver	每个驱动程序类必须实现的接口
java.sql.DriverManager	管理一组 JDBC 驱动程序的基本服务
java.sql.Connection	与指定数据库建立连接，在连接上下文中执行 SQL 语句并返回结果
java.sql.Statement	用于执行静态 SQL 语句并返回它所生成结果的对象
java.sql.PreparedStatement	表示预编译的 SQL 语句的对象
java.sql.CallableStatement	用于执行 SQL 存储过程的接口
java.sql.ResultSet	表示数据库结果集的数据表
java.sql.ResultSetMetaData	用于获取关于 ResultSet 对象中列的类型和属性信息的对象

这两个包大部分是接口，并没有实现具体的连接操作数据库功能，具体的连接操作功能由特定的 JDBC 驱动程序提供。JDBC API 结构如图 5-6 所示。

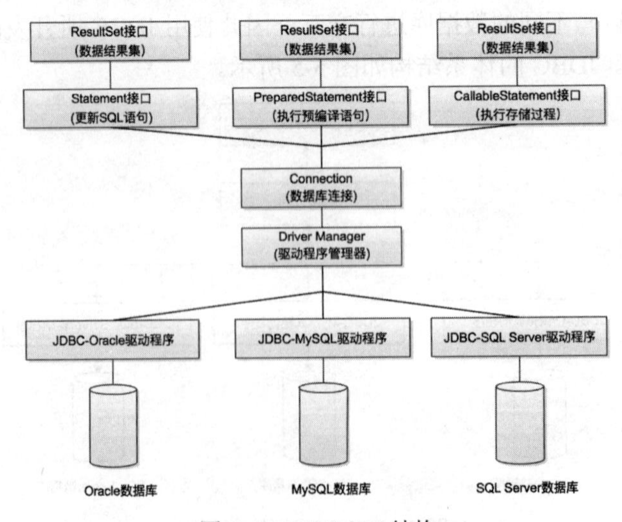

图 5-6 JDBC API 结构

1. Driver 接口

Driver 接口是所有 JDBC 驱动程序都需实现的接口。这个接口是提供给数据库厂商使用的，不同数据库厂商实现该接口的类名不同。不同数据库厂商实现 Driver 接口的类及说明如表 5-2 所示。

表 5-2　不同数据库的 JDBC 驱动类

数　据　库	驱　动　类	说　　明
SQL Server	com.microsoft.sqlserver.jdbc.SQLServerDriver	驱动程序文件需单独下载，可从微软公司官网（http://www.microsoft.com）下载
Oracle	oracle.jdbc.driver.OracleDriver	驱动程序文件在 Oracle 数据库产品的安装目录下
MySQL	com.mysql.jdbc.Driver（MySQL Connector/J 5.x 及以下版本） com.mysql.cj.jdbc.Driver（MySQL Connector/J 6.x 及以上版本）	驱动程序文件需单独下载，可从 MySQL 官网（http://www.mysql.com）下载

2. DriverManager 类

DriverManager 类是 JDBC 的管理层，作用于用户和驱动程序之间。它跟踪可用的驱动程序，从而加载驱动程序并创建与数据库的连接。该类中的方法都是静态方法，DriverManager 类的常用方法如表 5-3 所示。

表 5-3　DriverManager 类的常用方法

方　　法	描　　述
Connection getConnection(String url, [String username, String password])	根据指定参数建立与数据库的连接，参数 url 为数据库连接 URL，username 为连接数据库的用户名，password 为连接数据库的密码。参数 username 和 password 可选
Connection getConnection(String url, Properties info)	根据指定数据库连接 URL 及数据库连接属性建立与数据库的连接，参数 url 为数据库 URL，info 为连接属性
void setLoginTimeout(int seconds)	设置要进行登录时驱动程序等待的超时时间
void deregisterDriver(Driver driver)	从 DriverManager 的管理列表中删除一个驱动程序，参数 driver 为要删除的驱动对象
void registerDriver(Driver driver)	向 DriverManager 注册一个驱动对象，参数 driver 为要注册的驱动

3. Connection 接口

Connection 接口表示与特定数据库之间的连接。Connection 接口的常用方法如表 5-4 的所示。

表 5-4　Connection 接口的常用方法

方　法	描　述
Statement createStatement()	用于创建一个 Statement 对象并将 SQL 语句发送到数据库
PreparedStatement prepareStatement(String sql)	用于创建一个 PreparedStatement 对象并将参数化的 SQL 语句发送到数据库
CallableStatement prepareCall(String sql)	用于创建一个 CallableStatement 对象来调用数据库中的存储过程
void setAutoCommit()	表示启动自动提交模式
void commit()	提交事务，此方法只应该在已禁用自动提交模式时使用
void rollback()	取消在当前事务中进行的所有更改，并释放此连接对象当前持有的所有数据库锁
boolean isClosed()	用于查询 Connection 对象是否已经被关闭

4．Statement 接口

Statement 接口用于执行 SQL 语句并返回它所生成结果的对象，该接口常用的方法如表 5-5 所示。

表 5-5　Statement 接口的常用方法

方　法	描　述
boolean execute(String sql)	用于执行给定的 SQL 语句，该语句可能返回多个结果。若给定的 SQL 为查询语句，则第一个结果为 ResultSet 对象，该方法返回 true；若给定的 SQL 为修改、更新或删除，则该方法返回 false
ResultSet executeQuery(String sql)	用于执行给定的查询 SQL 语句，该语句返回 ResultSet 对象
int executeUpdate(String sql)	用于执行给定的 SQL 语句，返回值为 int 类型，表示受该 SQL 语句影响的记录数目，当执行不成功时返回 0。常用于数据更新操作，可以是 INSERT、UPDATE 或 DELETE 语句
boolean isClosed()	用于查询此 Statement 对象是否已经被关
void addBatch(String sql)	用于将给定的 SQL 命令添加到此 Statement 对象的当前命令列表中。通过调用方法 executeBatch()可以批量执行此列表中的命令

5．PreparedStatement 接口

PreparedStatement 是 Statement 接口的子接口，用于执行预编译的 SQL 语句，当多次执行这条 SQL 语句时，可以直接执行编译好的 SQL 语句，大大提高了程序的灵活性和执行效率。除了拥有表 5-5 所示的方法外，该接口其他常用的方法如表 5-6 所示。

表 5-6　PreparedStatement 接口的常用方法

方　　法	描　　述
void setInt(int parameterIndex, int x)	用于将指定参数设置为给定 int 值。其中 parameterIndex 值为 1 时表示第一个参数，值为 2 时表示第二个参数，依此类推。x 为给定的参数值
void setFloat(int parameterIndex, float x)	用于将指定参数设置为给定 float 值
void setLong(int parameterIndex, long x)	用于将指定参数设置为给定 long 值
void setDouble(int parameterIndex, double x)	用于将指定参数设置为给定 double 值
void setString(int parameterIndex, String x)	用于将指定参数设置为给定 String 值
void setDate(int parameterIndex, Date x)	用于将指定参数设置为给定 java.sql.Date 值

6．CallableStatement 接口

CallableStatement 是 PreparedStatement 接口的子接口，用于执行 SQL 存储过程，该接口常用的方法如表 5-7 所示。

表 5-7　CallableStatement 接口的常用方法

方　　法	描　　述
void setInt(int parameterIndex, int x)	用于将指定参数设置为给定 int 值。其中 parameterIndex 值为 1 时表示第一个参数，值为 2 时表示第二个参数，依此类推。x 为给定的参数值
void setFloat(int parameterIndex, float x)	用于将指定参数设置为给定 float 值
void setLong(int parameterIndex, long x)	用于将指定参数设置为给定 long 值
void setDouble(int parameterIndex, double x)	用于将指定参数设置为给定 double 值
void setString(int parameterIndex, String x)	用于将指定参数设置为给定 String 值
void setDate(int parameterIndex, Date x)	用于将指定参数设置为给定 java.sql.Date 值

7．ResultSet 接口

ResultSet 接口表示执行 select 语句所得到的结果集。该结果集为一个逻辑表格，ResultSet 接口内部拥有一个管理该逻辑表格的游标，该游标默认指向表格的第一行，并根据程序逻辑依次读取逻辑表格中的记录行。该接口常用的方法如表 5-8 所示。

表 5-8　ResultSet 接口的常用方法

方　　法	描　　述
boolean next()	用于将游标从当前位置向前移一行。ResultSet 游标最初位于第一行之前，第一次调用 next 方法使第一行成为当前行，第二次调用使第二行成为当前行，依此类推。如果存在下一行，则返回 true；如果不存在下一行，则返回 false
void beforeFirst()	用于将游标移动到此 ResultSet 对象的开头，正好位于第一行之前
void afterLast()	用于将游标移动到此 ResultSet 对象的末尾，正好位于最后一行之后
boolean first()	用于将光标移动到此 ResultSet 对象的第一行，如果结果集中有行数据，则返回 true；如果结果集中不存在任何行，则返回 false

续表

方　法	描　述
boolean last()	用于将光标移动到此 ResultSet 对象的最后一行，如果结果集中有行数据，则返回 true；如果结果集中不存在任何行，则返回 false
int getRow()	用于获取当前行编号。第一行为 1 号，第二行为 2 号，依此类推。如果不存在当前行，则返回 0
int getInt({int columnIndex | String columnName})	用于获取指定字段 int 类型的值。参数 columnIndex 代表结果集中字段的索引，从 1 开始；参数 columnName 代表结果集中字段的名称
String getString({int columnIndex | String columnName})	用于获取指定字段 String 类型的值。参数 columnIndex 代表结果集中字段的索引，从 1 开始；参数 columnName 代表结果集中字段的名称

8．ResultSetMetaData 类

Java 提供 ResultSetMetaData 类来获取数据库表的结构，包括数据库表的字段名称、类型、数目等所必须具备的信息。ResultSetMetaData 类的常用方法如表 5-9 所示。

表 5-9　ResultSetMetaData 类的常用方法

方　法	描　述
int getColumnCount()	返回字段的数目
String getColumnName(int column)	获取指定列的名称
int getColumnType(int column)	检索指定列的 SQL 类型
String getTableName(int column)	获取指定列的名称
int isNullable(int column)	指示指定列中的值是否可以为 null
boolean isReadOnly(int column)	指定指定列是否明确不可写入

5.1.3　连接 MySQL 数据库

使用 JDBC 连接数据库的主要步骤如下。

（1）下载 JDBC 驱动程序。在 JDK 中，因为没有包含数据库的驱动程序，所以使用 JDBC 操作数据库时，需要下载数据库厂商提供的驱动程序，并导入到开发环境中。本书选用的是 MySQL 数据库。

（2）注册 JDBC 驱动程序。使用 JDBC 连接数据库时，需要将厂商提供的数据库驱动程序注册到 JDBC 的驱动管理器中。

（3）基于数据库连接 URL 创建连接。URL 由数据库厂商制订。不同数据库的 URL 不完全相同，但都符合一个基本的格式，即“JDBC 协议+IP 地址或域名+端口号+数据库名称”。

1．下载 MySQL JDBC 驱动程序

MySQL 官网提供的 JDBC 驱动程序是 MySQL Connector/J。MySQL Connector/J 在 6.x 版本推出后发生了很大的变化，本书后续章节中均使用 8.0.11 版本。JDBC 驱动程序的下

载步骤如下。

（1）在浏览器地址栏中输入 https://dev.mysql.com/downloads/connector/j/，可以进入 Connector/J 8.0.11 的下载页面，如图 5-7 所示。

（2）在图 5-7 中，单击 Select Operating System…下拉列表，选择 Platform Independent 选项，在提供的下载列表中单击 Platform Independent (Architecture Independent), ZIP Archive 列表项后的 Download 按钮，如图 5-8 所示。

（3）打开驱动程序下载页面，如图 5-9 所示，单击 No thanks, just start my download. 链接直接下载名为 mysql-connector-java-8.0.11.zip 的文件。

（4）解压名为 mysql-connector-java-8.0.11.zip 的文件，其中 mysql-connector-java-8.0.11-bin.jar 即为连接 MySQL 数据库的 JDBC 数据库驱动程序。

（5）将 mysql-connector-java-8.0.11-bin.jar 复制到 Tomcat 服务器所在安装目录下的 \common\lib 文件夹中。使用 Eclipse IDE 工具的开发者，则需将驱动程序文件复制到应用项目下的 WEB-INF\lib 文件夹中。

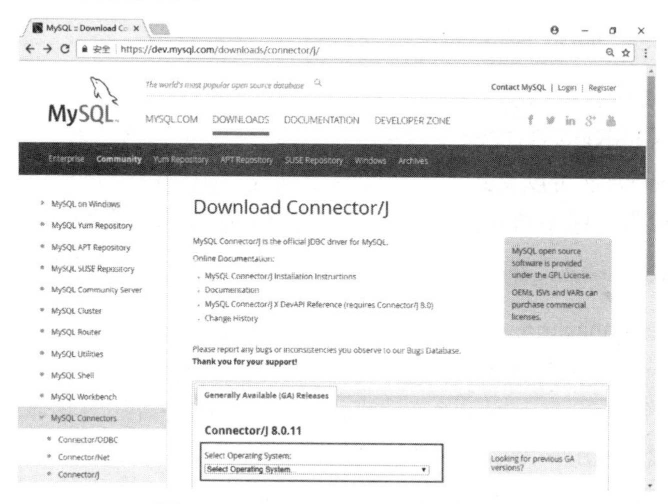

图 5-7　Connector/J 8.0.11 下载页面

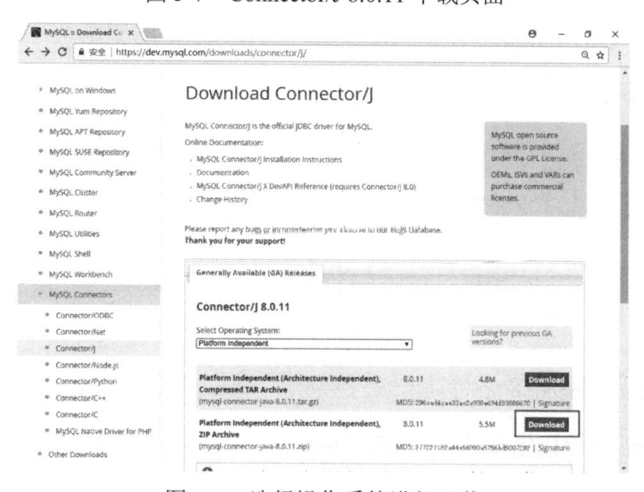

图 5-8　选择操作系统进行下载

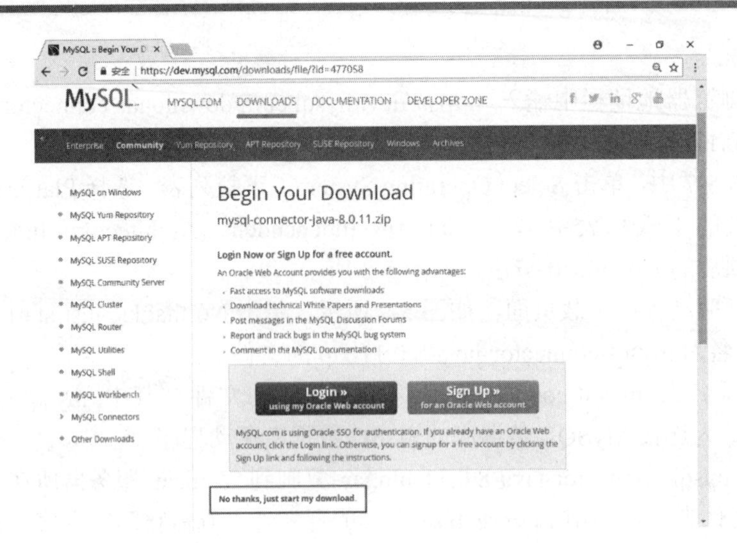

图 5-9　MySQL 数据库驱动程序下载界面

2．注册 MySQL JDBC 驱动程序

注册 MySQL JDBC 驱动程序有如下两种方式。

1）调用 Class.forName()方法

Class.forName()方法可以显式地声明加载驱动程序类。由于它与外部设备无关，因此推荐使用这种加载驱动程序的方式。下面的代码使用该方法注册 MySQL 的驱动程序。

```
Class.forName(com.mysql.cj.jdbc.Driver” );
```

2）调用 DriverManager.registerDriver()方法

DriverManager.registerDriver()方法需要创建驱动类的实例，并以实例为参数调用 DriverManager 对象的 registerDriver()方法来注册驱动，这种方法对具体的驱动类会产生依赖。下面的代码就是采用该方法注册 MySQL 驱动程序。

```
DriverManager.registerDriver(new com.mysql.cj.jdbc.Driver());
```

实际应用中，通常采用第一种方式注册 MySQL JDBC 的驱动程序。

3．创建数据库连接

创建数据库连接时，需要使用 DriverManager 类中名为 getConnection()的静态方法。DriverManager 类存在于 java.sql 包下，而 getConnection()提供两种重载方式，方法声明如下。

```
DriverManager.getConnection(String url, String username, String password)
```

或

```
DriverManager.getConnection(String url)
```

其中，参数 url 表示数据库连接 URL，username 表示登录的用户名，password 表示登录密码。

对于不同的数据库，参数 url 的值不相同。针对 MySQL 数据库，url 的语法格式如下。

```
jdbc:mysql://hostname:port/database_name[?parameters]
```

☑ hostname：服务器名称或 IP 地址。

☑ port：端口号，默认端口号是 3306。

☑ database_name：数据库名称。

☑ parameters：参数列表，主要的参数如表 5-10 所示。

表 5-10　url 中的参数

参 数 名 称	说　　明
user	登录数据库的用户名
password	登录数据库的密码
useUnicode	是否使用 Unicode 字符集，如果参数 characterEncoding 设置为 gb2312 或 gbk，本参数必须设置为 true
characterEncoding	当 useUnicode 设置为 true 时，指定字符编码
autoReconnect	当数据库连接异常中断时，是否自动重新连接
autoReconnectForPools	是否使用针对数据库连接池的重连策略
maxReconnect	自动重连成功后，连接是否设置为只读
initialTimeout	autoReconnect 设置为 true 时，两次重连之间的时间间隔，单位为秒
connectTimeout	和数据库服务器建立 socket 连接时的超时时间，单位为毫秒。0 表示永不超时

【例 5-1】假设 MySQL 数据库所在服务器 IP 地址为 192.168.101.2，该服务器上有一个名为 test 的数据库，访问该数据库的用户名为 root，密码为 root。应用程序需要连接此服务上的数据库 test，使用 DriverManager 对象的 getConnection()方法创建链接对象。

（1）使用重载方法一创建链接对象，代码如下。

```
01    String url = "jdbc:mysql://192.168.101.2:3306/test";
02    String username = "root";
03    String password = "root";
04    Connection conn = DriverManager.getConnection(url, username, password);
```

【程序说明】

第 1 行：设置连接 MySQL 的 URL，MySQL 默认端口号为 3306。

第 2～3 行：设置用户名和密码均为 root。

第 4 行：创建链接对象。

（2）使用重载方法二创建链接对象，代码如下。

```
01    Connection conn = DriverManager.getConnection("jdbc:mysql://192.168.101.2:3306/test?user=root&
02    password=root&characterEncoding=utf-8");
```

【程序说明】

第 1～2 行：设置连接 MySQL 的 URL，URL 中增加了 3 个参数，即 user、password

和 characterEncoding。为了防止中文乱码问题，characterEncoding 参数值和 MySQL 中设置的编码必须一致，一般采用 utf-8。

【例 5-2】连接本地数据库 onlinedb，并给出提示信息。

（1）将名为 mysql-connector-java-8.0.11-bin.jar 的文件复制到应用项目中的 WEB-INF\lib 文件夹下。

（2）创建名为 5-2.jsp 的页面文件，并编写代码完成数据库连接并提示。

```
//程序文件：5-2.jsp
01    <%@ page language="java" contentType="text/html; charset=UTF-8" pageEncoding="UTF-8"%>
02    <%@ page import="java.sql.*"    %>
03    <html>
04    <body>
05    <%
06    try {
07        Class.forName("com.mysql.cj.jdbc.Driver");
08        String url="jdbc:mysql://localhost:3306/onlinedb?user=root&password=ROOT";
09        Connection conn = DriverManager.getConnection("url");
10        out.print("数据库连接成功！");
11        conn.close();
12    } catch(Exception e) {
13        out.print("数据库连接失败！<br />");
14        out.print("错误信息：" + e.toString());
15    }
16    %>
17    </body>
18    </html>
```

【程序说明】

第 2 行：导入 java.sql 包。

第 7 行：使用显式声明加载 MySQL 驱动程序类。

第 8 行：设置连接本地 MySQL 数据库 URL，数据库登录名为 root，登录密码为 ROOT。

第 9～10 行：创建连接并输出提示信息。

第 11 行：关闭连接，释放资源。

第 12～15 行：出现异常时输出提示信息。

（3）启动 Tomcat 服务器，运行本页查看效果，如图 5-10 所示。

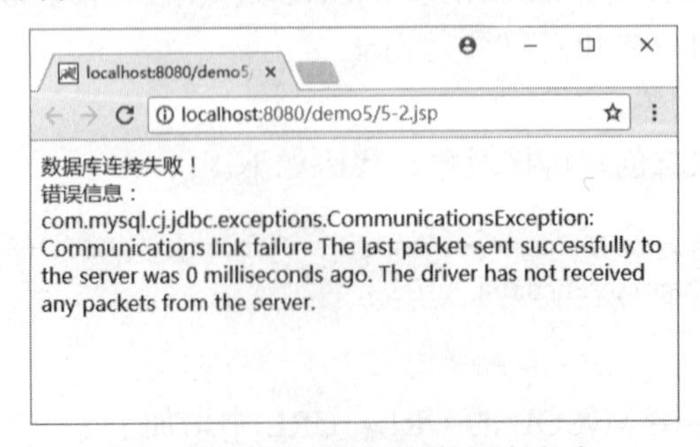

图 5-10　连接 MySQL 数据库失败

（4）由图 5-10 错误信息可知，没有启动 MySQL 服务。启动服务后，再次运行本页查看效果，如图 5-11 所示。

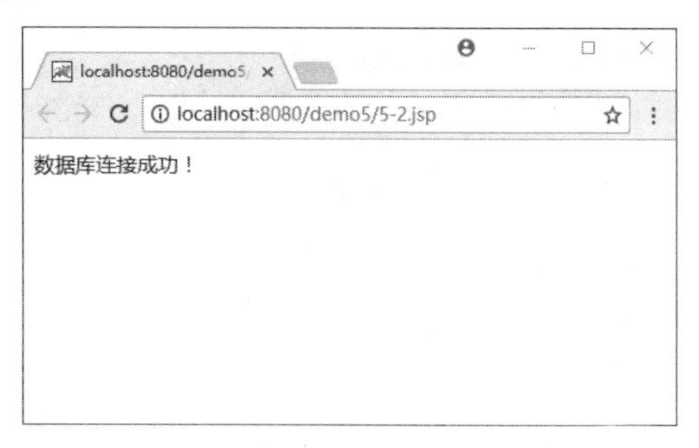

图 5-11　连接 MySQL 数据库成功

5.1.4　JDBC 操作数据库

使用 JDBC 操作数据库包括添加数据、查询数据、更新数据和删除数据等操作。JDBC 提供了 Statement、PreparedStatement 和 ResultSet 3 个接口来实现对数据库操作。其中，Statement 接口主要用于执行不带参数的简单 SQL 语句；而 ResultSet 接口表示记录集，用于保存数据表操作后返回的记录集。

1．Statement 接口

Statement 接口的实例通过 Connection 对象的 createStatement()方法创建，例如下面的代码用来创建一个 Statement 对象。

```
Statement st = conn.createStatement();
```

创建 Statement 接口实例后，可以调用 Statement 接口提供的方法来执行不带参数的 SQL 语句。JDBC 提供了两种方法，分别是 executeUpdate()方法和 executeQuery()方法。

（1）executeUpdate()方法。该方法一般用于执行 SQL 的 INSERT、UPDATE 和 DELETE 语句。当执行 INSERT 等 SQL 语句时，该方法的返回值是执行了这个 SQL 语句后所影响的记录的总行数。若返回值为 0，则表示执行的 SQL 语句未对数据库造成影响；该语句也可以执行无返回值的 SQL 数据定义语言，如 CREATE、ALTER 和 DROP 语句等。正确执行语句后，返回值也是 0。

下面的代码执行 INSERT 语句添加一个新的商品类别。

```
String sql = "insert into goodtype values ('鞋帽')";
Statement.executeUpdate(sql);
```

【例 5-3】添加商品类别示例。

```
//程序文件：5-3.jsp
01	<%@ page language="java" contentType="text/html; charset=UTF-8" pageEncoding="UTF-8"%>
02	<%@ page import="java.sql.*"%>
03	<html>
```

```
04    <body>
05          <%
06      try {
07          Class.forName("com.mysql.cj.jdbc.Driver");
08          String url = "jdbc:mysql://localhost:3306/onlinedb?user=root&password=ROOT
09              &characterEncoding=utf-8";
10          Connection conn = DriverManager.getConnection(url);
11          Statement sm = conn.createStatement();
12          String sql = "insert into goodtype values('鞋帽')";
13          sm.executeUpdate(sql);
14          out.print("类别添加成功！");
15          sm.close();
16          conn.close();
17      } catch (Exception e) {
18          e.printStackTrace();
19      }
20          %>
21    </body>
22    </html>
```

【程序说明】

第 2 行：导入 java.sql 包。

第 7 行：使用显式声明加载 MySQL 驱动程序类。

第 8～9 行：设置连接本地 MySQL 数据库 URL，数据库登录名为 root，登录密码为 ROOT，设置字符集为 utf-8 防止中文乱码。

第 10 行：创建连接对象。

第 11 行：创建 Statement 对象。

第 12～13 行：定义插入 SQL 语句并执行。

启动 Tomcat 服务器，运行本页查看效果，如图 5-12 所示。打开 navicat，查看 goodtype 表，发现新的类别已经添加，如图 5-13 所示。

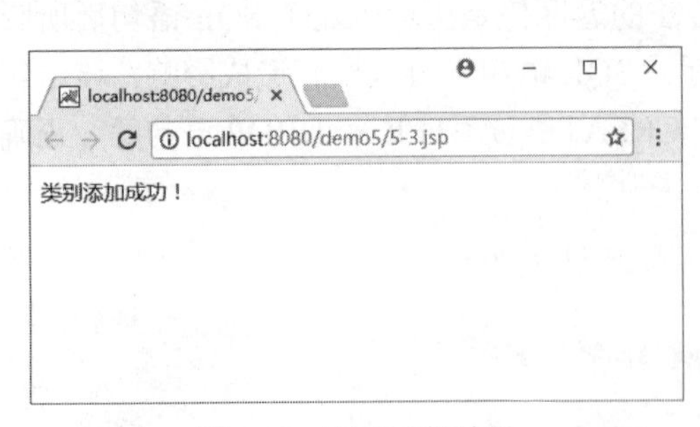

图 5-12　页面运行效果

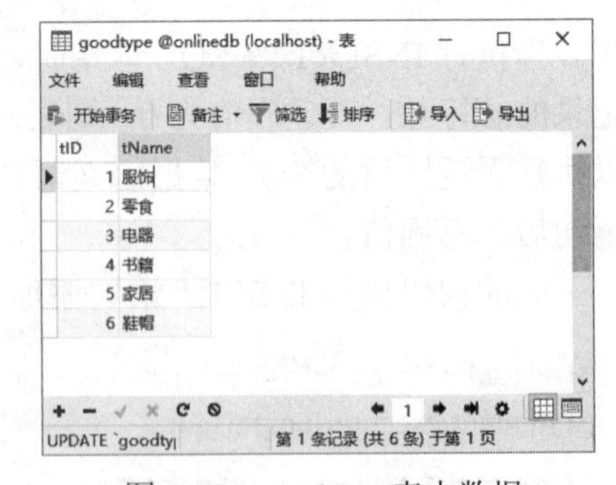

图 5-13　goodtype 表中数据

（2）executeQuery()方法。该方法用于执行 SQL 的 SELECT 语句。它的返回值是执行 SQL 语句后产生的一个 ResultSet 接口的实例。利用 ResultSet 接口中提供的方法可以获取结果集中指定列的数据，方便应用程序进行后续处理。

执行 SELECT 语句查询所有的商品类别，并返回 ResultSet 接口实例的代码如下。

```
String sql = "select * from goodtype";
ResultSet rs = sm.executeQuery(sql);
```

2．ResultSet 接口

ResultSet 接口的实例是 Statement 或 PreparedStatement 的 executeQuery()方法中 SELECT 的查询结果集，即符合指定 SQL 语句中行的集合。ResultSet 维护指向其当前数据行的光标。每调用一次该对象的 next()方法，光标向下移动一行。初始时，光标指向第一行之前的位置，当第一次调用 next()方法后将光标下移至第一行上，使其成为当前行，以后每调用一次 next()方法都将光标向下移动一行。

ResultSet 接口的 getXXX()方法提供了获取当前行中某列值的途径，其中 XXX 代表获取数据的 SQL 数据类型。在每一行内，一般按照从左至右的顺序获取列值，并且一次性读取所需的列值。

列名或列号可用于标识要从中获取数据的列。例如，ResultSet 对象 rs 的第 1 列名为 tName，且存储的数据类型为字符串类型，获取该列值的代码如下。

```
String name = rs.getString("tName");
```

或

```
String name = rs.getString(1);
```

【例 5-4】在页面中输出数据库 onlinedb 中所有商品类别的名称。

```
//程序文件：5-4.jsp
01    <%@ page language="java" contentType="text/html; charset=UTF-8" pageEncoding="UTF-8"%>
02    <%@ page import="java.sql.*"%>
03    <html>
04    <body>
05    <%
06        try {
07            Class.forName("com.mysql.cj.jdbc.Driver");
08            String url = "jdbc:mysql://localhost:3306/onlinedb?user=root&password=ROOT";
09            Connection conn = DriverManager.getConnection(url);
10            Statement sm = conn.createStatement();
11            String sql = "select * from goodtype";
12            ResultSet rs = sm.executeQuery(sql);
13            while(rs.next()) {
14                out.println(rs.getString("tName"));
15            }
16            sm.close();
17            conn.close();
18    } catch (Exception e) {
19        e.printStackTrace();
20    }
21            %>
22    </body>
23    </html>
```

【程序说明】

第 2 行：导入 java.sql 包。

第 7 行：使用显式声明加载 MySQL 驱动程序类。

第 8～9 行：使用本地 MySQL 数据库 URL 连接作参数创建连接对象。

第 10～12 行：创建 Statement 对象并调用 executeQuery()方法，返回 ResultSet 对象。

第 13～15 行：循环输出每条记录的 tName 字段的值。

启动 Tomcat 服务器，查看页面效果，如图 5-14 所示。

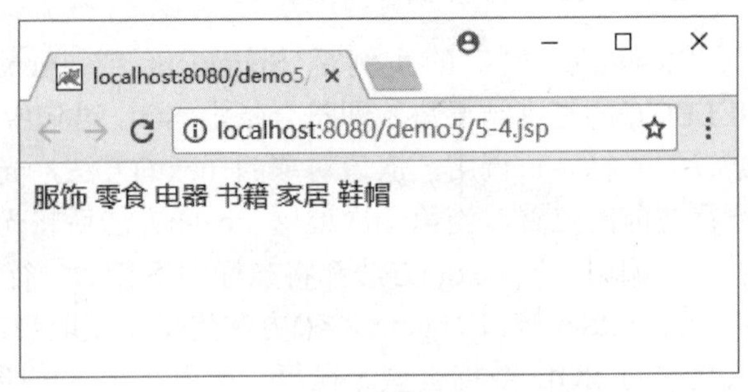

图 5-14　页面运行效果

□ 任务实施

步骤 1：创建 chap0501 项目

在 Eclipse 中创建新的 Dynamic Web Project，名称为 chap0501。

步骤 2：新建 register.jsp 页面

在 WebContent 根目录下新建一个登录页 register.jsp。在 register.jsp 文件中增加 HTML 标签和 CSS 代码实现注册页面的界面设计。

```
//程序文件：register.jsp
01  <%@ page language="java" contentType="text/html; charset=UTF-8" pageEncoding="UTF-8"%>
02  <!DOCTYPE html>
03  <html>
04  <head>
05  <title>用户注册</title>
06  <style type="text/css">
07    body{ font-size:14px; }
08    input{ padding:8px; border:1px solid #ccc; }
09    span{ display:inline-block; width:100px; text-align: right; margin: 10px; }
10    .divider{ border:1px solid #ccc; margin-top:10px; margin-bottom:10px; }
11    .submit{ width: 100px; margin-top: 10px; }
12  </style>
13  </head>
14  <body>
15    <h2>用户注册</h2>
16    <div class="divider"></div>
17    <form action="register" method="post">
18      <div><span>用户名：</span>
19      <input type="text" name="uName" placeholder="请输入用户名" required="required"></div>
20      <div><span>密码：</span>
21      <input type="password" name="uPwd" placeholder="请输入密码" required="required">
</div>
22      <div><span>邮箱：</span>
23      <input type="email" name="uEmail" placeholder="请输入邮箱" required="required"></div>
```

```
24          <div>
25              <span>性别：</span>
26              <input type="radio" name="uSex" value="男" id="man"><label for="man">男</label>
27              <input type="radio" name="uSex" value="女" id="woman"><label for="woman">女</label>
28          </div>
29          <div><span>出生年月：</span><input type="date" name="uBirth"></div>
30          <div><span> </span><input type="submit" value="注册" class="submit"></div>
31      </form>
32  </body>
33  </html>
```

【程序说明】

第 2 行：HTML5 网页声明。

第 17 行：设置 form 表单以 post 方式提交数据，action 属性设置为提交给 RegisterServlet 注册信息处理类进行处理。

第 18～29 行：定义用户信息输入框，依次为用户名、密码、邮箱、性别、出生年月。

第 30 行：定义 submit 提交按钮，进行数据提交。

步骤 3：新建 RegisterServlet 注册信息处理类

在 Eclipse 中新建 com.shop.servlet 包，在该包下面新建 Servlet 类，类名为 RegisterServlet。在该类中将页面中填写的用户信息插入到数据库中。该类需要完成获取页面数据、建立数据库连接、进行数据库插入操作和关闭数据库连接 4 个操作。RegisterServlet 类代码如下。

```
//程序文件：RegisterServlet.java
01  package com.shop.servlet;
02  import java.io.IOException;
03  import java.sql.Connection;
04  import java.sql.DriverManager;
05  import java.sql.SQLException;
06  import java.sql.Statement;
07  import javax.servlet.ServletException;
08  import javax.servlet.annotation.WebServlet;
09  import javax.servlet.http.HttpServlet;
10  import javax.servlet.http.HttpServletRequest;
11  import javax.servlet.http.HttpServletResponse;
12  public class RegisterServlet extends HttpServlet {
13      protected void doPost(HttpServletRequest request, HttpServletResponse response)
14          throws ServletException, IOException {
15          request.setCharacterEncoding("utf-8");
16          String username = request.getParameter("uName");
17          String password = request.getParameter("uPwd");
18          String email = request.getParameter("uEmail");
19          String sex = request.getParameter("uSex");
20          String birthday = request.getParameter("uBirth");
21          //JDBC 编码实现用户信息插入数据库
22          Connection conn = null;
23          Statement sm = null;
```

```
24          try {
25              //1.加载 MySQL 的数据库驱动
26              Class.forName("com.mysql.cj.jdbc.Driver");
27              String url = "jdbc:mysql://localhost:3306/onlinedb?user=root&password=ROOT
28                  &characterEncoding=utf8";
29              String sql = "insert into user(uName,uPwd,uEmail,uSex,uBirth) values('"
30                  +username+"','"+password+"','"+email+"','"+sex+"','"+birthday+"')";
31              //2.与数据库建立连接
32              conn = DriverManager.getConnection(url);
33              //3.获取 Statement 对象
34              sm = conn.createStatement();
35              //4.调用 Statement 对象的 executeUpdate()方法执行插入 SQL 语句
36              int flag = sm.executeUpdate(sql);
37              if(flag==1) {//表示执行插入成功
38                  request.setAttribute("info", "注册成功");
39              } else {//表示执行插入失败
40                  request.setAttribute("info", "注册失败");
41              }
42              request.getRequestDispatcher("result.jsp").forward(request, response);
43          } catch (ClassNotFoundException e) {
44              e.printStackTrace();
45          } catch (SQLException e) {
46              e.printStackTrace();
47          } finally {
48              if(sm!=null) {
49                  try {
50                      sm.close();
51                  } catch (SQLException e) {
52                      e.printStackTrace();
53                  }
54              }
55              if(conn!=null){
56                  try {
57                      conn.close();
58                  } catch (SQLException e) {
59                      e.printStackTrace();
60                  }
61              }
62          }
63      }
64  }
```

【程序说明】

第 2～11 行：导入本程序所使用的包名，与 JDBC 操作相关的包都在 java.sql 包下。

第 15 行：调用 request 对象的 setCharacterEncoding()方法设置中文编码为 utf-8。

第 16～20 行：获取 register.jsp 页面提交的用户信息。使用 HttpServletRequest 对象提供的 getParameter()方法，该方法的参数是字符串，其值是页面中 input 元素的 name 属性值。

第 21～61 行：JDBC 编程实现表单数据的数据库插入。步骤包括加载数据库驱动、获取数据库连接、获取 Statement 对象、执行 SQL、关闭数据库。

第 22～23 行：定义执行数据插入需要使用的 JDBC API 对象 Connection 和 Statement。由于涉及数据库的关闭问题，通常将它们定义在 try 语句之外。

第 26 行：获取 MySQL 数据库的连接驱动，该语句可能会抛出加载不到指定类的异常（ClassNotFoundException）。

第 27～28 行：定义数据库连接的基本信息。

第 29～30 行：通过字符串的拼接方式，将页面输入的参数拼接到 SQL 语句中待执行。

第 32 行：使用 DriverManager 类的静态方法 getConnection()，获取数据库连接。

第 34 行：获取 Statement 对象。

第 36～41 行：调用 Statement 对象的 executeUpdate()方法执行插入 SQL 语句，将方法的结果赋值给 flag 变量，该变量表示受该插入 SQL 语句影响的记录数目。如果插入的结果为 1 表示成功插入一条，否则表示插入不成功，并将提示信息保存到 info 变量中。

第 42 行：页面跳转到 result.jsp 页面。

第 48～61 行：释放数据库资源。

步骤 4：新建 web.xml 配置 Servlet

在 WebContent\WEB-INF 文件夹下新建 web.xml，对 Servlet 的访问路径进行配置。

```
//程序文件：RegisterServlet.java
01  <?xml version="1.0" encoding="UTF-8"?>
02  <web-app>
03     <servlet>
04        <servlet-name>register</servlet-name>
05        <servlet-class>com.shop.servlet.RegisterServlet</servlet-class>
06     </servlet>
07     <servlet-mapping>
08        <servlet-name>register</servlet-name>
09        <url-pattern>/register</url-pattern>
10     </servlet-mapping>
11  </web-app>
```

【程序说明】

第 3～6 行：配置了 servlet 的名称和对应的类的路径，servlet 名为 register，servlet 对应的类路径为 com.shop.servlet.RegisterServlet，需要把类的完整路径写全，包括包名。

第 7～10 行：配置名为 RegisterServlet 对应的映射路径为/register。

步骤 5：新建 result.jsp 页面

在 WebContent 根目录下新建一个登录页面 result.jsp。在 result.jsp 文件中添加代码，对 servlet 处理的结果进行显示。

```
//程序文件：result.jsp
01  <%@ page language="java" contentType="text/html; charset=UTF-8" pageEncoding="UTF-8"%>
02  <html>
03  <head>
04  <title>注册结果页</title>
```

```
05    <style type="text/css">
06        body{ text-align: center; font-size:20px; font-weight:bold; padding-top:100px; }
07    </style>
08    </head>
09    <body>
10    <%
11        String str = (String)request.getAttribute("info");
12        out.print(str);
13    %>
14    </body>
15    </html>
```

【程序说明】

第 11～12 行：使用 request.getAttribute()方法获取 request 中 info 变量的值，并使用 out 对象的 print()方法将值显示在页面上。

步骤 6：运行项目，查看效果

启动 Tomcat 服务器，打开浏览器，在地址栏中输入如下地址查看运行效果。

```
http://localhost:8080/chap0501/register.jsp
```

任务 2　实现用户管理

□ 任务场景

【任务描述】

实际应用中，Web 应用系统中都会对注册或添加的用户进行统一管理，以方便管理人员更加快捷地查阅和维护用户信息。本任务实现一个用户管理的 Java Web 项目，该项目对所有的用户信息进行分页显示，并可以删除指定的用户。

【运行效果】

本任务使用 Servlet 处理请求。请求返回用户列表的 URL 后，页面效果如图 5-15 所示。

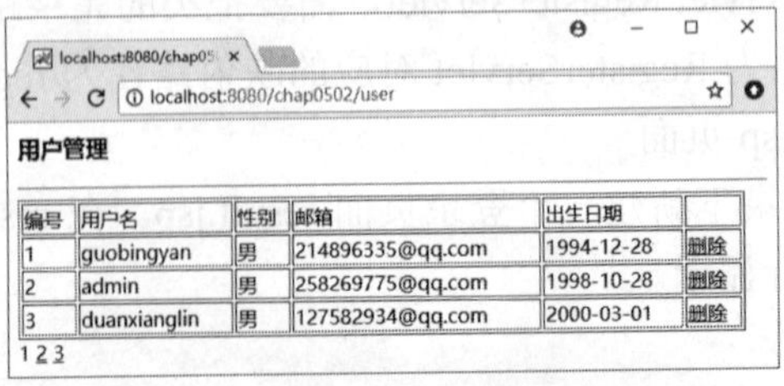

localhost:8080/chap0502/user

用户管理

编号	用户名	性别	邮箱	出生日期	
1	guobingyan	男	214896335@qq.com	1994-12-28	删除
2	admin	男	258269775@qq.com	1998-10-28	删除
3	duanxianglin	男	127582934@qq.com	2000-03-01	删除

1 2 3

图 5-15　用户列表页

从图 5-15 可以看出，用户信息进行了分页显示，每页显示 3 条记录，共 3 页。单击页面左下方的页号，可以显示指定页的记录，如图 5-16 所示。

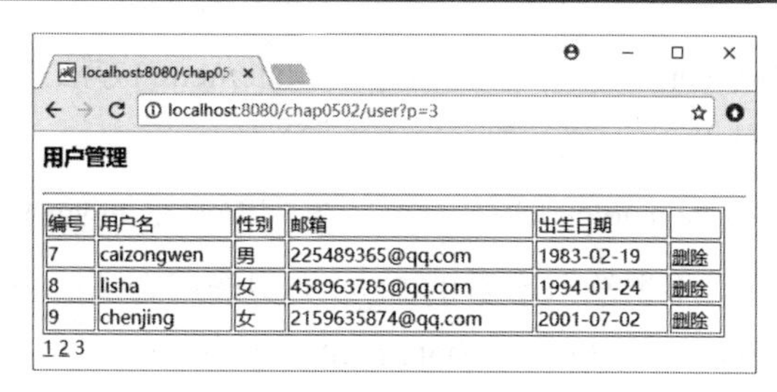

图 5-16　翻页展示

在图 5-16 中，单击指定记录后面的“删除”超链接，当前记录会被删除，如图 5-17 所示。

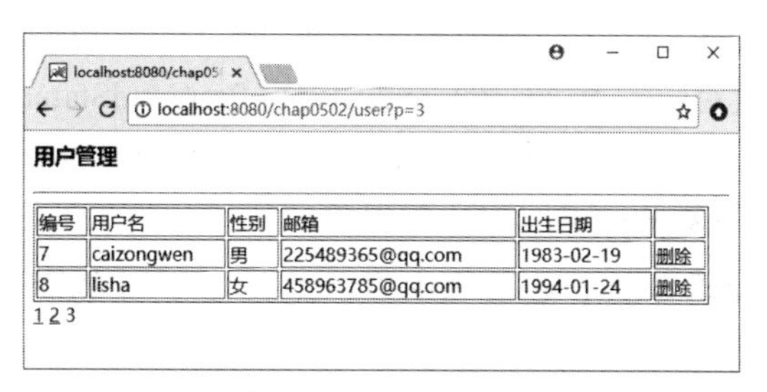

图 5-17　删除记录

【任务分析】

（1）编写 Servlet 处理分页请求和删除记录的请求。

（2）运用 JDBC API 调用存储过程实现分页和翻页。

（3）运用 JDBC API 提供的预编译 SQL 实现记录删除。

❑ 知识引入

5.2.1　执行预编译 SQL

5.1.4 节中介绍了使用 Statement 接口实现与数据库进行交互。Statement 接口实例在每次执行 SQL 语句时都将该语句传递给数据库。在多次执行同一 SQL 语句时，效率很低。为了解决这一问题，可以使用 PreparedStatement 接口。PreparedStatement 接口是 Statement 接口的子接口，直接继承并重载了 Statement 的方法。PreparedStatement 接口具有如下优点。

（1）PreparedStatement 比 Statement 更快。PreparedStatement 执行的预编译 SQL 查询语句可以重用，而 Statement 对象每次执行 SQL 语句时，都要对 SQL 进行编译，因此 PreparedStatement 对象比 Statement 对象生成的查询速度更快。

（2）PreparedStatement 可以实现动态参数化的查询。PreparedStatement 对象包含的 SQL 语句中允许有一个或多个输入参数。创建 PreparedStatement 接口实例时，输入参数用占位符“?”代替。在执行带参数的 SQL 语句前，必须对“?”进行赋值。PreparedStatement 为基本 SQL 类型提供了 setXXX()方法，完成对输入参数的赋值。

（3）PreparedStatement 可以防止 SQL 注入式攻击。同 Statement 类似，PreparedStatement

接口的实例也是通过 Connection 接口中的 prepareStatement()方法来创建。下面的代码创建一个 PreparedStatement 对象。

```
PreparedStatement psm = conn.prepareStatement("select * from goodtype where tID=?");
```

PreparedStatement 中会根据输入参数的 SQL 类型选用合适的 setXXX 方法。由于上述代码中 tID 的类型为整型，因而 PrepareStatement 会使用 setInt()方法为该参数赋值，并执行相应的 SQL 语句。

```
psm.setInt(1,1);
psm.executeQuery();
```

由上述代码可知，setXXX()方法带有两个参数，第一个参数表示 SQL 语句中参数的序号，第二个参数表示参数对应的值。同 Statement 一样，PreparedStatement 调用 executeQuery()方法执行查询语句会返回一个 ResultSet 对象，而使用 executeUpdate()方法执行添加、删除、修改的语句返回一个整型数据，反应影响的记录行数。

【例 5-5】使用预编译 SQL，在页面中显示类别 ID 为 1 的商品类别信息。

```
//程序文件：5-5.jsp
01   <%@ page language="java" contentType="text/html; charset=UTF-8" pageEncoding="UTF-8"%>
02   <%@ page import="java.sql.*"%>
03   <html>
04   <body>
05   <%
06      try {
07         Class.forName("com.mysql.cj.jdbc.Driver");
08         String url = "jdbc:mysql://localhost:3306/onlinedb?user=root&password=ROOT";
09         Connection conn = DriverManager.getConnection(url);
10         String sql = "select * from goodtype where tID=?";
11         PreparedStatement psm = conn.prepareStatement(sql);
12         psm.setInt(1, 1);
13         ResultSet rs = psm.executeQuery();
14         while(rs.next()) {
15            out.println(rs.getInt("tId") + " " + rs.getString("tName"));
16         }
17         psm.close();
18         conn.close();
19      } catch (Exception e) {
20         e.printStackTrace();
21      }
22   %>
23   </body>
24   </html>
```

【程序说明】

第 10 行：设置 SQL 语句使用“?”传递参数。

第 11 行：获取 PreparedStatement 对象。

第 14～16 行：调用 ResultSet 对象的 next()方法，判断结果集是否为空，如果不为空，

则依次取出结果集中的内容。

启动 Tomcat 服务器，查看页面效果，如图 5-18 所示。

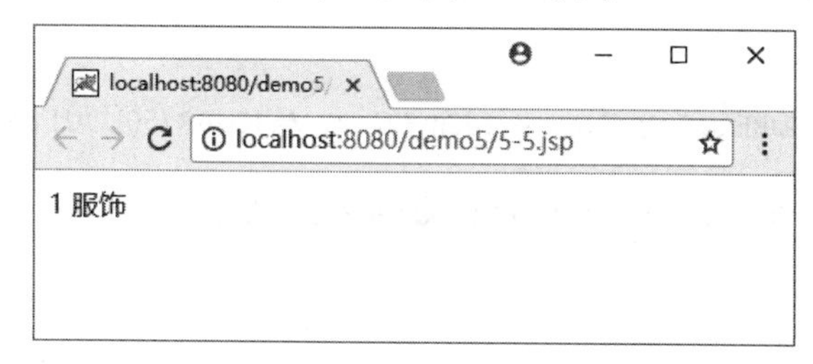

图 5-18　带参数的查询

5.2.2　执行存储过程

CallableStatement 接口是 JDBC 中用来执行存储过程的接口，它继承自 PreparedStatement 接口。调用存储过程可以在应用程序执行之前就将 SQL 语句在数据库管理系统中编译好，从而进一步缩短程序执行时间，提高运行效率。

调用 Connection 接口的 prepareCall()方法可以创建一个 CallableStatement 对象。语法格式如下。

```
CallableStatement csm = conn.prepareCall("{call proc_name(?, ?)}");
```

定义存储过程时，参数不是必选项，可以带参数，也可不带参数。当带参数时，参数类型有 3 种。

（1）IN 类型：表示输入参数，将传递该参数给存储过程使用。

（2）OUT 类型：表示输出参数，存放存储过程的返回值。

（3）IN、OUT 类型：混合类型，表示既是输入参数，又是输出参数。

CallableStatement 接口继承了 PreparedStatement 接口中的 sexXXX()方法，对 IN 类型参数进行赋值。对于 OUT 类型参数，CallableStatement 接口提供了 registerOutParamenter()方法进行类型注册，代码如下。

```
CallableStatement.registerOutParamenter(int parameterIndex, int sqlType);
```

☑　parameterIndex：指定参数在存储过程中定义的顺序。

☑　sqlType：注册的 SQL 类型。

下面的代码为 OUT 类型参数进行类型注册。

```
csm. registerOutParamenter(1, java.sql.Types.VARCHAR);
```

对 OUT 类型参数进行注册后，CallableStatement 接口运行使用 getXXX()方法获得 OUT 类型参数的值。

CallableStatement 在调用存储过程时，执行的结果比较复杂，可能是多个 ResultSet，也可能是记录的修改或两者都有。因此，对于 CallableStatement 而言，如果遇到返回结果复杂的情况，可以使用 execute()方法来执行存储过程。

【例 5-6】使用存储过程查询商品表中发货地为长沙的商品数量。

（1）创建 MySQL 存储过程，语句如下。

```
01  DELIMITER //
02  CREATE PROCEDURE upGetgdCountbygdCity(IN city VARCHAR (50),OUT count INT)
03  BEGIN
04      SELECT COUNT(*) INTO count FROM good WHERE gdCity = city;
05  END //
```

【程序说明】

第 2 行：定义存储过程的名称为 upGetgdCountbygdCity。该存储过程包含 2 个参数，其中 city 为输入参数，类型为 VARCHAR(50)；count 为输出参数，类型为 INT。

（2）新建 JSP 页面 5-6.jsp，在该页实现存储过程的调用，代码如下。

```
//程序文件：5-6.jsp
01  <%@ page language="java" contentType="text/html; charset=UTF-8" pageEncoding="UTF-8"%>
02  <%@ page import="java.sql.*"%>
03  <html>
04  <body>
05  <%
06      try {
07          Class.forName("com.mysql.cj.jdbc.Driver");
08          String url = "jdbc:mysql://localhost:3306/onlinedb?user=root&password=ROOT
09              &characterEncoding=utf8";
10          Connection conn = DriverManager.getConnection(url);
11          CallableStatement csm = conn.prepareCall("{call upGetgdCountbygdCity(?,?)}");
12          csm.setString(1, "长沙");
13          csm.registerOutParameter(2, Types.INTEGER);
14          csm.execute();
15          out.println("商品数量为：" + csm.getInt(2));
16          csm.close();
17          conn.close();
18      } catch (Exception e) {
19          e.printStackTrace();
20      }
21  %>
22  </body>
23  </html>
```

【程序说明】

第 11 行：调用 Connection 对象的 prepareCall()方法创建 CallableStatement 对象。该方法调用名为 upGetgdCountbygdCity 的存储过程。

第 12 行：为存储过程的第一个参数赋值，该参数是 IN 类型参数，赋值为“长沙”。

第 13 行：存储过程的第二个参数为 OUT 类型参数，为该参数注册类型为整型。

第 14 行：执行存储过程。

第 15 行：使用 CallableStatement 接口的 getInt()方法获取存储过程第二个参数的值。

启动 Tomcat 服务器，查看页面效果，如图 5-19 所示。

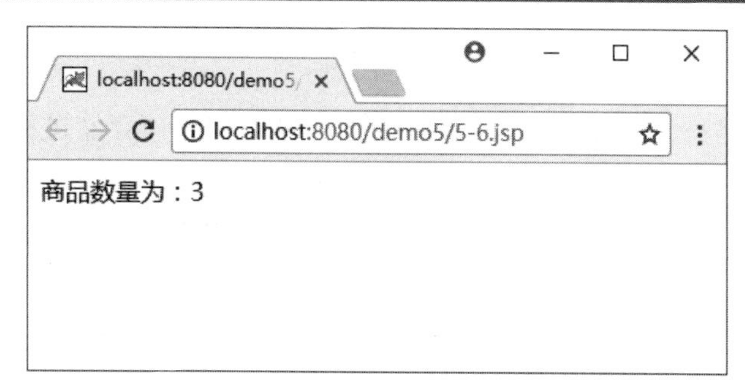

图 5-19　查询商品数量

5.2.3　数据分页

数据分页显示是 Web 应用中的通用功能，当数据查询结果太多时，为方便用户访问浏览数据，往往采用分页显示。所谓分页显示，就是将数据库中的结果集逻辑地分成若干页来显示。实现分页主要关注如下两点：

（1）每页显示多少条记录。

（2）当前是第几页。

实现数据分页的方法很多，本书使用 MySQL 数据库自身提供的机制进行分页，即使用关键字 limit 实现。设每页显示的记录条数为 4，获取第 1 页 4 条记录的 SQL 语句如下。

```
select * from good order by gdID limit 0,4;
```

获取第 2 页 4 条记录的 SQL 语句如下。

```
select * from good order by gdID limit 4*1,4;
```

依此类推，获取第 n 页 4 条记录的 SQL 语句如下。

```
select * from good order by gdID limit 4*(n-1),4;
```

若要获取第 n 页的 m 条记录，则 SQL 语句如下。

```
select * from product order by id limit m*(n-1),m;
```

【例 5-7】商品类别信息的分页显示实例。

（1）创建处理返回当前页记录和总页数的存储过程。

```
01   DELIMITER //
02   CREATE PROCEDURE upGetgdtypebypage(IN curPage INT, IN pageSize INT, OUT pageCount INT)
03   BEGIN
04     DECLARE count INT;
05     DECLARE limIndex INT;
06     SET limIndex = pageSize*(curPage-1);
07     SELECT COUNT(*) INTO count FROM goodtype;
08     SET pageCount = if(count%pageSize = 0, FLOOR(count/pageSize), FLOOR(count/pageSize+1));
09     SELECT * FROM goodtype ORDER BY tID ASC LIMIT limIndex, pageSize;
10   END //
```

【程序说明】

第 2 行：定义名称为 upGetgdtypebypage 的存储过程，该存储过程有 3 个参数，名为 curPage 的输入参数，类型为 INT，用于传入当前页码；名为 pageSize 的输入参数，类型为 INT，用于传入每页的记录数；名为 pageCount 的输出参数，类型为 INT，用于传出总页数。

第 8 行：计算总页数。

第 9 行：查询指定页的商品类别信息。

（2）创建 JSP 页面 5-7.jsp，分页显示商品类别信息。

```
//程序文件：5-7.jsp
01   <%@ page language="java" contentType="text/html; charset=UTF-8" pageEncoding="UTF-8"%>
02   <%@ page import="java.sql.*"%>
03   <html>
04   <body>
05   <h3>商品类别分页显示</h3><hr />
06   <%
07      int pageSize = 3;
08      String p = request.getParameter("p");
09      int curPage = 1;
10      int pageCount = 0;
11      if (p != null) {
12         curPage = Integer.parseInt(p);
13      }
14      try {
15         Class.forName("com.mysql.cj.jdbc.Driver");
16         String url = "jdbc:mysql://localhost:3306/onlinedb?user=root&password=ROOT";
17         Connection conn = DriverManager.getConnection(url);
18         CallableStatement csm = conn.prepareCall("{call upGetgdtypebypage(?,?,?)}");
19         csm.setInt(1, curPage);
20         csm.setInt(2, pageSize);
21         csm.registerOutParameter(3, Types.INTEGER);
22         ResultSet rs = csm.executeQuery();
23         out.print("<table border='1' width='400px'>");
24         while (rs.next()) {
25            out.print("<tr><td width='30%'>" + rs.getInt("tID") + "</td>");
26            out.print("<td>" + rs.getString("tName") + "</td></tr>");
27         }
28         out.print("</table>");
29         pageCount = csm.getInt(3);
30         rs.close(); // 关闭 ResultSet
31         csm.close(); // 关闭 PreparedStatement
32         conn.close(); // 关闭 Connection
33      } catch (SQLException e) {
34         e.printStackTrace();
35      }
```

```
36      int i = 1;
37      for(; i <= pageCount; i++) {
38   %>
39          <a href="?p=<%=i %>"><%=i %></a>
40   <%
41      }
42   %>
43   </body>
44   </html>
```

【程序说明】

第 2 行：引入 java.sql 包。

第 7 行：设置每页显示的记录数。

第 8～13 行：设置当前的页号。

第 18 行：调用 Connection 对象的 prepareCall()方法创建 CallableStatement 对象。该方法调用名为 upGetgdtypebypage 的存储过程。

第 19 行：为存储过程的第 1 个参数赋值，该参数是 IN 类型参数，赋值为 curPage 变量的值。

第 20 行：为存储过程的第 2 个参数赋值，该参数是 IN 类型参数，赋值为 pageSize 变量的值。

第 21 行：存储过程的第 3 个参数为 OUT 类型参数，为该参数注册类型为整型。

第 22～28 行：执行存储过程，获取当前页的记录集，并以表格的形式输出。

第 29 行：获取总页数。

第 30～32 行：关闭所有对象。

第 36～42 行：以超链接形式实现翻页。

（3）启动 Tomcat 服务器，查看本页效果，如图 5-20 所示。

（4）在图 5-20 中，单击表格下方的 2，页面加载第 2 页，效果如图 5-21 所示。

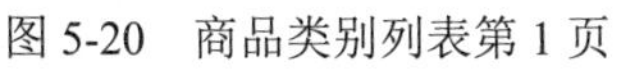
图 5-20　商品类别列表第 1 页

图 5-21　商品类别列表第 2 页

□ 任务实施

步骤 1：创建 chap0502 项目

在 Eclipse 中创建新的 Dynamic Web Project，名称为 chap0502。

步骤 2：创建名为 upGetuserbypage 的存储过程，用于处理数据分页

在 MySQL 中创建名为 upGetuserbypage 的存储过程，处理返回当前页记录和总页数，代码如下。

```
01  DELIMITER //
02  CREATE PROCEDURE upGetuserbypage(IN curPage INT, IN pageSize INT, OUT pageCount INT)
03  BEGIN
04      DECLARE count INT;
05      DECLARE limIndex INT;
06      SET limIndex = pageSize*(curPage-1);
07      SELECT COUNT(*) INTO count FROM user;
08      SET pageCount = if(count%pageSize = 0, FLOOR(count/pageSize), FLOOR(count/pageSize+1));
09      SELECT * FROM user ORDER BY tID ASC LIMIT limIndex, pageSize;
10  END //
```

【程序说明】

第 2 行：定义名称为 upGetuserbypage 的存储过程，共 3 个参数。名为 curPage 的输入参数，类型为 INT，用于传入当前页码；名为 pageSize 的输入参数，类型为 INT，用于传入每页的记录数；名为 pageCount 的输出参数，类型为 INT，用于传出总页数。

第 8 行：计算总页数。

第 9 行：查询指定页的用户信息。

步骤 3：新建名为 UserServlet.java 的 Servlet，用于处理分页显示请求

在 src 根目录下新建一个名称为 UserServlet 的 Servlet，包名为 com.shop.servlet，并在 doGet()方法中处理提交的信息，代码如下。

```
//程序文件：UserServlet.java
01  package com.shop.servlet;
02  import java.io.IOException;
03  import java.io.PrintWriter;
04  import java.sql.*;
05  import java.util.List;
06  import javax.servlet.ServletException;
07  import javax.servlet.http.HttpServlet;
08  import javax.servlet.http.HttpServletRequest;
09  import javax.servlet.http.HttpServletResponse;
10  public class UserServlet extends HttpServlet {
11      protected void doGet(HttpServletRequest request, HttpServletResponse response)
12          throws ServletException, IOException {
13          int pageSize = 3;
14          String p = request.getParameter("p");
15          int curPage = 1;
16          int pageCount = 0;
```

```
17          if (p != null) { curPage = Integer.parseInt(p); }
18          response.setContentType("text/html; charset=UTF-8");
19          try {
20              Class.forName("com.mysql.cj.jdbc.Driver");
21              String url = "jdbc:mysql://localhost:3306/onlinedb?user=root&password=ROOT
22                  &characterEncoding=utf8";
23              Connection conn = DriverManager.getConnection(url);
24              CallableStatement csm = conn.prepareCall("{call upGetuserbypage(?,?,?)}");
25              csm.setInt(1, curPage);
26              csm.setInt(2, pageSize);
27              csm.registerOutParameter(3, Types.INTEGER);
28              ResultSet rs = csm.executeQuery();
29              PrintWriter out = response.getWriter();
30              out.print("<h3>用户管理</h3><hr />");
31              out.print("<table border='1' width='600px'>");
32              out.print("<tr><td>编号</td><td>用户名</td><td>性别</td><td>邮箱</td>
33                  + "<td>出生日期</td><td></td></tr>");          out.print("");
34              while (rs.next()) {
35                  out.print("<tr><td>" + rs.getInt("uID") + "</td>");
36                  out.print("<td>" + rs.getString("uName") + "</td>");
37                  out.print("<td>" + rs.getString("uSex") + "</td>");
38                  out.print("<td>" + rs.getString("uEmail") + "</td>");
39                  out.print("<td>" + rs.getDate("uBirth") + "</td>");
40                  out.print("<td><a href='userdelete?id=" + rs.getInt("uID")
41                      + "&p=" + curPage +"'>删除</a></td></tr>");
42              }
43              out.print("</table>");
44              pageCount = csm.getInt(3);
45              int i = 1;
46              for(; i<=pageCount; i++) {
47                  if(i==curPage) out.print(i + " ");
48                  else out.print("<a href='?p="+i+"'>" + i + "</a> ");
49              }
50              rs.close(); // 关闭 ResultSet
51              csm.close(); // 关闭 PreparedStatement
52              conn.close(); // 关闭 Connection
53          } catch (Exception e) {
54              e.printStackTrace();
55          }
56      }
57  }
```

【程序说明】

第 24～28 行：创建 CallableStatement 对象，并调用 executeQuery()方法执行名为 upGetuserbypage 的存储过程，返回指定页的用户信息和总页数。

第 29 行：调用 response 对象的 getWriter()方法创建 PrintWriter 对象，实现向浏览器输出信息。

第 31～43 行：使用 table 标签布局输出用户信息集合。

第 40～41 行：为每条记录后增加 a 标签，单击标签向服务器请求删除的 Servlet，并传递需要删除记录的 uID 和当前页号。

第 44～49 行：循环输出页码超链接。

第 50～52 行：关闭所有对象。

步骤 4：新建名为 UserDeleteServlet.java 的 Servlet，用于处理删除指定记录的请求

在 src 根目录下新建一个名称为 UserDeleteServlet，包名为 com.shop.servlet 的 Servlet，并在 doGet()方法中处理提交的信息，代码如下。

```
//程序文件：UserDeleteServlet.java
01    package com.shop.servlet;
02    import java.io.IOException;
03    import java.sql.*;
04    import javax.servlet.ServletException;
05    import javax.servlet.annotation.WebServlet;
06    import javax.servlet.http.HttpServlet;
07    import javax.servlet.http.HttpServletRequest;
08    import javax.servlet.http.HttpServletResponse;
09    @WebServlet("/UserDeleteServlet")
10    public class UserDeleteServlet extends HttpServlet {
11        protected void doGet(HttpServletRequest request, HttpServletResponse response)
12            throws ServletException, IOException {
13            String id = request.getParameter("id");
14            String curPage = request.getParameter("p");
15            try {
16                Class.forName("com.mysql.cj.jdbc.Driver");
17                String url = "jdbc:mysql://localhost:3306/onlinedb?user=root&password=ROOT";
18                Connection conn = DriverManager.getConnection(url);
19                String sql = "delete from user where uID=?";
20                PreparedStatement psm = conn.prepareStatement(sql);
21                psm.setInt(1, Integer.parseInt(id));
22                psm.executeUpdate();
23                response.sendRedirect("user?p=" + curPage);
24            } catch (Exception e) {
25                e.printStackTrace();
26            }
27        }
28    }
```

【程序说明】

第 19～22 行：创建 PreparedStatement 对象，并调用 executeUpdate()方法执行指定 uID 用户的删除。

第 23 行：跳转到 url 为/user 的 Servlet，并传递当前页码。

步骤 5：配置 web.xml

在 WebContent\WEB-INF 文件夹下新建 web.xml，对 Servlet 的访问路径进行配置。

```
//程序文件：web.xml
01  <?xml version="1.0" encoding="UTF-8"?>
02  <web-app>
03    <servlet>
04      <servlet-name>user</servlet-name>
05      <servlet-class>com.shop.servlet.UserServlet</servlet-class>
06    </servlet>
07    <servlet-mapping>
08      <servlet-name>user</servlet-name>
09      <url-pattern>/user</url-pattern>
10    </servlet-mapping>
11      <servlet>
12      <servlet-name>userdelete</servlet-name>
13      <servlet-class>com.shop.servlet.UserDeleteServlet</servlet-class>
14    </servlet>
15    <servlet-mapping>
16      <servlet-name>userdelete</servlet-name>
17      <url-pattern>/userdelete</url-pattern>
18    </servlet-mapping>
19  </web-app>
```

【程序说明】

第 3～10 行：配置名为 user 的 Servlet，类路径为 com.shop.servlet.UserServlet，映射路径为/user。

第 11～18 行：配置名为 userdelete 的 Servlet，类路径为 com.shop.servlet.UserDeleteServlet，映射路径为/userdelete。

步骤 6：运行项目，查看效果

启动 Tomcat 服务器，打开浏览器，在地址栏中输入如下地址查看运行效果。

```
http://localhost:8080/chap0502/user
```

任务 3　实现省份城市动态更新

❑ 任务场景

【任务描述】

在用户注册、提交订单等常见应用中，通常需要填写用户地址，为了方便管理填写的地址信息，提升用户体验，应用系统一般会给出已知的省、市、区、街道等信息供用户选择。本任务实现一个省份城市动态更新的 Java Web 项目。用户选择省份名称，单击“提交”按钮后，会显示当前省份下的所有城市，实现省和城市间的联动。

【运行效果】

本任务使用 Servlet 处理请求，请求返回的页面效果如图 5-22 所示。

图 5-22　页面初次加载

在“省份”下拉列表中选择“湖南省”，单击“提交”按钮，“城市”列表框中将显示湖南省下的城市，效果如图 5-23 所示。

图 5-23　页面再次加载

【任务分析】

（1）省份、城市信息采用 XML 文档进行存储，构造 XML 文档正确反映省份和城市之间的关系。

（2）编写 Servlet 处理用户的 Get 请求和 Post 请求。

（3）使用 SAX 解析器解析 XML 文档。

（4）编写事件处理器，自定义 XML 文档的解析过程。

❑ 知识引入

5.3.1　XML 简介

XML 是一种可扩展标记语言（eXtensible Markup Language），它允许用户自定义标签，用以实现 Internet 上的数据存储和传输。

【例 5-8】一个简单的 XML 示例。

```
01  <?xml version="1.0" encoding="utf-8" ?>
02  <note>
03      <from> Teacher Li </from>
04      <to> Teacher Min </to>
05      <time> 2018-04-27 </time>
06      <content> Don’t forget the plan </content>
07  </note>
```

【程序说明】

第 1 行：XML 声明。

第 2～7 行：定义根标签为 note，该标签下包括 from、to、time 和 content 共 4 个子标签。

1．XML 声明

XML 声明必须是 XML 文件的首行。该行前不能有空格、注释或其他处理指令。XML 声明必须以<?xml 标签开始，以?>标签结束。

XML 声明中必须包含 version 属性，指明该 XML 文件的版本，目前 XML 的版本为 1.0。在 XML 声明中还可以包含 encoding 属性，指明 XML 文件使用的字符集编码，若不指定该属性，默认使用 utf-8 编码。下面的代码声明中 XML 声明所采用的字符集编码为 gb2312。

```
<?xml version="1.0" encoding="gb2312" ?>
```

2．根标签

XML 文件中有且仅有一个根标签，其他的子标签必须包含在根标签之中。例 5-8 中的根标签是 note，<note>和</note>分别是 note 的起始标签和结束标签。其中 note 为标签名称，必须符合 XML 命名规则。

XML 的命名规则如下。

☑　名称可以含字母、数字以及其他的字符。

☑　名称不能以数字或者标点符号开始。

☑　名称不能以 xml（或者 XML、Xml）开始。

☑　名称不能包含空格。

☑　名称是区分大小写的。

3．树型结构

XML 文档按树型结构进行组织。在 XML 标签中可以包含文本或其他标签，被包含的标签称为该标签的子标签，被包含的文本称为该标签的叶标签。一个 XML 文件，从根标签开始，可以包含很多子标签，子标签又可以包含其他子标签，以此类推。例 5-8 中 XML 文档对应的树型结构如图 5-24 所示。

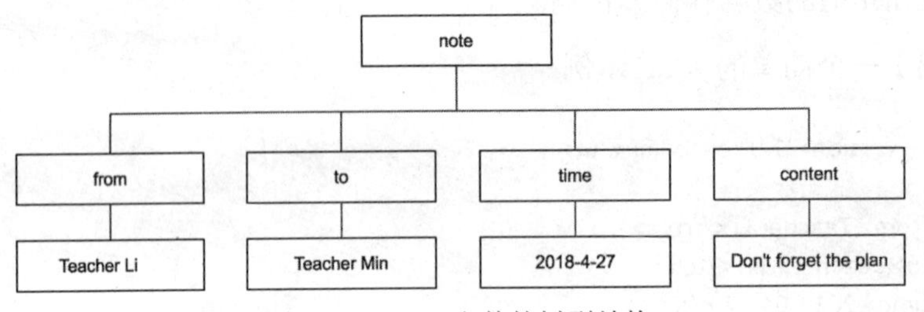

图 5-24　XML 文件的树型结构

4．标签

XML 文件是由标签构成的文本文件，标签的名称由数字、字母、下划线（_）、点号（.）、连字符（-）组成，但必须以字母或下划线开头。在 XML 文件中有空标签和非空标签两种。

1）空标签

空标签是指不含任何内容的标签，即不含子标签或文本内容。空标签的语法格式如下。

```
<tagname [properties] />
```

定义一个空标签，名称为 chair，包含 width 和 height 两个属性，代码如下。

```
<chair width="24" height="12" />
```

2）非空标签

非空标签必须由起始标签和结束标签组成，在起始标签和结束标签之间是该标签所包含的内容。非空标签的语法格式如下。

```
<tagname [properties]>
    ....
</tagname>
```

定义一个非空标签，名称为 sex，包含文本内容“男”，代码如下。

```
<sex>男</sex>
```

5.3.2　XML 解析

XML 的解析方式分为 4 种：DOM 解析、SAX 解析、JDOM 解析、DOM4J 解析。其中前两种属于基础方法，是官方提供的平台无关的解析方式；后两种属于扩展方法，只适用于 Java 平台。本书仅介绍 DOM 解析和 SAX 解析。

为方便读者理解，下面分别使用 DOM 解析和 SAX 解析对同一 XML 文件进行解析。

【例 5-9】定义一个关于产品的 XML 文件 product.xml。

```
//程序文件：product.xml
01  <?xml version="1.0"  encoding="utf-8"?>
02  <products>
03     <product id="1">
04        <name>冰箱</name>
05        <price> 2505 元</price>
06        <num>12 台</num>
07     </product>
08     <product id="2">
09        <name>空调</name>
10        <price>3467 元</price>
11        <num>34 台</num>
12     </product>
13  </products>
```

1．DOM 解析

DOM 的全称是 Document Object Model，即文档对象模型。DOM 解析器将一个 XML 文档转换成一个对象模型的集合（通常称 DOM 树），该 DOM 树保存在内存中，树中的数据与 XML 文件标签对应，通过对 DOM 的操作，来实现对 XML 文档数据的操作。本书使用 Sun 公司提供的 JAXP（Java API for XML Parsing）来进行解析。

JAXP 的解析步骤如下。

（1）实例化 DocumentBuilderFactory 对象。

```
DocumentBuilderFactory factory = DocumentBuilderFactory.newInstance();
```

其中，DocumentBuilderFactory 对象在 javax.xml.parsers 包中。

（2）获取 DocumentBuilder 对象。

```
DocumentBuilder builder = factory.newDocumentBuilder();
```

其中，DocumentBuilder 对象在 javax.xml.parsers 包中。

（3）调用 DocumentBuilder 对象的 parse()方法进行解析。

```
Document document = builder.parse(File file);
```

其中，parse()方法的参数是一个 File 类型，可对指定位置的文件进行解析。Document 对象就是一棵“树”，树中的节点是由实现 Node 接口的类的实例组成。XML 文件中的每个标记均与 Document 对象中的某一特定节点对应。

Document 对象在 org.w3c.dom 包中。该包为文档对象模型（DOM）提供 Element 接口和 Text 接口来操作 XML 文档。

1）Element 接口

Element 接口表示 XML 文档中的一个标签，该接口的常用方法如表 5-11 所示。

表 5-11　Element 接口的常用方法

方　法	描　述
String getAttribute(String name)	通过名称获取属性值
NodeList getElementsByTagName(String name)	以文档顺序返回给定标记名称的所有后代 Elements 的 NodeList
String getTagName()	返回节点的名称，该节点名称和 XML 中某一特定的标记名一致
String getTextContent()	返回当前节点的所有 Text 子孙节点中的文本内容（也就是返回对应 XML 文件中的标记以及其子孙标记中含有的文本内容）

2）Text 接口

Text 接口表示 Element 的文本内容，该接口提供的 getWholeText()方法用于获取该标记中的文本（包括空白字符）。

【例 5-10】使用 DOM 对 product.xml 进行解析并输出到控制台。

（1）新建 myservlet 包，在该包下新建 DomParseServlet 类，类代码实现如下。

```
//程序文件：DomParseServlet.java
01    package myservlet;
02    import java.io.File;
03    import java.io.IOException;
04    import javax.servlet.ServletException;
05    import javax.servlet.annotation.WebServlet;
06    import javax.servlet.http.HttpServlet;
07    import javax.servlet.http.HttpServletRequest;
08    import javax.servlet.http.HttpServletResponse;
09    import javax.xml.parsers.DocumentBuilder;
10    import javax.xml.parsers.DocumentBuilderFactory;
11    import org.w3c.dom.Document;
12    import org.w3c.dom.Element;
13    import org.w3c.dom.Node;
14    import org.w3c.dom.NodeList;
15    @WebServlet("/DomParseServlet")
16    public class DomParseServlet extends HttpServlet {
17      protected void doGet(HttpServletRequest request, HttpServletResponse response)
18          throws ServletException, IOException {
19          try {
20              DocumentBuilderFactory factory = DocumentBuilderFactory.newInstance();
21              DocumentBuilder builder = factory.newDocumentBuilder();
22              Document document = builder.parse(new File(request.getSession().getServletContext()
23                  .getRealPath("")+"/product.xml"));
24              Element root = document.getDocumentElement();//获取根节点 products
25              NodeList list = root.getElementsByTagName("product");//获取 product 列表
26              for(int i = 0 ; i < list.getLength(); i++) {
27                  Node node = list.item(i);//获取单个 product 节点
28                  System.out.println(node.getNodeName()+":");
```

```
29                 NodeList child = node.getChildNodes();
30                 for(int j=0; j<child.getLength() ;j++) {//遍历 product 节点下的子节点
31                     Node child_node = child.item(j);//获取单个孩子节点
32                     if(child_node.getNodeType()==Node.ELEMENT_NODE) {//判断节点的类型
33                         System.out.print(((Element)child_node).getTagName()+":");
34                         System.out.println(child_node.getTextContent());
35                     }
36                 }
37             }
38         } catch (Exception e) {
39             e.printStackTrace();
40         }
41     }
42 }
```

【程序说明】

第 15 行：使用 Serlvet 3.0 提供的@WebServlet 对 Servlet 的访问路径进行配置。

第 20 行：使用 DocumentBuilderFactory 类的 newInstance()方法实例化一个 DocumentBuilderFactory 对象。

第 21 行：使用 DocumentBuilderFactory 对象的 newDocumentBuilder()方法获取 DocumentBuilder 对象。

第22～23行：通过指定XML文件的路径构造File对象，调用DocumentBuilder的parse()方法对 product.xml 文件进行解析，得到 Document 对象。

第 24 行：调用 Document 对象的 getDocumentElement()方法可以获取根节点（Element 对象），相对 product.xml 文件而言，根就是<products> </products>节点。

第 25 行：将根节点的子节点名 product 作为参数调用 getElementsByTagName()方法，获取子节点列表，也就是 XML 文件中 products 根节点下全部标记名为 product 的子节点集合。

第 26～37 行：遍历子节点集合打印出数据。

第 27 行：表示获取单个 product 的子节点。

第 28 行：调用 getNodeName()打印出节点标记名。

第 29 行：调用 getChildNodes()方法获取子节点的孩子节点。

第 30～36 行：遍历 product 节点下的子节点，调用 getTagName()返回子节点名称，调用 getTextContent()返回子节点所有子孙节点中的文本内容。

（2）在浏览器地址栏中输入如下地址访问该 Serlvet。

```
http://localhost:8080/demo5/DomParseServlet
```

（3）查看控制台输出内容，如图 5-25 所示。

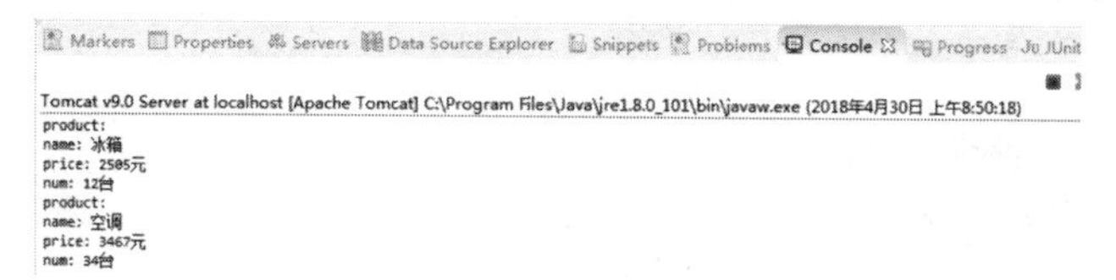

图 5-25　DOM 解析 XML

2. SAX 解析

DOM 解析的核心是在内存中建立一棵与 XML 文件对应的树，所以它会一次性读取 XML 文件，并置于内存中。这种方式的缺点是当 XML 文件过大时，需要占据大量的内存空间，影响代码运行效率。

SAX 全称 Simple API for XML，是一种以事件驱动的 XML API。SAX 与 DOM 不同的是它边扫描边解析，自顶向下依次解析，这种解析 XML 的方法具有速度快、占用内存少的优点。

SAX 的解析步骤很简单，可分为以下 4 个步骤。

（1）得到 XML 文件对应的资源，可以是 XML 输入流、文件和 Uri。

（2）得到 SAX 解析工厂（SAXParserFactory）。

（3）由解析工厂生产一个 SAX 解析器（SAXParser）。

（4）传入输入流和 handler 给解析器，调用 parse()解析。

parse()方法解析 XML 文件时，根据从文件中解析出来的数据产生对应的事件，并将事件交给事件处理器处理。可以自定义类继承 DefaultHandler 类，通过重写相应的事件处理方法（如文档开始事件方法、文档结束事件方法、节点开始事件方法、节点结束事件方法、文本数据事件方法）实现对 XML 的处理。

【例 5-11】使用 SAX 对 product.xml 进行解析并输出到控制台。

（1）新建 mybean 包，在该包下创建实体类 Product，用于封装从 XML 获取的单个商品信息。Product 类的代码如下。

```
//程序文件：Product.java
01    package mybean;
02    public class Product {
03       private long id;
04       private String name;
05       private String price;
06       private String num;
07       public long getId() {
08          return id;
09       }
10       public void setId(long id) {
11          this.id = id;
12       }
13       public String getName() {
14          return name;
15       }
16       public void setName(String name) {
17          this.name = name;
18       }
19       public String getPrice() {
20          return price;
21       }
22       public void setPrice(String price) {
```

```
23          this.price = price;
24      }
25      public String getNum() {
26          return num;
27      }
28      public void setNum(String num) {
29          this.num = num;
30      }
31      @Override
32      public String toString() {
33          return "商品编码："+this.id+""+"，商品名："+this.name+"，商品数量："+this.num
34              +"，商品价格"+this.price;
35      }
36  }
```

【程序说明】

第 3～6 行：定义与 product.xml 文件对应的成员属性，包括 id、name、price 和 num 属性。

第 7～30 行：为每个属性设置 get 和 set 方法。

第 31～35 行：重写 toString()方法，按照指定格式输出 Product 对象。

（2）新建 myutils 包，在该包下新建 XmlParseHandler 类，该类继承 DefaultHandler 类，并重写 5 个事件处理方法，分别是 startDocument（文档解析开始）、endDocument（文档解析结束）、startElement（节点解析开始）、endElement（节点解析结束）、characters（文本数据），以实现对文档的处理。

文档解析的过程会依次调用 startDocument()方法（只调用一次）、startElement()方法（每个节点会调用一次）和 characters()方法（每个节点会调用一次）。

```
//程序文件：XmlParseHandler.java
01  package myutils;
02  import java.util.ArrayList;
03  import java.util.List;
04  import org.xml.sax.Attributes;
05  import org.xml.sax.SAXException;
06  import org.xml.sax.helpers.DefaultHandler;
07  import mybean.Product;
08  public class XmlParseHandler extends DefaultHandler {
09      private List<Product> products;
10      private String currentTag;                          //记录当前解析到的节点名称
11      private Product product;                            //记录当前的 product
12      @Override
13      public void characters(char[] ch, int start, int length) throws SAXException {
14          super.characters(ch, start, length);
15          System.out.println("----------characters-----------");
16          String value = new String(ch, start, length);      //将当前 TextNode 转换为 String
17          if (product != null) {
18              //当前标签为 name 标签，该标签无子标签，直接将标签值封装到当前 product 对象中
19              if ("name".equals(currentTag)) {
```

```
20                  product.setName(value);
21              }
22              //当前标签为 price 标签，该标签无子标签，直接将标签值封装到当前 product 对象中
23              else if ("price".equals(currentTag)) {
24                  product.setPrice(value);
25              }
26              //当前标签为 num 标签，该标签无子标签，直接将标签值封装到当前 product 对象中
27              else if ("num".equals(currentTag)) {
28                  product.setNum(value);
29              }
30          }
31      }
32      /**
33      * 文档解析结束后调用
34      */
35      @Override
36      public void endDocument() throws SAXException {
37          super.endDocument();
38          System.out.println("----------文档解析结束-----------");
39      }
40      /**
41      * 节点解析结束后调用
42      * @param uri: 名称空间，如果没有名称空间则为空串
43      * @param localName: 标记的名称
44      * @param qName: 带名称空间的标记名称（有名称空间前缀）或者是标记名称（没有名称
空间前缀）
45      */
46      @Override
47      public void endElement(String uri, String localName, String qName) throws SAXException {
48          super.endElement(uri, localName, qName);
49          System.out.println("----------节点解析结束-----------");
50          if ("product".equals(qName)) {//是 product 标记需要添加 product 对象到 products 集合中
51              products.add(product);
52              product = null;
53          }
54          currentTag = null;              //标记结束后都会将当前标记置空
55      }
56      /**
57      * 文档解析开始调用
58      */
59      @Override
60      public void startDocument() throws SAXException {
61          super.startDocument();
62          System.out.println("----------文档解析开始-----------");
63          products = new ArrayList<Product>();
64      }
65      /**
66      * 节点解析开始调用
67      * @param uri: 名称空间，如果没有名称空间则为空串
```

```
68          * @param localName: 标记的名称
69          * @param qName: 带名称空间的标记名称（有名称空间前缀）或者是标记名称（没有名称
空间前缀）
70          */
71          @Override
72          public void startElement(String uri, String localName, String qName, Attributes attributes)
73              throws SAXException {
74              super.startElement(uri, localName, qName, attributes);
75              System.out.println("----------节点解析开始-----------");
76              if ("product".equals(qName)) {        //是一个商品，创建一个 product 对象
77                  product = new Product();
78                  for (int i = 0; i < attributes.getLength(); i++) {
79                      if ("id".equals(attributes.getLocalName(i))) {
80                          product.setId(Long.parseLong(attributes.getValue(i)));
81                      }
82                  }
83              }
84              currentTag = qName;                   //把当前标签记录下来
85          }
86          public List<Product> getProducts() {
87              return products;
88          }
89      }
```

【程序说明】

第 9 行：定义一个 Product 类型的集合，将解析的数据保存到该集合中。

第 10 行：定义变量 currentTag，用来记录当前解析到的节点名称，在节点解析开始时会将解析到的节点保存到 currentTag 变量，在节点解析结束时会将 currentTag 置空。

第 11 行：定义一个 product 对象，记录当前解析到的 product 节点。

第 13～31 行：重写 characters()方法，当节点包含文本信息时，该方法会被调用。characters()方法可能会在 startElement 和 endElement 之间调用多次。

第 16 行：将读到的数据转换成 String。

第 17～30 行：判断 product 对象是否为空，若不为空，表示已经创建了 product 对象，根据当前的标签名调用对应的 set 方法将属性设置到 product 对象。

第 36～39 行：重写 endDocument()方法，当文档解析结束会回调此方法。

第 47～55 行：重写 endElement()方法，当节点解析结束会回调此方法。在该方法中，需要判断当前节点是否为 product 标签，若为 product 标签，则需将创建的 product 对象保存到 producst 集合中，并清空 product 变量。每一个标签结束时都要将记录当前标记的 currentTag 变量置空。

第 60～64 行：重写 startDocument()方法，开始解析文档时会调用此方法，该方法在文档解析过程中只调用一次，利用其只被调用一次的原理初始化 products 集合。

第 72～85 行：重写 startElement()方法，节点解析开始时调用。在解析的过程中，先判断解析的节点是不是名为 product，是则表示需要新建一个 product 对象。attributes 表示该节点的属性，如果 product.xml 中节点 product 有多个属性，则会遍历每一个属性，使用

getLocalName()方法取出每一个属性的名称，看是否等于 id，如果是，则将节点 product 的 id 值取出来，设置到 product 对象中。最后将当前标签记录下来。

第 86～88 行：返回解析后的 product 对象集合。

（3）新建 myservlet 包，在该包下新建 SAXParseServlet 类处理解析 XML 的请求，代码如下。

```
//程序文件：SAXParseServlet.java
01  package myservlet;
02  import java.io.FileInputStream;
03  import java.io.IOException;
04  import java.util.List;
05  import javax.xml.parsers.*;
06  import javax.servlet.ServletException;
07  import javax.servlet.annotation.WebServlet;
08  import javax.servlet.http.HttpServlet;
09  import javax.servlet.http.HttpServletRequest;
10  import javax.servlet.http.HttpServletResponse;
11  import javax.xml.parsers.ParserConfigurationException;
12  import javax.xml.parsers.SAXParser;
13  import javax.xml.parsers.SAXParserFactory;
14  import org.xml.sax.SAXException;
15  import myutils.*;
16  import mybean.*;
17  @WebServlet("/SAXParseServlet")
18  public class SAXParseServlet extends HttpServlet {
19     protected void doGet(HttpServletRequest request, HttpServletResponse response)
20        throws ServletException, IOException {
21        //加载文件返回文件的输入流
22        FileInputStream is = new FileInputStream (request.getSession().getServletContext()
23           .getRealPath("")+"/product.xml");
24        XmlParseHandler handler = new XmlParseHandler();
25        //1. 得到 SAX 解析工厂
26        SAXParserFactory saxParserFactory = SAXParserFactory.newInstance();
27        try {
28           //2. 让工厂生产一个 SAX 解析器
29           SAXParser newSAXParser = saxParserFactory.newSAXParser();
30           // 3. 传入输入流和 handler，解析
31           newSAXParser.parse(is, handler);
32        } catch (ParserConfigurationException e) {
33           e.printStackTrace();
34        } catch (SAXException e) {
35           e.printStackTrace();
36        }
37        is.close();
38        System.out.println("********************最终解析结果***********");
39        System.out.println("*********************************************");
40        List<Product> products = handler.getProducts();
41        for(Product product:products) {
```

```
42              System.out.println(product);
43          }
44      }
45  }
```

【程序说明】

第 22～23 行：加载 product.xml 文件，返回文件的文件输入流。

第 24 行：创建 XmlParseHandler 对象，用于实现自定义的事件处理器。

第 26 行：调用 SAXParserFactory 接口的 newInstance()方法获取 SAX 解析工厂。

第 29～31 行：调用 newSAXParser()方法让解析工厂生成一个 SAX 解析器。其中参数 is 用于指向待解析的文件 product.xml 作为该方法的输入流；handler 是自定义的事件处理器，根据事件处理器定义的方法对文件进行处理。

第 38～43 行：将事件处理结果打印在控制台。

（4）运行 Tomcat 服务器，在浏览器地址栏中输入如下地址。

```
http://localhost:8080/demo5/SAXParseServlet
```

（5）查看控制台输出内容，如图 5-26 所示。

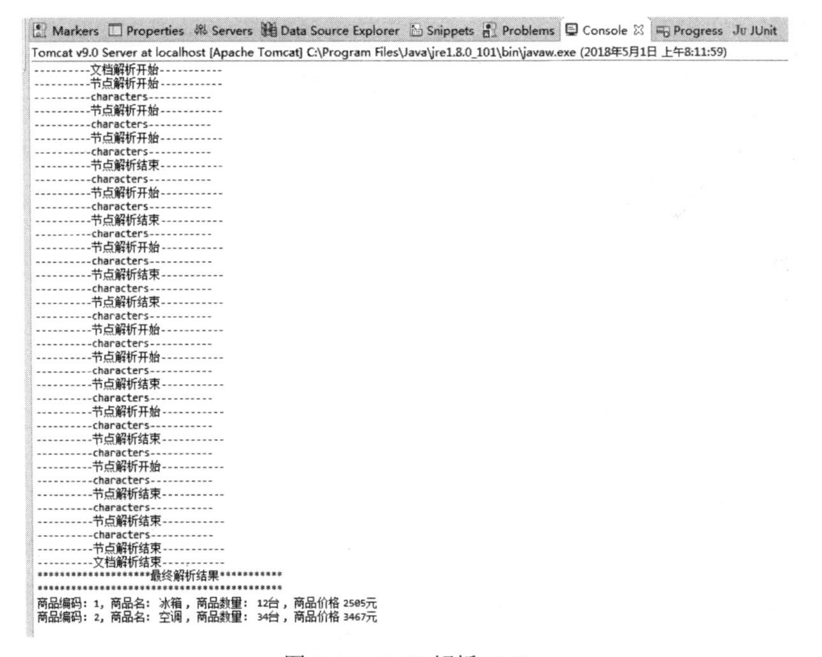

图 5-26　SAX 解析 XML

❑ 任务实施

步骤 1：创建 chap0503 项目

在 Eclipse 中创建新的 Dynamic Web Project，名称为 chap0503。

步骤 2：创建配置文件 citys.xml

在 WebContent 文件夹下新建配置文件 citys.xml，包含省会、城市信息，部分代码如下。

```
//程序文件：citys.xml
01  <?xml version="1.0" encoding="UTF-8"?>
02  <root>
03    <province name="河北省" postcode="130000">
04      <city name="石家庄市" postcode="130100" />
05      <city name="唐山市" postcode="130200" />
06      <city name="秦皇岛市" postcode="130300" />
07      <city name="邯郸市" postcode="130400" />
08      <city name="邢台市" postcode="130500" />
09      <city name="保定市" postcode="130600" />
10      <city name="张家口市" postcode="130700" />
11      <city name="承德市" postcode="130800" />
12      <city name="沧州市" postcode="130900" />
13      <city name="廊坊市" postcode="131000" />
14      <city name="衡水市" postcode="131100" />
15    </province>
16    <province name="山西省" postcode="140000">
17      <city name="太原市" postcode="140100" />
18      <city name="大同市" postcode="140200" />
19      <city name="阳泉市" postcode="140300" />
20      <city name="长治市" postcode="140400" />
21      <city name="晋城市" postcode="140500" />
22      <city name="朔州市" postcode="140600" />
23      <city name="晋中市" postcode="140700" />
24      <city name="运城市" postcode="140800" />
25      <city name="忻州市" postcode="140900" />
26      <city name="临汾市" postcode="141000" />
27      <city name="吕梁市" postcode="141100" />
28   </province>
29    ……
30    <province name="湖南省" postcode="430000">
31      <city name="长沙市" postcode="430100" />
32      <city name="株洲市" postcode="430200" />
33      <city name="湘潭市" postcode="430300" />
34      <city name="衡阳市" postcode="430400" />
35      <city name="邵阳市" postcode="430500" />
36      <city name="岳阳市" postcode="430600" />
37      <city name="常德市" postcode="430700" />
38      <city name="张家界市" postcode="430800" />
39      <city name="益阳市" postcode="430900" />
40      <city name="郴州市" postcode="431000" />
41      <city name="永州市" postcode="431100" />
42      <city name="怀化市" postcode="431200" />
43      <city name="娄底市" postcode="431300" />
44      <city name="湘西土家族苗族自治州" postcode="433100" />
45    </province>
46    <province name="青海省" postcode="630000">
47      <city name="西宁市" postcode="630100" />
```

```
48          <city name="海东地区" postcode="632100" />
49          <city name="海北藏族自治州" postcode="632200" />
50          <city name="黄南藏族自治州" postcode="632300" />
51          <city name="海南藏族自治州" postcode="632500" />
52          <city name="果洛藏族自治州" postcode="632600" />
53          <city name="玉树藏族自治州" postcode="632700" />
54          <city name="海西蒙古族藏族自治州" postcode="632800" />
55      </province>
56  </root>
```

【程序说明】

第 1 行：定义 XML 声明。

第 2～56 行：定义 XML 文件的根标签为 root。root 下每个省对应一个子标签 province。province 包含两个属性：name 和 postcode，分别表示省份名称和邮编。province 下每个城市对应一个子标签 city。city 同样包含两个属性：name 和 postcode，分别表示城市名称和邮编。

步骤 3：创建实体类 City.java，用于封装城市信息

在 src 根目录下新建名为 City、包名为 com.shop.bean 的实体类，用于封装从 XML 获取的 city 标签中的信息，代码如下。

```
//程序文件：City.java
01  <?xml version="1.0" encoding="UTF-8"?>
02  package com.shop.bean;
03  public class City {
04      private String name;
05      private String postcode;
06      public String getName() {
07          return name;
08      }
09      public void setName(String name) {
10          this.name = name;
11      }
12      public String getPostcode() {
13          return postcode;
14      }
15      public void setPostcode(String postcode) {
16          this.postcode = postcode;
17      }
18  }
```

步骤 4：创建实体类 Province.java，用于封装省份信息

在 src 根目录下新建名为 Province、包名为 com.shop.bean 的实体类，用于封装从 XML 获取的 province 标签中的信息，代码如下。

```
//程序文件：Province.java
01  <?xml version="1.0" encoding="UTF-8"?>
02  package com.shop.bean;
03  import java.util.List;
04  public class Province {
```

```
05      private String name;
06      private String postcode;
07      private List<City> city;
08      public List<City> getCity() {
09         return city;
10      }
11      public void setCity(List<City> city) {
12         this.city = city;
13      }
14      public String getName() {
15         return name;
16      }
17      public void setName(String name) {
18         this.name = name;
19      }
20      public String getPostcode() {
21         return postcode;
22      }
23      public void setPostcode(String postcode) {
24         this.postcode = postcode;
25      }
26   }
```

步骤 5：创建名为 PCServlet.java 的 Servlet，用于处理用户请求

Servlet 的主要工作是解析 XML 文件，根据请求参数的不同对请求的数据进行响应。在 src 目录下新建 com.shop.servlet 包，在该包下新建名为 PCServlet 的 Servlet，代码如下。

```
//程序文件：PCServlet.java
01   package com.shop.servlet;
02   import java.io.FileInputStream;
03   import java.io.IOException;
04   import java.util.ArrayList;
05   import java.util.HashMap;
06   import java.util.List;
07   import java.util.Map;
08   import javax.servlet.ServletException;
09   import javax.servlet.annotation.WebServlet;
10   import javax.servlet.http.HttpServlet;
11   import javax.servlet.http.HttpServletRequest;
12   import javax.servlet.http.HttpServletResponse;
13   import javax.xml.parsers.ParserConfigurationException;
14   import javax.xml.parsers.SAXParser;
15   import javax.xml.parsers.SAXParserFactory;
16   import org.xml.sax.SAXException;
17   import com.shop.bean.*;
18   import com.shop.utils.XmlParseHandler;
19   public class PCServlet extends HttpServlet {
20      protected void doGet(HttpServletRequest request, HttpServletResponse response)
21         throws ServletException, IOException {
```

```
22          String parentId = request.getParameter("province");
23          if(parentId == null || parentId == "") parentId = "130000";
24          List provinces = getData(request, "", "province");
25          List citys = getData(request, parentId, "city");
26          response.setCharacterEncoding("UTF-8");        //防止出现中文乱码现象
27          request.setAttribute("parentId", parentId);
28          request.setAttribute("provinces", provinces);
29          request.setAttribute("citys", citys);
30          request.getRequestDispatcher("index.jsp").forward(request, response);
31      }
32      protected void doPost(HttpServletRequest request, HttpServletResponse response)
33          throws ServletException, IOException {
34          doGet(request, response);
35      }
36      public List<Province> getXML(HttpServletRequest request) throws ServletException, IOException {
37          //加载文件返回文件的输入流
38          FileInputStream is = new FileInputStream(request.getSession().getServletContext()
39              .getRealPath("") + "/citys.xml");
40          XmlParseHandler handler = new XmlParseHandler();
41          //1. 得到 SAX 解析工厂
42          SAXParserFactory saxParserFactory = SAXParserFactory.newInstance();
43          try {
44              //2. 让工厂生产一个 SAX 解析器
45              SAXParser newSAXParser = saxParserFactory.newSAXParser();
46              // 3. 传入输入流和 handler，解析
47              newSAXParser.parse(is, handler);
48          } catch (ParserConfigurationException e) {
49              e.printStackTrace();
50          } catch (SAXException e) {
51              e.printStackTrace();
52          }
53          is.close();
54          List<Province> provinces = handler.getProvinces();
55          return provinces;
56      }
57      public List getData(HttpServletRequest request, String parentId, String type)
58          throws ServletException, IOException {
59          List<Province> provinces = getXML(request);
60          List list = new ArrayList();
61          if (type.equals("province")) {                    //选择的是省份，则获取所有省份信息
62              for (Province province : provinces) {
63                  Map map = new HashMap();
64                  map.put("id", province.getPostcode());
65                  map.put("name", province.getName());
66                  list.add(map);
67              }
68          }
69          else if (type.equals("city")) {                   //选择的是市
70              for (Province province : provinces) {
```

```
71                if (province.getPostcode().equals(parentId)) {//获取该省份下所有的市
72                    List<City> citys = province.getCity();
73                    for (City city : citys) {
74                        Map map = new HashMap();
75                        map.put("id", city.getPostcode());
76                        map.put("name", city.getName());
77                        list.add(map);
78                    }
79                }
80            }
81        }
82        return list;
83    }
84 }
```

【程序说明】

第 22～23 行：定义请求参数 parentId，表示父元素的 ID（在 citys.xml 文件中对应的是 postcode 的值）。设置 parentId 的初值为 130000，对应河北省的邮编。

第 24～25 行：调用 getData()方法获取所有的省份信息和指定省份下的城市信息，分别保存在变量 provinces 和 citys 中。

第 27～29 行：分别将变量 parentId、provinces、citys 的值保存到 request 对象中。

第 30 行：转发到 index.jsp 页面。

第 34 行：Servlet 接收到 Post 请求，将该请求交给 doGet()方法处理。

第 36～56 行：定义 getXML()方法读取 XML 文件，将读取到的文件封装成包含 Province 对象的集合。

第 38～39 行：读取 citys.xml 文件到文件输入流中。

第 42 行：调用 SAXParserFactory.newInstance()得到 SAX 解析工厂。

第 45 行：SAX 解析工厂生产 SAX 解析器，用来解析 XML 文件。

第 47 行：传入输入流 is 和 handler 给解析器进行解析。

第 54 行：调用 handler 对象的 getProvinces()获得解析结果。

第 57～83 行：定义 getData()方法，返回一个 List 类型的集合，该集合中包含了多个 Map 对象，每一个 Map 对象都是由 id 和 name 组成。

第 59 行：调用 getXML()方法读取 XML 文件。

第 61～68 行：判断是否请求省份数据，若是，则将遍历读取到的 XML 集合中的省份对象 Province 封装成 Map 对象集合，Map 中的 Key 为 id 和 name。以河北省为例，id 值对应 citys.xml 文件<province name="河北省" postcode="130000" >中的 postcode 值 130000，name 值对应河北省。

第 69～81 行：判断是否请求城市数据，如果是，则通过 parentId 查找匹配的省份，将该省份下的城市封装成 Map 对象集合。

步骤 6：编写事件处理器 XmlParseHandler.java

针对不同的 XML 文件，需要编写特定的事件处理器，用于帮助解析器进行解析。在

src 目录下新建 com.shop.utils 包，在该包下新建类 XmlParseHandler，继承自 DefaultHandler 类。XmlParseHandler 类代码如下。

```
//程序文件：XmlParseHandler.java
01  package com.shop.utils;
02  import java.util.ArrayList;
03  import java.util.List;
04  import org.xml.sax.Attributes;
05  import org.xml.sax.SAXException;
06  import org.xml.sax.helpers.DefaultHandler;
07  import com.shop.bean.*;
08  public class XmlParseHandler extends DefaultHandler {
09      private List<Province> provinces;
10      private List<City> citys;
11      private String currentTag;              //记录当前解析到的节点名称
12      private Province province;              //记录当前的 province
13      private City city;//记录当前的 city
14      /**
15      * 文档解析开始调用
16      */
17      @Override
18      public void startDocument() throws SAXException {
19          super.startDocument();
20          provinces = new ArrayList<Province>();
21          citys = new ArrayList<City>();
22      }
23      /**
24      * 节点解析开始调用
25      * @param uri：命名空间的 uri
26      * @param localName：标签的名称
27      * @param qName：带命名空间的标签名称
28      */
29      @Override
30      public void startElement(String uri, String localName, String qName, Attributes attributes)
31          throws SAXException {
32          super.startElement(uri, localName, qName, attributes);
33          if ("province".equals(qName)) {      //是一个省份，创建一个 province 对象
34              province = new Province();
35              for (int i = 0; i < attributes.getLength(); i++) {
36                  if ("name".equals(attributes.getLocalName(i))) {
37                      province.setName(attributes.getValue(i));
38                  }
39                  if ("postcode".equals(attributes.getLocalName(i))) {
40                      province.setPostcode(attributes.getValue(i));
41                  }
42              }
43          }
44          if ("city".equals(qName)) {            //是一个城市，创建一个 city 对象
45              city = new City();
```

```
46          for (int i = 0; i < attributes.getLength(); i++) {
47             if ("name".equals(attributes.getLocalName(i))) {
48                city.setName(attributes.getValue(i));
49             }
50             if ("postcode".equals(attributes.getLocalName(i))) {
51                city.setPostcode(attributes.getValue(i));
52             }
53          }
54       }
55       currentTag = qName;                            //把当前标签记录下来
56    }
57    @Override
58    public void characters(char[] ch, int start, int length) throws SAXException {
59       super.characters(ch, start, length);
60       String value = new String(ch, start, length);      //将当前 TextNode 转换为 String
61    }
62    /**
63    *  文档解析结束后调用
64    */
65    @Override
66    public void endDocument() throws SAXException {
67       super.endDocument();
68    }
69    /**
70    *  节点解析结束后调用
71    * @param uri: 命名空间的 uri
72    * @param localName: 标签的名称
73    * @param qName: 带命名空间的标签名称
74    */
75    @Override
76    public void endElement(String uri, String localName, String qName) throws SAXException {
77       super.endElement(uri, localName, qName);
78       if ("province".equals(qName)) {//是 province 标记，需要添加 province 对象到 provinces 集合中
79          province.setCity(citys);
80          provinces.add(province);
81          citys = new ArrayList();      //重新初始化城市集合
82          province = null;
83       }
84       if ("city".equals(qName)) {    //是 city 标记，需要添加 city 对象到 citys 集合中
85          citys.add(city);
86          city = null;
87       }
88       currentTag = null;            /标记结束后都会将当前标记置空
89    }
90    public List<Province> getProvinces() {
91       return provinces;
92    }
93 }
```

【程序说明】

第 9～13 行：定义类的成员变量。其中 List<Province>类型的变量 provinces 用于保存最后的解析结果。List<City>类型的变量 citys 用于记录当前省份下所有的城市集合，当省份发生变化时，该集合要置空重新赋值。变量 currentTag 主要用于记录当前的节点。变量 province 用于记录当前的省份。变量 city 用于记录当前的城市。

第 17～22 行：重写 startDocument()方法，用于初始化 provinces、citys 两个集合对象。

第 29～56 行：重写 startElement()方法。根据 qName 参数判断当前节点是省份还是城市；根据节点的类型，初始化对应的类型对象 province 变量、city 变量。然后根据节点对应的属性节点值，将上述类型对象的成员变量值进行赋值，即 postcode 属性和 name 属性。但是需要注意的是，此时对象类型变量 province 中的成员变量 city 没有被赋值。

第 55 行：记录当前标签值。

第 75～89 行：重写 endElement()方法。

第 78～83 行：解析 XML 文件中的 province 标签结束时，将当前省份下所有城市的集合添加到当前省份中，再将当前省份添加到省份集合中。添加完毕后，清除记录城市集合的变量 citys 和记录当前省份的变量 province。

第 84～87 行：解析 XML 文件中的 city 标签结束时，将当前城市添加到城市集合中。添加完毕后，清除记录当前城市的变量 city。

第 90～92 行：定义 getProvinces()方法，返回省份集合信息。

步骤 7：配置 web.xml

在 WebContent\WEB-INF 文件夹下新建配置文件 web.xml，对 Servlet 的访问路径进行配置。

```
//程序文件：web.xml
01    <?xml version="1.0" encoding="UTF-8"?>
02    <web-app>
03       <servlet>
04          <servlet-name>cityselect</servlet-name>
05          <servlet-class>com.shop.servlet.PCServlet</servlet-class>
06       </servlet>
07       <servlet-mapping>
08          <servlet-name>cityselect</servlet-name>
09          <url-pattern>/cityselect</url-pattern>
10       </servlet-mapping>
11    </web-app>
```

步骤 8：新建页面 index.jsp

在 WebContent 文件夹下新建页面 index.jsp，使用 HTML 标签、CSS 样式和 JSP 程序片实现界面设计，代码如下。

```
//程序文件：index.jsp
01    <%@ page language="java" pageEncoding="UTF-8"%>
02    <%@ page import="java.util.List" %>
03    <%@ page import="java.util.Map" %>
```

```
04  <html>
05      <head>
06          <style type="text/css">
07              select { width:200px; }
08          </style>
09      </head>
10      <body>
11          <h3>省会城市动态更新</h3><hr />
12          <form action="cityselect" method="post">
13              省份：
14              <select name="province" id="province">
15              <%
16                  List<Map> plist = (List<Map>)request.getAttribute("provinces");
17                  for (Map m : plist) {
18              %>
19                  <option value='<%=m.get("id")%>'
20              <%
21                  if(request.getAttribute("parentId") != null
22                      && request.getAttribute("parentId").equals(m.get("id"))) {
23              %> selected <% } %>>
24                      <%=m.get("name")%>
25                  </option>
26              <% } %>
27              </select>
28              <input type="submit" value="提交" /> <br /><br />
29              城市：
30              <select name="city" id="city" multiple="multiple" size="10">
31                  <option selected>请选择</option>
32                  <%
33                  List<Map> clist = (List<Map>)request.getAttribute("citys");
34                  for(Map m : clist) {
35                  %>
36                  <option value='<%=m.get("id")%>'><%=m.get("name")%></option>
37                  <% } %>
38              </select>
39          </form>
40      </body>
41  </html>
```

【程序说明】

第 2～3 行：导入包 java.util.List 和 java.util.Map。

第 12 行：定义 form 标签，action 属性为 cityselect，即提交给 url 为/cityselect 的 servlet。

第 15～26 行：获取 request 对象中存储的省份信息集合，使用循环的方式绑定到 option 标签上，省份的名称绑定到 option 标签的文本，省份的邮编绑定到 option 标签的 value 属性。

第 21～23 行：如果当前输出的省份为选中的省份，则 option 标签增加 selected 属性。

第 32～37 行：获取 request 对象中存储的城市信息结合，使用循环的方式同样绑定到

option 标签上，城市的名称绑定到 option 标签的文本，城市的邮编绑定到 option 标签的 value 属性。

步骤 9：运行项目，查看效果

启动 Tomcat 服务器，打开浏览器，在地址栏中输入如下地址查看运行效果。

```
http://localhost:8080/chap0503/cityselect
```

项 目 小 结

本项目通过用户注册、用户管理、省份城市动态更新 3 个任务的实现，介绍了 JDBC 的概念、JDBC 常用 API、应用 JDBC 连接 MySQL 数据库的方法、应用 JDBC 操作数据库和执行存储过程的方法，以及 JSP 中解析 XML 的方法等。本项目主要介绍 JSP 中常用的数据访问技术，帮助开发人员在实际应用开发中更好地使用这些技术。

思考与练习

1. 简述 JDBC 的概念。
2. 简述 JDBC 连接数据库进行分页显示的原理。
3. 什么是预编译 SQL？预编译 SQL 有哪些优点？
4. 简述使用 JDBC 调用存储过程的步骤和方法。
5. 有一张学生表（student），该表包括编号（id）、姓名（name）、年龄（age）等字段，编写 JSP 页面使用 JDBC 查询该表中的所有记录。
6. 创建 Servlet，使用预编译 SQL 向第 5 题中的学生表（student）插入一条记录。

项 目 实 训

【实训任务】

E 诚尚品（ESBuy）网上商城的用户注册登录。

【实训目的】

☑　会使用 JDBC 连接 MySQL 数据库。
☑　会编写 SQL 语句实现添加、删除、修改、查询等操作。
☑　会使用 JDBC 预编译 SQL。
☑　会使用 JDBC 执行存储过程。

【实训内容】

1. 为 ESBuy 项目定义连接 MySQL 数据库的公共类。

2. 为 ESBuy 项目的注册页完成注册功能，要求：

（1）注册表单信息通过 Servlet 获取并处理。

（2）调用公共类连接数据库。

（3）使用预编译 SQL 方式将用户填写的注册信息保存到数据库。

（4）如果用户注册成功，则提示用户“注册成功！”，并转到登录页；如果用户注册失败，则提示用户“注册失败！”，并停留在注册页。

3. 设计 ESBuy 项目的登录页完成登录功能，要求：

（1）登录表单信息通过 Servlet 获取并处理。

（2）调用公共类连接数据库。

（3）使用 JDBC 执行存储过程完成登录验证。

（4）如果用户登录成功，保存用户登录的用户名到 session 对象，并转到首页；如果用户登录失败，则提示用户“用户名密码错误！”，并停留在登录页。

项目 6

Web 应用项目优化

❑ 学习导航

【学习任务】

任务1　使用 JavaBean 实现商品查询
任务2　优化设计用户登录页
任务3　基于 Model2 模式实现购物车

【学习目标】

- ➢ 会在 JSP 中编写和使用 JavaBean
- ➢ 会使用 JavaBean 封装特定操作
- ➢ 会使用 EL 和 JSTL 代替 JSP 页面中嵌入的 Java 代码
- ➢ 会应用 JSP Model2 模式开发 Java Web 项目

任务 1　使用 JavaBean 实现商品查询

□ 任务场景

【任务描述】

商品查询是每个在线购物网站必不可少的功能。游客或者会员可以根据自己的喜好浏览商品、查看商品详情，并可以根据商品名、价格等查询商品。本任务实现商品查询功能的 Java Web 项目。

【运行效果】

本任务需要一个商品查询页面，页面的访问通过 Servlet 实现。访问指定的 Servlet 初次加载商品查询页，以表格形式输出数据库 onlinedb 中 good 表的所有商品信息。页面效果如图 6-1 所示。

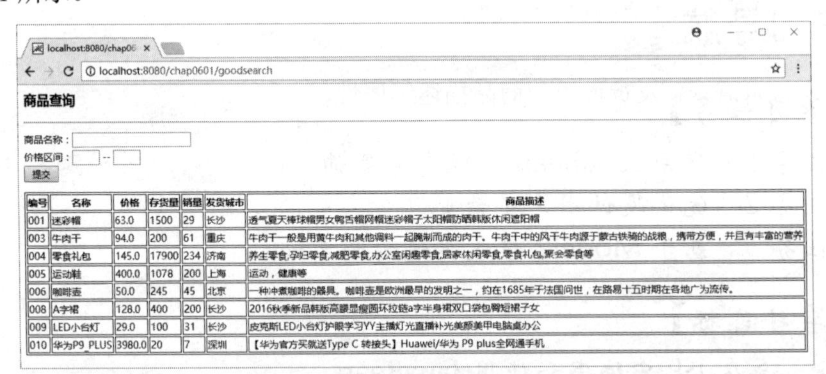

图 6-1　初次加载商品查询页

输入价格区间，单击“提交”按钮后，输出指定价格区间内的商品信息。页面效果如图 6-2 所示。

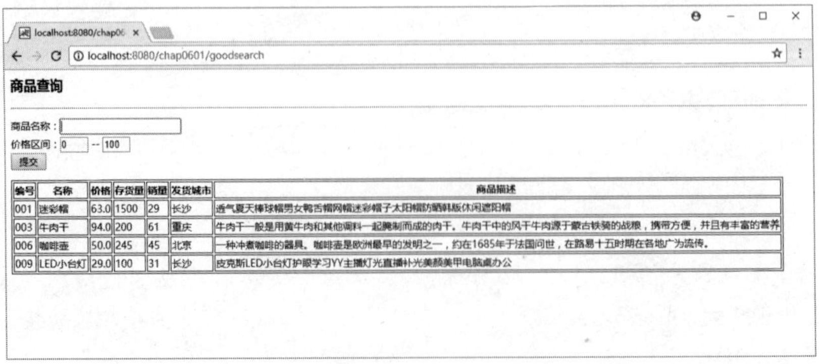

图 6-2　按价格区间查询

同时输入商品名称和价格区间，单击“提交”按钮，实现按商品名称及指定价格区间的组合查询，并输出符合条件的商品信息。页面效果如图 6-3 所示。

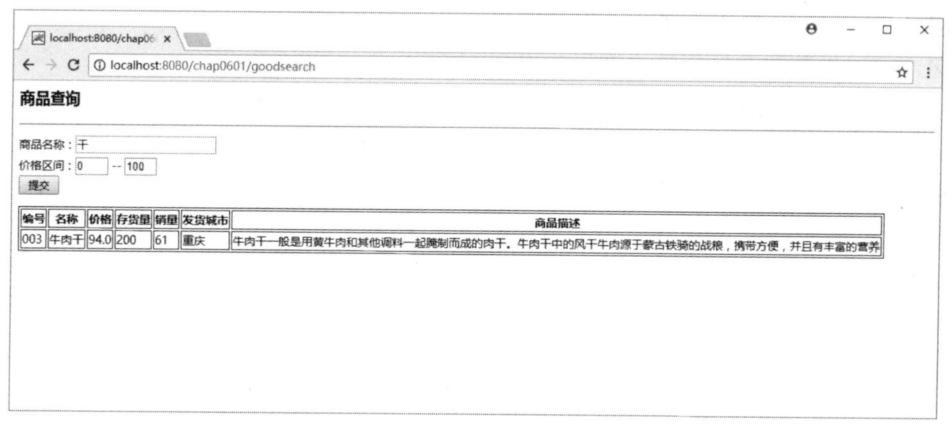

图 6-3　按商品名称模糊查询

【任务分析】

（1）使用 JavaBean 封装数据库连接、数据库查询方法。

（2）使用 JavaBean 封装商品信息类，该类包含商品编码、商品名称、商品价格、商品存货量、商品销量、发货城市、商品描述等属性。

（3）使用 JavaBean 封装商品集合信息类，该类包含商品集合和查询所需的商品名称关键字、最低价格、最高价格等属性。

（4）在商品查询页中使用 useBean、getProperty 等动作标签访问 JavaBean。

（5）在商品查询页中使用 JSP 程序片、JSP 表达式循环输出商品信息。

❑ 知识引入

6.1.1　JavaBean 概述

按照 Sun 公司的定义，JavaBean 是一个可重复使用的软件组件。实际上，JavaBean 是描述 Java 的软件组件模型，是 Java 程序的一种组件结构，也是 Java 类的一种，通过封装属性和方法成为具有某种功能或者处理某个业务的对象。JavaBean 提供给外部操作接口，而实现过程无须外部调用知道。应用 JavaBean 的主要目的是实现代码重用、易于扩展、便于维护和管理。在 Java 开发模型中，通过 JavaBean 可以无限扩充 Java 程序的功能，通过 JavaBean 的组合可以快速地生成新的应用。

在 JSP 中的 JavaBean 分为可视化的 JavaBean 和非可视化的 JavaBean 两种。可视化的 JavaBean 可以是简单的 GUI 元素，如按钮或文本框，也可以是复杂的 GUI 元素，如报表组件等；非可视化的 JavaBean 没有 GUI 表现形式，具有封装业务逻辑、数据库操作等。JavaBean 最大的优点在于实现代码可重用性，它同时具有如下特点。

☑　易于扩展、维护、使用、编写。

☑ 可实现代码的重用性。
☑ 可移植性强，但仅限于 Java 平台。
☑ 便于传输，且不限于本地还是网络。
☑ 可以以其他部件的模式进行工作。

实质上，JavaBean 是一个 Java 类，JavaBean 的主要特性如下。

☑ JavaBean 类必须属于一个包，而不能是单独的一个类。
☑ JavaBean 类的访问权限必须是 public。
☑ JavaBean 类必须包含一个无参的构造方法。
☑ 属性必须声明为 private，方法必须声明为 public。
☑ 用一组 set 方法设置内部属性。
☑ 用一组 get 方法获取内部属性。
☑ JavaBean 是一个没有主方法的类，并且不需要继承于 Object 类。

6.1.2 定义 JavaBean

定义 JavaBean 就是定义一个 Java 类。为了能让使用这个 JavaBean 的应用程序知道这个 JavaBean 的属性和方法，需在类的定义上根据 JavaBean 的特性遵循如下规则。

（1）类中属性的可见性必须是 private。

（2）如果类的属性名称为 xxx，那么类中定义的 get 方法和 set 方法的名字用 get 或 set 作为前缀，后缀是将属性名的首字母大写。例如，getXxx()用来获取属性 xxx，setXxx()用来设置属性 xxx。

（3）对于 boolean 类型的属性，允许使用 is 代替 get 和 set。

（4）类中 get 方法和 set 方法的访问属性必须是 public。

（5）类中声明的构造方法必须是 public 且无参数。

【例 6-1】定义一个 JavaBean 封装用户的登录信息，类名为 UserBean，包括 name 和 pwd 两个私有属性，分别表示用户名和密码。

```
//程序文件：UserBean.java
01  package com.shop.beans;
02  public class UserBean {
03          private String name;
04          private String pwd;
05          public UserBean() {}
06          public String getName() {
07              return name;
08          }
09          public void setName(String name) {
10              this.name = name;
11          }
12          public String getPwd() {
13              return pwd;
```

```
14          }
15          public void setPwd(String pwd) {
16              this.pwd = pwd;
17          }
18  }
```

【程序说明】

第 1 行：定义 UserBean 类所属于的包为 com.shop.beans。

第 3～4 行：为 UserBean 定义 name 和 pwd 两个属性。

第 5 行：定义 UserBean 类的无参构造方法。

第 6～17 行：分别为 name 属性和 pwd 属性定义 get 方法和 set 方法。

6.1.3　使用 JavaBean

在 JSP 中提供了 useBean、setProperty、getProperty 3 个动作标签来实现对 JavaBean 的操作。

1．useBean 动作标签

useBean 动作标签用来定义具有一定有效范围（scope）以及唯一 id 属性的 JavaBean 实例。JSP 页面通过指定的 id 属性来识别 JavaBean。在执行过程中，useBean 动作标签首先会尝试寻找已经存在的具有相同 id 值和 scope 值的 JavaBean 实例，如果没有就会自动创建一个新的实例。useBean 动作标签的基本语法如下。

```
<jsp:useBean id="beanName" class="packageName.className" scope="page|request|session|application" />
```

☑ id 属性：指定该 JavaBean 实例的变量名，在 JSP 页面中通过 id 属性来识别这个实例。

☑ class 属性：指定 JavaBean 的类名，用于创建一个新的实例。

☑ scope 属性：指定 JavaBean 的作用范围，可以取值为 page、request、session、application，默认为 page。

下面的代码使用 useBean 动作标签应用例 6-1 中创建的 JavaBean，应用范围为当前页。

```
<jsp:useBean id="user" class="com.shop.beans.UserBean" scope="page"></jsp:useBean>
```

2．setProperty 动作标签

使用 setProperty 动作标签可以设置 JavaBean 的属性值，使用该标签之前，必须使用 useBean 标签获得一个相应的 JavaBean。setProperty 动作标签的语法格式如下。

```
<jsp:setProperty name="beanName"
{
property= "*" | property="propertyName" [ param="parameterName" ] |
property="propertyName" value="{string | <%= expression %>}"
}
/>
```

☑ name 属性：指定 JavaBean 对象名，与 useBean 动作标签中的 id 属性相对应。

☑ property 属性：指定 JavaBean 中需要赋值的属性名。如果使用 property="*"，程序会查找当前 ServletRequest 的所有参数，匹配 JavaBean 中相同名字的属性 property，并通过 JavaBean 中属性的 set 方法为其赋值 value。如果 value 属性值为空，则不会修改 JavaBean 中的属性值。

☑ param 属性：代表页面请求的参数名称（该参数可以来自表单、URL、传参等），setProperty 标签不能同时使用 value 属性和 param 属性。

☑ value 属性：指定属性的值。

下面的代码使用 setProperty 动作标签访问例 6-1 中创建的 JavaBean 的 name 属性，并为其赋值为 admin。

```
<jsp:setProperty name="user" property="name" value="admin" />
```

3．getProperty 动作标签

使用 getProperty 动作标签可以获得 JavaBean 的属性值，并将这个值以字符串形式发送给用户浏览器。使用 getProperty 动作标签之前，必须使用 useBean 动作标签获得相应的 JavaBean。getProperty 动作标签的语法格式如下。

```
<jsp:getProperty name="beanName" property="propertyName" />
```

☑ name 属性：指定 JavaBean 对象名，与 useBean 动作标签中的 id 属性相对应。

☑ property 属性：指定 JavaBean 中需要访问的属性名。

下面的代码使用 getProperty 动作标签访问例 6-1 中创建的 JavaBean 的 name 属性，并显示在页面中。

```
<jsp:getProperty name="user" property="name" />
```

【例 6-2】通过表单为例 6-1 中创建的 JavaBean 的所有属性赋值，并在页面上输出所有的属性值。

```
//程序文件：6-2.jsp
01    <%@ page language="java" contentType="text/html; charset=UTF-8" pageEncoding="UTF-8"%>
02    <jsp:useBean id="myuser" class="com.shop.beans.UserBean" scope="page" ></jsp:useBean>
03    <jsp:setProperty property="name" name="myuser"    />
04    <jsp:setProperty property="pwd" name="myuser"/>
05    <html>
06    <body>
07            <form id="form1" action="" method="post">
08                    用户名：<input type="text" id="txtName" name="name" /><br />
09                    密码：<input type="password" id="txtPass" name="pwd" /><br />
10                    <input type="submit" id="btnSave" value="提交" /><br />
11            </form>
12            提交的用户名和密码分别是：
13            <jsp:getProperty property="name" name="myuser" />
14            <jsp:getProperty property="pwd" name="myuser" />
15    </body>
```

```
16    </html>
```

【程序说明】

第 2 行：使用 useBean 动作标签定义一个 id 为 myuser 的 UserBean 实例。

第 3～4 行：使用 setProperty 动作标签为 UserBean 的 name 属性和 pwd 属性赋值。

第 7 行：定义一个表单，action 属性值为空，表示表单提交给自己；method 属性值表示表单的提交方法为 post。

第 8～9 行：定义输入用户名和密码的两个输入框，其中用户名输入框的 name 属性值必须是 name，即与 UserBean 中定义的 name 属性名一致，这样才能为 name 属性赋值。密码输入框的 name 属性必须是 pwd，即与 UserBean 中定义的 pwd 属性名一致，这样才能为 pwd 属性赋值。

第 13～14 行：使用 getProperty 动作标签获取 UserBean 的 name 属性值和 pwd 属性值。

【例 6-3】修改例 6-2，使用 setProperty 动作标签中的 param 属性进行赋值。

```
//程序文件：6-3.jsp
01    <%@ page language="java" contentType="text/html; charset=UTF-8" pageEncoding="UTF-8"%>
02    <jsp:useBean id="myuser" class="com.esbuy.UserBean" scope="page" ></jsp:useBean>
03    <jsp:setProperty property="name" name="myuser" param="txtName" />
04    <jsp:setProperty property="pwd" name="myuser" param="txtPass" />
05    <html>
06    <body>
07    <form id="form1" action="" method="post">
08      用户名：<input type="text" id="txtName" name="txtName" /><br />
09      密码：<input type="text" id="txtPass" name="txtPass" /><br />
10      <input type="submit" id="btnSave" value="提交" /><br />
11    </form>
12    提交的用户名和密码分别是：
13    <jsp:getProperty property="name" name="myuser" />
14    <jsp:getProperty property="pwd" name="myuser" />
15    </body>
16    </html>
```

【程序说明】

第 3～4 行：使用 setProperty 动作标签的 param 属性实现为 UserBean 的 name 属性和 pwd 属性赋值。其中 param 属性值必须与输入框的 name 属性值一致。

【例 6-4】修改例 6-2，使用 setProperty 动作标签中的 property="*"实现赋值。

```
//程序文件：6-4.jsp
01    <%@ page language="java" contentType="text/html; charset=UTF-8" pageEncoding="UTF-8"%>
02    <jsp:useBean id="myuser" class="com.esbuy.UserBean" scope="page" ></jsp:useBean>
03    <jsp:setProperty property="*" name="myuser" />
04    <html>
05    <body>
06          <form id="form1" action="" method="post">
07      用户名：<input type="text" id="txtName" name="name" /><br />
```

```
08      密码：<input type="text" id="txtPass" name="pwd" /><br />
09      <input type="submit" id="btnSave" value="提交" /><br />
10    </form>
11    提交的用户名和密码分别是：
12    <jsp:getProperty property="name" name="myuser" />
13    <jsp:getProperty property="pwd" name="myuser" />
14    </body>
15    </html>
```

【程序说明】

第 3 行：使用 setProperty 动作标签的 property="*"实现表单元素与 UserBean 中属性的匹配，完成 UserBean 中属性的赋值。其中用户名输入框的 name 属性值必须是 name，即与 UserBean 中定义的 name 属性名一致，这样才能为 name 属性赋值。密码输入框的 name 属性必须是 pwd，即与 UserBean 中定义的 pwd 属性名一致，这样才能为 pwd 属性赋值。

例 6-2、例 6-3 和例 6-4 的运行效果相同，页面加载后的效果如图 6-4 所示。输入用户名 123 和密码 123，单击“提交”按钮后的页面效果如图 6-5 所示。

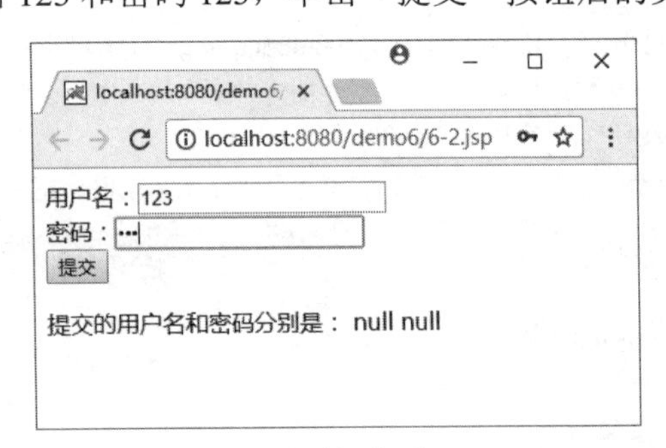

图 6-4　页面加载后

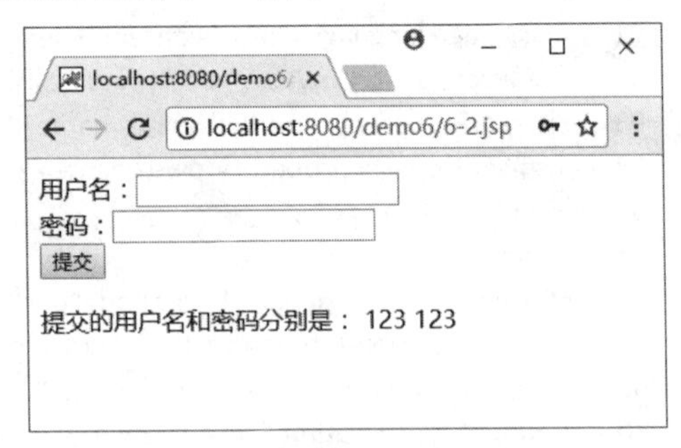

图 6-5　单击“提交”按钮后

6.1.4　JavaBean 的有效范围

在使用 useBean 定义 JavaBean 时，scope 属性的取值范围决定了 JavaBean 的生命周期，即 JSP 引擎分配给用户自定义 JavaBean 的存活时间。下面就 scope 取值的不同情况进行详细说明。

1. page 范围

scope 取值为 page，表示 JavaBean 的有效范围为当前页。当页面执行完毕，JSP 引擎取消分配的 JavaBean，并释放所占有的内存空间。简单地说，scope 取值为 page 时，JavaBean 在当前页面都有效，直到页面执行完毕。

需要注意的是，scope 取值为 page 时，不同用户的 JavaBean 也是互不相同的。JSP 引擎分配给每个 JSP 页面 page 范围的 JavaBean 是独立的，即它们占用不同的内存空间，也就是说，当两个用户同时访问一个 JSP 页面时，一个用户对自己 JavaBean 属性的改变不会影响另一个用户。

2. session 范围

scope 取值为 session，表示 JavaBean 的有效范围为本次会话。如果网站中的多个页面都含有 id 值相同的 JavaBean，并且 scope 都取值为 session，那么用户在这些页面得到的 JavaBean 是同一个（占用相同的内存空间）。如果用户在某个页面改变了 JavaBean 的属性值，其他页面相同 id 的 JavaBean，其属性页会发生改变。当用户的会话消失，JSP 引擎取消所分配的 JavaBean，并且释放占用的内存空间。简单地说，scope 取值为 session 的 JavaBean 在用户访问的整个网站中都有效，直到用户的会话结束。

需要注意的是，不同用户（不同浏览器）的 scope 取值为 session 的 JavaBean 互不相同（占用不同的内存空间）。也就是说，当两个用户同时访问同一个 JSP 页面时，一个用户对自己的 JavaBean 属性的改变不会影响另一个用户。

3. request 范围

scope 取值为 request，表示 JavaBean 的有效范围为本次请求。JSP 引擎对请求做出响应之后，取消分配给 JSP 页面的 JavaBean。简单地说，scope 取值为 request 的 JavaBean 只在当前页面有效，直到响应结束。JavaBean 的 request 存活时间略长于 page 的存活时间，因为 JSP 引擎认为页面执行完毕后响应才算结束。

需要注意的是，不同用户的 scope 取值为 request 的 JavaBean 也是互不相同的。JSP 引擎分配给每个 JSP 页面的 request 范围的 JavaBean 也是独立的，当两个用户同时请求一个 JSP 页面时，一个用户对自己的 Java Bean 属性的改变，不会影响另一个用户。

4. application 范围

scope 取值为 application，表示 JavaBean 的有效范围为整个应用程序。JSP 引擎为网站下所有 JSP 页面或者访问该网站的所有用户分配的都是同一个 JavaBean。也就是说，当多个用户同时访问同一个 JSP 页面时，任何一个用户对自己 JavaBean 的属性改变之后，都会影响其他的用户。服务器关闭时，该 JavaBean 才会消失。

❑ 任务实施

步骤 1：创建 chap0601 项目

在 Eclipse 中创建新的 Dynamic Web Project，名称为 chap0601。

步骤 2：新建 JavaBean 文件 ConnDB.java，用于封装数据库访问操作

在 src 根目录下新建名为 ConnDB 的 JavaBean，包名为 com.shop.beans，代码如下。

```
//程序文件：ConnDB.java
01    package com.shop.beans;
02    import java.sql.Connection;
03    import java.sql.DriverManager;
04    import java.sql.SQLException;
05    public class ConnDB {
06        public ConnDB() {}
07        public Connection getConnection() {
```

```
08          Connection conn = null;
09          try {
10              Class.forName("com.mysql.jdbc.Driver");
11              String uri = "jdbc:mysql://localhost:3306/onlinedb?characterEncoding=utf8";
12              String user = "root";
13              String password = "ROOT";
14              conn = DriverManager.getConnection(uri, user, password);
15          } catch (ClassNotFoundException e) {
16              e.printStackTrace();
17          } catch (SQLException e) {
18              e.printStackTrace();
19          }
20          return conn;
21      }
22  }
```

【程序说明】

第 2～4 行：引入相关包。

第 7～21 行：定义 getConnection()方法，打开数据库连接并返回连接对象。

步骤 3：新建 JavaBean 文件 Good.java，用于封装商品信息

在 src 根目录下新建名为 Good 的 JavaBean，包名为 com.shop.beans，代码如下。

```
//程序文件：Good.java
01  package com.shop.beans;
02  public class Good {
03      private int gdID;
04      private String gdCode;
05      private String gdName;
06      private float gdPrice;
07      private int gdQuantity;
08      private int gdSaleQty;
09      private String gdCity;
10      private String gdInfo;
11      public Good() {}
12      public int getGdID() {
13          return gdID;
14      }
15      public void setGdID(int gdID) {
16          this.gdID = gdID;
17      }
18      public String getGdCode() {
19          return gdCode;
20      }
21      public void setGdCode(String gdCode) {
22          this.gdCode = gdCode;
23      }
24      public String getGdName() {
25          return gdName;
```

```
26        }
27        public void setGdName(String gdName) {
28            this.gdName = gdName;
29        }
30        public float getGdPrice() {
31            return gdPrice;
32        }
33        public void setGdPrice(float gdPrice) {
34            this.gdPrice = gdPrice;
35        }
36        public int getGdQuantity() {
37            return gdQuantity;
38        }
39        public void setGdQuantity(int gdQuantity) {
40            this.gdQuantity = gdQuantity;
41        }
42        public int getGdSaleQty() {
43            return gdSaleQty;
44        }
45        public void setGdSaleQty(int gdSaleQty) {
46            this.gdSaleQty = gdSaleQty;
47        }
48        public String getGdCity() {
49            return gdCity;
50        }
51        public void setGdCity(String gdCity) {
52            this.gdCity = gdCity;
53        }
54        public String getGdInfo() {
55            return gdInfo;
56        }
57        public void setGdInfo(String gdInfo) {
58            this.gdInfo = gdInfo;
59        }
60    }
```

【程序说明】

第 3～10 行：定义 Good 类的属性，包括商品编码、商品名称、商品价格、库存量、销售量、发货城市、商品描述等。

第 11 行：定义 Good 类的无参构造方法。

第 12～59 行：定义所有属性的 set 和 get 方法。

步骤 4：新建 JavaBean 文件 GoodList.java，用于封装商品信息的集合

在 src 根目录下新建名为 GoodList，包名为 com.shop.beans 的 JavaBean，代码如下。

```
//程序文件：GoodList.java
01    package com.shop.beans;
02    import java.sql.Connection;
03    import java.sql.PreparedStatement;
```

```
04  import java.sql.ResultSet;
05  import java.sql.SQLException;
06  import java.util.ArrayList;
07  import com.shop.beans.ConnDB;
08  public class GoodList {
09      private String name = "";
10      private String minprice = "";
11      private String maxprice = "";
12      private ArrayList<Good> goods;
13      public GoodList() {}
14      public GoodList(String name, String minprice, String maxprice) {
15          this.name = name;
16          this.minprice = minprice;
17          this.maxprice = maxprice;
18      }
19      public ArrayList<Good> getGoods() {
20          return goods;
21      }
22      public void setGoods(ArrayList<Good> goods) {
23          this.goods = goods;
24      }
25      public String getName() {
26          return name;
27      }
28      public void setName(String name) {
29          this.name = name;
30      }
31      public String getMinprice() {
32          return minprice;
33      }
34      public void setMinprice(String minprice) {
35          this.minprice = minprice;
36      }
37      public String getMaxprice() {
38          return maxprice;
39      }
40      public void setMaxprice(String maxprice) {
41          this.maxprice = maxprice;
42      }
43      public void setGoods() {
44          ArrayList<Good> gs = new ArrayList<Good>();
45          ArrayList<String> params = new ArrayList<String>();
46          StringBuffer sqlstr = new StringBuffer("select * from good where 1=1");
47          if(!this.name.equals("")) {
48              sqlstr.append(" and gdName like ?");
49              params.add("%" + this.name + "%");
50          }
51          if(!this.minprice.equals("") && !this.maxprice.equals("")) {
52              sqlstr.append(" and gdPrice between ? and ?");
```

```
53              params.add(this.minprice);
54              params.add(this.maxprice);
55          }
56          try {
57              Connection conn = new ConnDB().getConnection();
58              PreparedStatement ps = conn.prepareStatement(sqlstr.toString());
59              for(int i=0; i<params.size(); i++) {
60                  ps.setString(i+1, params.get(i));
61              }
62              ResultSet rs = ps.executeQuery();
63              while(rs.next()) {
64                  Good g = new Good();
65                  g.setGdID(rs.getInt("gdID"));
66                  g.setGdCode(rs.getString("gdCode"));
67                  g.setGdName(rs.getString("gdName"));
68                  g.setGdPrice(rs.getFloat("gdPrice"));
69                  g.setGdQuantity(rs.getInt("gdQuantity"));
70                  g.setGdSaleQty(rs.getInt("gdSaleQty"));
71                  g.setGdCity(rs.getString("gdCity"));
72                  g.setGdInfo(rs.getString("gdInfo"));
73                  gs.add(g);
74              }
75              conn.close();
76          } catch (SQLException e) {
77              e.printStackTrace();
78          }
79          this.goods = gs;
80      }
81  }
```

【程序说明】

第 9～12 行：定义 GoodList 类的属性，包括进行模糊查询的商品名称、最低价格、最高价格、商品集合等。

第 13 行：定义 GoodList 类的无参构造方法。

第 14～18 行：定义 GoodList 类的有参构造方法。

第 19～42 行：定义所有属性的 set 和 get 方法。

第 43～80 行：定义 setGoods()方法，用于将筛选后的商品添加到 goods 属性中。

第 46～55 行：构建带条件查询商品信息的 sql 语句。

第 59～61 行：为查询的 sql 语句添加参数。

第 62 行：执行 sql 语句，并返回结果集。

第 63～73 行：遍历结果集，并将记录添加到 gs 集合中。

第 79 行：将 gs 集合赋值给属性 goods。

步骤 5：新建 SearchGoodsServlet.java，用于处理查询信息

在 src 根目录下新建名为 SearchGoodsServlet 的 Servlet，包名为 com.shop.servlet，并重写 doGet()方法和 doPost()方法，代码如下。

```
//程序文件：SearchGoodsServlet.java
01  package com.shop.servlet;
02  import java.io.IOException;
03  import java.util.ArrayList;
04  import javax.servlet.ServletException;
05  import javax.servlet.annotation.WebServlet;
06  import javax.servlet.http.HttpServlet;
07  import javax.servlet.http.HttpServletRequest;
08  import javax.servlet.http.HttpServletResponse;
09  import com.shop.beans.Good;
10  import com.shop.beans.GoodList;
11  public class SearchGoodsServlet extends HttpServlet {
12      protected void doGet(HttpServletRequest request, HttpServletResponse response)
13          throws ServletException, IOException {
14          GoodList goodList = new GoodList();
15          goodList.setGoods();
16          request.setAttribute("goods", goodList);
17          request.getRequestDispatcher("searchgoods.jsp").forward(request, response);
18      }
19      protected void doPost(HttpServletRequest request, HttpServletResponse response)
20          throws ServletException, IOException {
21          request.setCharacterEncoding("utf-8");
22          String name = request.getParameter("gdName").trim();
23          String minprice = request.getParameter("minPrice").trim();
24          String maxprice = request.getParameter("maxPrice").trim();
25          GoodList goodList = new GoodList(name, minprice, maxprice);
26          goodList.setGoods();
27          request.setAttribute("goods", goodList);
28          request.getRequestDispatcher("searchgoods.jsp").forward(request, response);

29      }
30  }
```

【程序说明】

第 12～18 行：重写 doGet()方法，页面初次访问发送的 Get 方式的请求，返回所有的商品信息。

第 14 行：调用 GoodList 类的无参构造方法创建 GoodList 类的对象。

第 15 行：调用 GoodList 类的 setGoods()方法，将所有商品信息保存到 goods 属性中。

第 16～17 行：将 goodList 对象保存到 request 对象属性中，并转发到 searchGoods.jsp 页面。

第 19～29 行：重写 doPost()方法，处理单击了提交按钮的 Post 方式的请求，返回按条件筛选输出商品信息。

第 22～24 行：获取用户输入的商品名称、最低价格、最高价格。

第 25 行：调用 GoodList 类的有参构造方法创建 GoodList 类的对象。

第 26 行：调用 GoodList 类的 setGoods()方法，将按条件筛选的商品信息保存到 goods

属性中。

第 27～28 行：将 goodList 对象保存到 request 对象属性中，并转发到 searchgoods.jsp 页面。

步骤 6：新建配置文件 web.xml

在 WebContent 根目录的 WEB-INF 文件夹下新建配置文件 web.xml。在 web.xml 文件中增加访问 SearchGoodsServlet 的配置，代码如下。

```
//程序文件：web.xml
01   <?xml version="1.0" encoding="UTF-8"?>
02   <web-app>
03   <servlet>
04      <servlet-name>goodsearch</servlet-name>
05      <servlet-class>com.shop.servlet.SearchGoodsServlet</servlet-class>
06   </servlet>
07   <servlet-mapping>
08      <servlet-name>goodsearch</servlet-name>
09      <url-pattern>/goodsearch</url-pattern>
10   </servlet-mapping>
11   </web-app>
```

【程序说明】

第 3～6 行：将名称为 goodsearch 的 Servlet 匹配到 com.shop.servlet 包下的 SearchGoodsServlet 类。

第 7～10 行：将 url 为/goodsearch 下的内容映射到名称为 goodsearch 的 Servlet。

步骤 7：新建商品查询页面 searchgoods.jsp

在 WebContent 根目录下新建商品查询页面 searchgoods.jsp。在 searchgoods.jsp 文件中增加 HTML 标签和 CSS 代码实现页面布局，代码如下。

```
//程序文件：searchgoods.jsp
01   <%@ page language="java" contentType="text/html; charset=UTF-8" pageEncoding="UTF-8"%>
02   <html>
03   <head>
04   <style>
05      .container { font-size:14px; line-height: 25px; margin: 10px 0; }
06      .minwidth { width: 40px; }
07      table, td, th { border: solid 1px black; font-size:14px; }
08   </style>
09   </head>
10   <body>
11      <h3>商品查询</h3><hr />
12      <form action="goodsearch" method="post">
13         <div class="container">
14            商品名称：<input type="text" name="gdName" /><br />
15            价格区间：<input type="text" name="minPrice" class="minwidth" name="goods"/>" /> --
16               <input type="text" name="maxPrice" class="minwidth" name="goods"/>' /><br />
17            <input type="submit" value="  提交  " /><br />
```

```
18          </div>
19          <table>
20             <tr>
21                <th>编号</th><th>名称</th><th>价格</th><th>存货量</th>
22                <th>销量</th><th>发货城市</th><th>商品描述</th>
23             </tr>
24          </table>
25       </form>
26    </body>
27    </html>
```

【程序说明】

第 4～8 行：设置页面布局的 CSS 样式，包括字体大小、行高、边框、外边距等。

第 12～25 行：设置提交信息的表单 form，并设置 form 的 action 属性值为 goodsearch，method 属性值为 post。

第 19～24 行：使用表格布局输出的商品信息集合。

步骤 8：导入相关包和引用 JavaBean

在商品查询页面文件 searchGoods.jsp 的 page 指令的后面导入相关包，使用 useBean 动作标签引用名称为 GoodList 的 JavaBean，代码如下。

```
//程序文件：searchGoods.jsp
01    <%@ page language="java" contentType="text/html; charset=UTF-8" pageEncoding="UTF-8"%>
02    <%@ page import="java.util.ArrayList" %>
03    <%@ page import="com.shop.beans.*" %>
04    <jsp:useBean id="goods" class="com.shop.beans.GoodList" scope="request"></jsp:useBean>
```

【程序说明】

第 4 行：使用 useBean 动作标签引用类名为 com.shop.beans.GoodList 的 JavaBean，其 id 值为 goods，应用范围为 request。

步骤 9：使用动作标签绑定输入框

在商品查询页面文件 searchGoods.jsp 中，分别为 3 个表单输入框的 value 属性使用 getProperty 动作标签绑定名称为 GoodList 的 JavaBean 的 3 个属性。代码修改如下。

```
//程序文件：searchGoods.jsp
01    <div class="container">
02    商品名称：<input type="text" name="gdName"
03       value='<jsp:getProperty property="name" name="goods"/>' /><br />
04    价格区间：<input type="text" name="minPrice" class="minwidth"
05       value='<jsp:getProperty   property="minprice"   name="goods"/>'   />   --   <input   type="text"
name="maxPrice"
06       class="minwidth" value='<jsp:getProperty property="maxprice" name="goods"/>' /><br />
07    <input type="submit" value="  提交  " /><br />
08    </div>
```

【程序说明】

第 3 行：使用 getProperty 动作标签获取 id 值为 goods 的 JavaBean 的 name 属性值。

第 5 行：使用 getProperty 动作标签获取 id 值为 goods 的 JavaBean 的 minPrice 属性值。

第 6 行：使用 getProperty 动作标签获取 id 值为 goods 的 JavaBean 的 maxPrice 属性值。

步骤 10：完成商品信息集合的输出

在商品查询页面文件 searchGoods.jsp 的</tr>和</table>之间使用 Java 程序片、JSP 表达式完成商品信息的输出，代码如下。

```
//程序文件：searchGoods.jsp
01    <% ArrayList<Good> gs = (ArrayList<Good>)goods.getGoods();
02        for(Good g : gs) {
03    %>
04    <tr>
05        <td><%=g.getGdCode() %></td><td><%=g.getGdName() %></td><td><%=g.getGdPrice() %></td>
06
<td><%=g.getGdQuantity() %></td><td><%=g.getGdSaleQty() %></td><td><%=g.getGdCity() %></td>
07        <td><%=g.getGdInfo() %></td>
08    </tr>
09    <% } %>
```

【程序说明】

第 2～9 行：使用 Java 程序片的循环语句输出商品信息集合。

第 5～7 行：使用 JSP 表达式输出每个商品的属性值。

步骤 11：运行项目，查看效果

启动 Tomcat 服务器，打开浏览器，在地址栏中输入如下地址。

```
http://localhost:8080/chap0601/goodsearch
```

任务 2　优化设计用户登录

❑ 任务场景

【任务描述】

用户登录作为 Web 应用项目中的通用功能，为了让用户有更好的用户体验，除了验证用户名和密码之外，还需给用户提示登录状态，让用户在浏览网站时，明确自己是否为合法用户。本任务使用 JavaBean+JSTL 实现用户登录的 Java Web 项目，如果用户未登录则直接回到登录页，用户登录成功后显示当前登录的用户名。

【运行效果】

本任务的页面访问通过 Servlet 实现，访问指定的 Servlet 加载用户登录页。页面效果如图 6-6 所示。

若输入的用户名和密码与数据库中的不一致，则弹框输出“用户名密码不正确！”，如图 6-7 所示。

若输入正确的用户名和密码则转到首页，并显示当前登录的用户名，如图 6-8 所示。

如果没有登录就直接访问首页则直接转到登录页，需要用户填写用户名和密码进行登录。

图 6-6　用户登录页

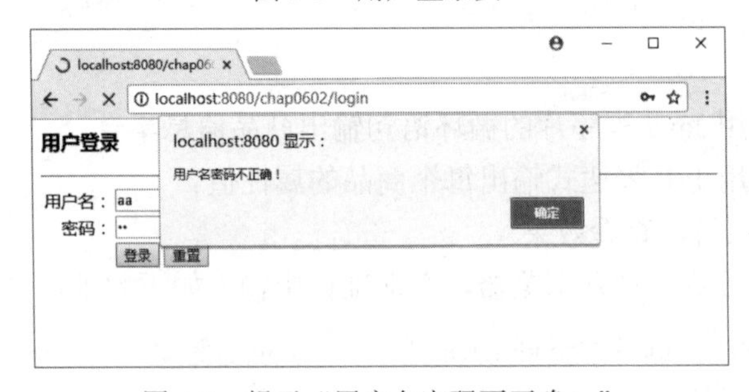

图 6-7　提示“用户名密码不正确！”

图 6-8　首页

【任务分析】

（1）使用 JavaBean 技术封装数据库连接方法。

（2）使用 JavaBean 技术封装用户信息类，该类不仅包含用户名和密码两个属性，还包含用于验证用户名和密码的方法。

（3）在登录页中使用核心标签库和 EL 表达式实现用户提示信息的输出。

（4）在首页中使用核心标签库和 EL 表达式判断用户是否登录。

（5）整个项目中的请求和响应使用 Servlet 进行处理。

❑ 知识引入

6.2.1 EL

为了简化 JSP 页面中对象的访问方式，JSP 2.0 引入了一种简洁的语言——EL（Expression Language，表达式语言）。EL 可以使 JSP 写起来更加简单，它基于可用的命名空间，嵌套属性和对集合、操作符的访问符，映射到 Java 类中静态方法的可扩展函数以及一组隐式对象。EL 是 JSP 2.0 最重要的特性之一，特点如下。

☑ 可以访问 JSP 的内置对象，即 pageContext、request、session、application 等。
☑ 简化了对 JavaBean 的访问方式。
☑ 简化了对集合的访问方式。
☑ 可以通过关系、逻辑和算术运算符进行运算。
☑ 条件输出。

1. EL 基本语法

EL 的语法非常简单，是以"${"开始，以"}"结束的表达式，语法格式如下。

```
${expression}
```

EL 中可以使用"."或者"[]"来从特定范围、对象中读取属性，一般情况下使用"."居多。具体如下所示。

```
${sessionScope.attributeName}
${sessionScope["attributeName"]}
${objectName.property}
${objectName["property"]}
```

如果读取的属性名中包含特殊字符，如"." "-"等非字母和数字字符，就必须使用"[]"的形式来访问。由于"[]"默认取数组对象的整型下标，所以如果"[]"中是 String 类型的属性，需要在属性两边加上""" 或 "'"。

【例 6-5】使用 EL 表达式输出 UserBean 的 name 属性值和 pwd 属性值，页面运行效果与例 6-4 相同。

```
//程序文件：6-5.jsp
01  <%@ page language="java" contentType="text/html; charset=UTF-8" pageEncoding="UTF-8"%>
02  <jsp:useBean id="myuser" class="com.esbuy.UserBean" scope="page"></jsp:useBean>
03  <jsp:setProperty property="*" name="myuser" />
04  <html>
05  <body>
06    <form id="form1" action="" method="post">
07      用户名：<input type="text" id="txtName" name="name" /><br />
08      密码：<input type="text" id="txtPass" name="pwd" /><br />
09      <input type="submit" id="btnSave" name="btnSave" value="提　交" /><br />
```

```
10      </form>
11      提交的用户名和密码分别是： ${myuser.name} ${myuser.pwd}
12    </body>
13    </html>
```

【程序说明】

第 11 行：使用 EL 表达式代替 getProperty 动作标签直接访问 UserBean 对象的 name 属性值和 pwd 属性值并显示。

EL 提供了能够在“{}”之间使用的 16 个保留字，如表 6-1 所示。

表 6-1　EL 中的保留字

and	or	not	instanceof
eq	gt	ne	le
lt	ge	div	mod
empty	true	false	null

【学习提示】

在定义对象名时不能与这些保留字同名。

2．EL 的隐式对象

为了更加方便地进行数据访问，EL 提供了 11 个隐式对象，如表 6-2 所示。

表 6-2　EL 中的隐式对象

类　别	EL 隐式对象	描　述
JSP	pageContext	表示 JSP 的页面上下文，可以获取 JSP 中的 page、request、session、application 4 个隐式对象，并获取它们的方法
作用域	pageScope	获取 page 的作用域范围
	requestScope	获取 request 的作用域范围
	sessionScope	获取 session 的作用域范围
	applicationScope	获取 application 的作用域范围
请求参数	param	封装 request.getParameter()方法，获取 request 对象中的参数值，返回值为 String 类型
	paramValues	封装 request.getParameterValues()方法，获取 request 对象中所有同名参数值的集合，返回值为 String 数组
请求头标	header	获取 HTTP 请求头中一个具体的对象值，返回值为 String
	headerValues	获取 HTTP 请求头中所有对象的值的集合，返回值为 String 数组
Cookie	cookie	获取 request 对象中所有的 Cookie，并通过指定的 Cookie 名称访问
初始化参数	initParam	获取上下文初始化参数的值

【例 6-6】使用 EL 隐式对象替代 JSP 动作标签获取和输出 UserBean 的 name 属性值和 pwd 属性值，页面运行效果与例 6-4 相同。

```
//程序文件：6-6.jsp
01    <%@ page language="java" contentType="text/html; charset=UTF-8" pageEncoding="UTF-8"%>
```

```
02    <jsp:useBean id="myuser" class="com.shop.beans.UserBean" scope="page" ></jsp:useBean>
03    <jsp:setProperty property="*" name="myuser" />
04    <html>
05    <body>
06    <form id="form1" action="" method="post">
07        用户名：<input type="text" id="txtName" name="name" /><br />
08        密码：<input type="text" id="txtPass" name="pwd" /><br />
09        <input type="submit" id="btnSave" name="btnSave" value="提　交" /><br />
10    </form>
11    提交的用户名和密码分别是：${pageScope.myuser.name}  ${pageScope.myuser.pwd}
12    </body>
13    </html>
```

【程序说明】

第 11 行：使用 EL 隐式对象代替 getProperty 动作标签直接访问 UserBean 对象的 name 属性值和 pwd 属性值并显示。

【学习提示】

如果在使用 EL 时不指定范围，则会按照 pageScope、requestScope、sessionScope、applicationScope 依次查找相应的 attribute，若在多个范围内存在重名的 attribute，则可能得到错误的值，所以应该明确指定具体的范围。

3．EL 运算符

为了在表达式中实现运算功能，EL 提供了算术运算符、关系运算符、逻辑运算符、条件运算符和空运算符 5 种运算符。

（1）算术运算符由+（加）、－（减）、*（乘）、/ 或 div（除）、%或 mod（取余）构成，如表 6-3 所示。

表 6-3　EL 算术运算符

运　算　符	说　　明	示　　例	结　　果
+	加	$(17+5)	22
-	减	$(17-5)	12
*	乘	$(17*5)	85
/ 或 div	除	$(17/5) 或 $(17 div 5)	3
% 或 mod	余数	$(17%5) 或 $(17 mod 5)	2

（2）关系运算符主要实现了==（等于）、!=（不等于）、<（小于）、>（大于）、<=（小于等于）、>=（大于等于）6 种关系运算的功能，如表 6-4 所示。

表 6-4　EL 关系运算符

运　算　符	说　　明	示　　例	结　　果
== 或 eq	等于	$(5 == 5) 或 $(5 eq 5)	true
!= 或 ne	不等于	$(5 != 5) 或 $(5 ne 5)	false
< 或 lt	小于	$(3 < 5) 或 $(3 lt 5)	true

续表

运　算　符	说　　明	示　　例	结　　果
> 或 gt	大于	$(3 > 5) 或 $(3 gt 5)	false
<= 或 le	小于等于	$(3 <= 5) 或 $(3 le 5)	true
>= 或 ge	大于等于	$(3 >= 5) 或 $(3 ge 5)	false

（3）逻辑运算符为&&（与）、‖（或）、!（非），分别在 EL 表达式中实现与、或、非 3 种逻辑运算。3 种逻辑运算的返回值均为布尔值，如表 6-5 所示。

表 6-5　EL 逻辑运算符

运　算　符	说　　明	示　　例	结　　果
&& 或 and	交集	$(A && B) 或 $(A and B)	true / false
‖ 或 or	并集	$(A ‖ B) 或 $(A or B)	true / false
! 或 not	非	$(!A) 或 $(not A)	true / false

（4）条件运算符判断“?”前的表达式，值为 true 则执行“?”后的表达式，否则执行“:”后的表达式，基本语法如下。

```
${expressionA?expressionB:exprssionC}
```

（5）空运算符

空(empty)运算符用来判断 EL 表达式的值是否为空，为空则返回 true，否则返回 false。empty 是 EL 中的保留字。其基本语法如下：

```
${empty expression}
```

【例 6-7】演示 EL 中各种运算符的使用方法。

```
//程序文件：6-7.jsp
01    <%@ page language="java" contentType="text/html; charset=UTF-8" pageEncoding="UTF-8"%>
02    <html>
03    <body>
04            <table>
05        <tr><td cols="2"><h3>EL 算术运算符示例</h3></td></tr>
06        <tr><td>EL 表达式</td><td>运算结果</td></tr>
07        <tr><td>\${3 + 7}</td><td>${3 + 7}</td></tr>
08        <tr><td>\${3 / 7}</td><td>${3 / 7}</td></tr>
09        <tr><td>\${3 mod 7}</td><td>${3 mod 7}</td></tr>
10        <tr><td>\${10 % 7}</td><td>${10 % 7}</td></tr>
11        <tr><td cols="2"><h3>EL 关系运算符示例</h3></td></tr>
12        <tr><td>EL 表达式</td><td>运算结果</td></tr>
13        <tr><td>\${1 &lt; 6}</td><td>${1 < 6}</td></tr>
14        <tr><td>\${1 &gt; 2}</td><td>${1 > 2}</td></tr>
15        <tr><td>\${1 &lt;= 6}</td><td>${1 <= 6}</td></tr>
16        <tr><td>\${1 &gt;= 2}</td><td>${1 >= 2}</td></tr>
17        <tr><td cols="2"><h3>EL 逻辑运算符示例</h3></td></tr>
18        <tr><td>EL 表达式</td><td>运算结果</td></tr>
19        <tr><td>\${true && true}</td><td>${true && true}</td></tr>
```

```
20        <tr><td>\${true || false}</td><td>${true || false}</td></tr>
21        <tr><td>\${!true}</td><td>${!true}</td></tr>
22    </table>
23    </body>
24    </html>
```

【程序说明】

第 7～21 行：在$前加上\进行转义来输出$符号。

浏览页面，运行效果如图 6-9 所示。

图 6-9　EL 运算符示例

6.2.2　JSTL

JSTL（Java Server Pages Standard Tag Library）是 JSP 标准标签库，是由 Apache 的 Jakarta 项目组开发的标准通用型标签库，实现 Java Web 中常见的通用功能的定制标签库的集合。JSTL 已纳入 JSP 2.0 规范，是 JSP 2.0 最重要的特性之一。它具有以下优点。

☑　针对 JSP 开发中频繁使用的功能提供了简单易用的标签，从而简化了 JSP 开发。

☑　作为 JSP 规范，以统一的方式减少了 JSP 中的 Java 代码数量，力图提供一个无脚本环境。

☑　在应用程序服务器之间提供了一致的接口，最大限度地提高了 Web 应用程序在各应用服务器之间的可移植性。

JSTL 提供的标签库主要分为五大类：核心标签库、国际化输出标签库（I18N 标签库）、XML 标签库、SQL 标签库和 EL 函数标签库。这五类标签库分别实现基本输入/输出、流程控制、国际化和文字格式标准化应用、XML 文件解析、数据库查询、字符串处理等 JSP 页面功能。JSTL 的五类标准库和对应的 URI 关系如表 6-6 所示。

表 6-6　JSTL 的五类标准库和对应的 URI

JSTL	前　缀	URI	简单描述
核心标签库	c	http://java.sun.com/jsp/jstl/core	输入/输出、流程控制等标准 Java 核心操作
I18N 标签库	fmt	http://java.sun.com/jsp/jstl/fmt	格式化数据操作，支持使用本地化资源进行 JSP 页面的国际化
XML 标签库	xml	http://java.sun.com/jsp/jstl/xml	XML 解析处理
SQL 标签库	sql	http://java.sun.com/jsp/jstl/sql	数据库连接、查询等操作
EL 函数标签库	fn	http://java.sun.com/jsp/jstl/functions	字符串处理

1．安装和配置 JSTL

从 Apache 的标准标签库中下载二进制包（jakarta-standard-current.zip），官方下载地址为 http://archive.apache.org/dist/jakarta/taglibs/standard/binaries/。

下载 jakarta-taglibs-standard-1.1.2.zip 包并解压，将 jakarta-taglibs-standard-1.1.2/lib/下的 standard.jar 和 jstl.jar 两个文件复制到/WEB-INF/lib/下。

2．核心标签库

核心标签库是 JSTL 中最重要的标签库，JSP 页面中常用的标签都定义在核心标签库中。核心标签库中的标签按功能分为表达式标签、条件标签、迭代标签、URL 操作标签和异常标签。表达式标签用于操作变量，条件标签用于进行条件判断和处理，迭代标签用于循环遍历一个集合，URL 标签用于一些针对 URL 的操作。各功能分类下的常用标签如表 6-7 所示。

表 6-7　核心标签库中的常用标签

功能分类	标　签	描　述
表达式标签	out	计算并输出变量或表达式的值
	set	设置指定范围内的变量值
	remove	删除指定范围内的某个变量和属性
异常标签	catch	捕获其内部代码抛出的异常
条件标签	if	用于进行条件判断
	choose	用于条件选择，一般和 when 标签以及 otherwise 标签一起使用
	when	choose 标签内的一个分支
	otherwise	choose 标签内的最后选择
迭代标签	forEach	用于重复执行某一操作
	forTokens	用于遍历使用分隔符分割字符串后的字符串集合
URL 标签	import	用于将一个静态或动态文件包含到当前 JSP 页面中
	redirect	将客户端发出的 request 请求重定向到其他 URL 服务端
	url	使用正确的 URL 重写规则构造一个 URL

要在 JSP 中使用 JSTL 的核心标签库，JSP 页面中必须使用 taglib 指令，taglib 指令的语法规则读者可以参阅 2.2.1 节。这里必须设置 taglib 指令的 prefix 和 uri 属性，代码如下。

```
<%@ taglib prefix="c" uri="http://java.sun.com/jsp/jstl/core" %>
```

【学习提示】

如果没有上述声明指令，将无法使用 JSTL 的核心功能。

1）表达式标签

（1）out 标签。out 标签用于计算并输出变量或表达式的值，语法格式如下。

```
<c:out value="${expression}" [default="defaultValue"] />
```

☑ value 属性：表示需要计算并显示的内容，通过 EL 实现。

☑ default 属性：可选项，当 value 值为 null 时，显示 default 属性值。

（2）set 标签。set 标签用于设置指定范围内的变量值，语法格式如下。

```
<c:set var="objectName" value="${expression}" [scope="page|request|session|application"] />
```

☑ var 属性：指定变量名。

☑ value 属性：指定要赋予的值，值的形式可以是常量，也可以是 EL 表达式。

☑ scope 属性：可选项，指定变量的存储范围，可以是 page、request、session 或 application，默认值为 page。

（3）remove 标签。remove 标签用于删除指定范围内的某个变量和属性，其基本语法如下。

```
<c:remove var=" objectName" scope="page|request|session|application />
```

☑ var 属性：指定要删除的变量名。

☑ scope 属性：指定变量的存储范围，可以是 page、request、session 或 application，默认值为 page。

2）异常标签（catch 标签）

catch 标签用于捕获其内部代码抛出的异常，基本语法如下。

```
<c:catch var="name"></c:catch>
```

其中 var 属性指定标识异常的名字。

【例 6-8】使用 set 标签设置变量 e 的值，使用 out 标签在页面上显示 e 的值，使用 catch 标签捕获异常。

```
//程序文件：6-8.jsp
01    <%@ page language="java" contentType="text/html; charset=UTF-8" pageEncoding="UTF-8"%>
02    <%@ taglib uri="http://java.sun.com/jsp/jstl/core" prefix="c" %>
03    <html>
04    <body>
05        <c:catch var="ex">
06            <c:set var="e" value="${param.p+1}" scope="page" />
07            变量的值为：<c:out value="${e}" /><br />
```

```
08      </c:catch>
09      <c:out value="${ex}"></c:out>
10    </body>
11    </html>
```

【程序说明】

第 5～8 行：用 catch 标签包裹程序段，并定义异常名为 ex。

第 6 行：设置变量 e 的值为参数 p 的值加 1。

第 7 行：输出变量 e 的值。

第 9 行：输出异常信息。

在浏览器中访问该页面，传递参数为 9，返回变量值为 10，运行结果如图 6-10 所示。传递参数为 a 时，则运行结果如图 6-11 所示。

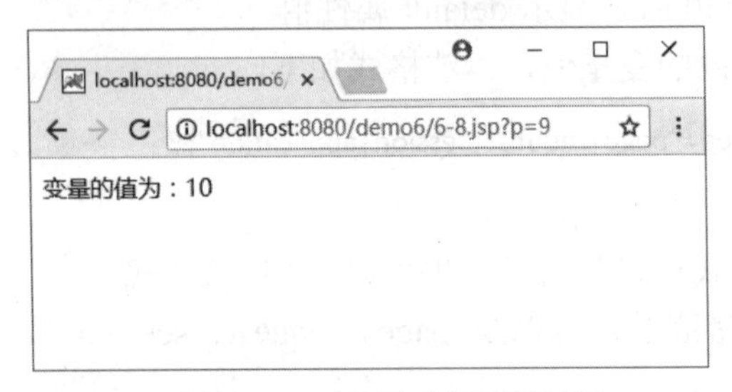

图 6-10　无异常时的页面效果

localhost:8080/demo6/

localhost:8080/demo6/6-8.jsp?p=a

java.lang.NumberFormatException: For input string: "a"

图 6-11　发生异常时的页面效果

3）条件标签

（1）if 标签。if 标签用于进行条件判断，语法格式如下。

```
<c:if test="condition" [var="name"] [scope="page|request|session|application"]>
      //执行代码
</c:if>
```

☑　test 属性：指定条件，通常使用 EL 表达式进行条件运算。

☑　var 属性：可选项，指定变量。

☑　scope 属性：可选项，指定 var 属性对应变量的范围。

（2）choose 标签。choose 标签用于条件选择，一般与 when 标签以及 otherwise 标签一起使用，语法格式如下。

```
<c:choose>
      //when 或 otherwise 子标签
</c:choose>
```

（3）when 标签。when 标签表示 choose 标签内的一个分支，when 标签必须以 choose 标签作为父标签，且必须在 otherwise 标签之前，语法格式如下。

```
<c:when test="condition">
      //执行代码
</c:when>
```

（4）otherwise 标签。otherwise 标签表示 choose 标签内的最后选择，otherwise 标签必须以 choose 标签作为父标签，且必须是最后一个分支，语法格式如下。

```
<c:otherwise>
    //执行代码
</c:otherwise>
```

【例 6-9】输入成绩，输出成绩对应等级。90 分以下为“优秀”，89 ~ 80 为“良好”，79 ~ 60 为“及格”，60 分以下为“不及格”。

```
//程序文件：6-9.jsp
01  <%@ page language="java" contentType="text/html; charset=UTF-8" pageEncoding="UTF-8"%>
02  <%@ taglib uri="http://java.sun.com/jsp/jstl/core" prefix="c" %>
03  <html>
04  <body>
05  <form id="form1" action="" method="post">
06    请输入您的成绩：<input type="text" name="txtscore" />
07    <input type="submit" value="提  交" />
08  </form>
09  <c:set var="sc" value="${param.txtscore}"> </c:set>
10  <c:set var="str" value="请重新输入！" />
11  <c:if test="${sc>=0 && sc<=100}">
12    <c:choose>
13      <c:when test="${sc<=100 &&sc>=90}">
14        <c:set var="str" value="您的成绩为${sc},等级为优秀！" />
15      </c:when>
16      <c:when test="${sc>=80 && sc<90}">
17        <c:set var="str" value="您的成绩为${sc},等级为良好！" />
18      </c:when>
19      <c:when test="${sc>=60 && sc<80}">
20        <c:set var="str" value="您的成绩为${sc},等级为及格！" />
21      </c:when>
22      <c:otherwise>
23        <c:set var="str" value="您的成绩为${sc},等级为不及格！" />
24      </c:otherwise>
25    </c:choose>
26  </c:if>
27  <span><c:out value="${str}"></c:out></span>
28  </body>
29  </html>
```

【程序说明】

第 2 行：使用 taglib 指令导入核心标签库，其前缀为 c。

第 9 行：使用 set 标签设置变量 sc，其值为文本框 txtscore 的输入值。

第 10 行：使用 set 标签设置变量 str 的初始值为“请重新输入！”。

第 11～26 行：使用 if 标签、when 标签、choose 标签、otherwise 标签进行分支判断，为变量 str 赋不同的值。

第 27 行：使用 out 标签输出变量 str 的值。

浏览页面，显示效果如图 6-12 所示。

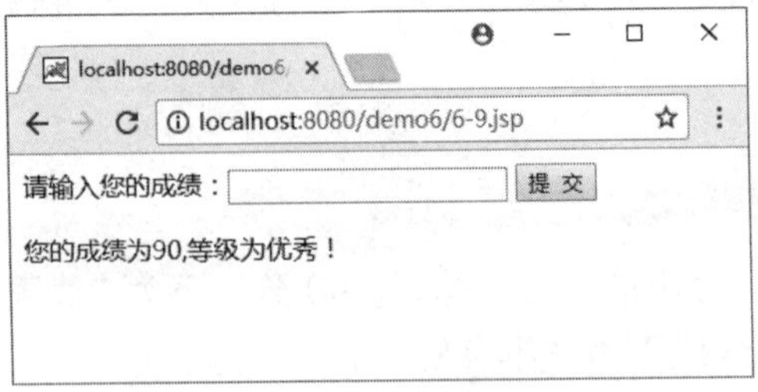

图 6-12　输入 90 的页面效果

4）迭代标签

（1）forEach 标签。forEach 标签用于重复执行某一操作，类似 for 语句，语法格式如下。

```
<c:forEach var="name" items="collection" varStatus="statusname" begin="begin" end="end" step="step">
    //执行代码
</c:forEach>
```

- ☑ var 属性：指定用于存放集合中当前遍历元素的变量名称。
- ☑ items 属性：指定要遍历的集合，可以是数组、List 或 Map。
- ☑ varStatus 属性：指定存放当前遍历状态的变量名称。
- ☑ begin 属性：值为整数，指定遍历的起始索引。
- ☑ end 属性：值为整数，指定遍历的结束索引。
- ☑ step 属性：值为整数，指定迭代的步长。

【例 6-10】使用 forEach 标签输出数组中的每个元素。

```
//程序文件：6-10.jsp
01  <%@ page language="java" contentType="text/html; charset=UTF-8" pageEncoding="UTF-8"%>
02  <%@ taglib uri="http://java.sun.com/jsp/jstl/core" prefix="c" %>
03  <html>
04  <body>
05  <%
06      String[] names = {"Sun","Microsoft","IBM","Dell","Sony"};
07      request.setAttribute("name", names);
08  %>
09  公司名称：<br />
10  <c:forEach var="cpname" items="${name}">
11      ${cpname} <br />
12  </c:forEach>
13  </body>
14  </html>
```

【程序说明】

第 6～7 行：创建一个字符串数组，并保存在 request 范围中。

第 10～12 行：使用 forEach 标签遍历该数组中的所有元素并输出。

浏览页面，显示效果如图 6-13 所示。

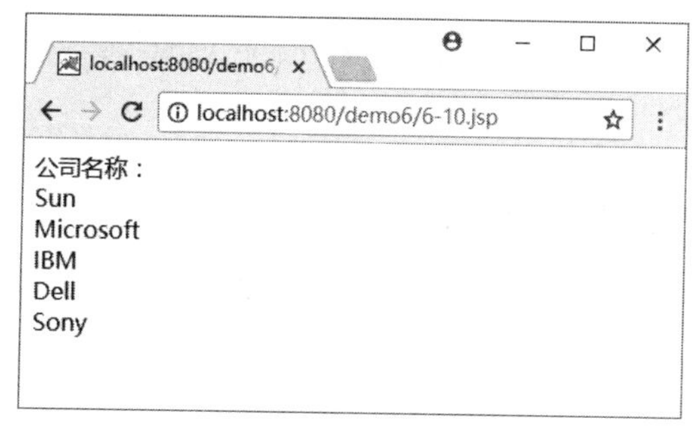

图 6-13　使用 forEach 标签输出公司名称

【例 6-11】使用 forEach 标签输出 1～5 的累加和。

```
//程序文件：6-11.jsp
01   <%@ page language="java" contentType="text/html; charset=UTF-8" pageEncoding="UTF-8"%>
02   <%@ taglib uri="http://java.sun.com/jsp/jstl/core" prefix="c" %>
03   <html>
04   <body>
05   <c:set var="s" value="0" />
06   <c:forEach var="i" begin="1" end="5" step="1">
07      <c:set var="s" value="${s+i}" />
08   </c:forEach>
09   1+2+3+4+5=<c:out value="${s}" />
10   </body>
11   </html>
```

【程序说明】

第 5 行：使用 set 标签设置求和变量 s 的初始值为 0。

第 6 行：使用 forEach 标签的 begin 属性、end 属性、step 属性分别设置循环的起始值为 1，结束值为 5，步长值为 1。var 属性设置循环变量名为 i。

第 7 行：每次循环的执行语句，将变量 i 的值加入到变量 s。

第 9 行：输出变量 s 的值，即 1～5 的累加和。

浏览页面，显示效果如图 6-14 所示。

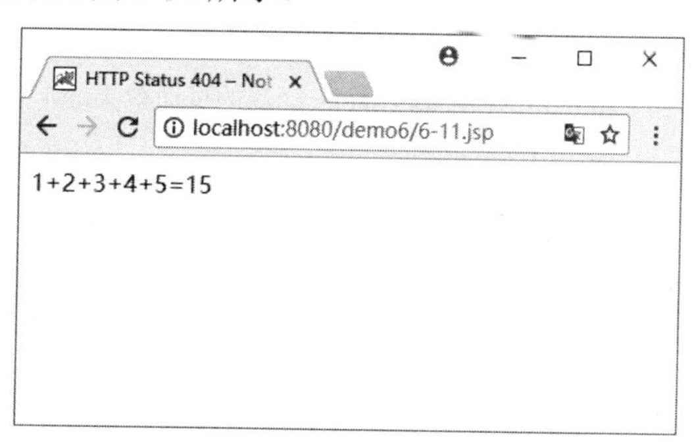

图 6-14　使用 forEach 标签求和

（2）forTokens 标签。forTokens 标签用于遍历使用分隔符分割的字符串集合，语法格式如下。

```
<c:forTokens items="string" delims="delimiters" var="name" varStatus="statusname">
    //标签体内容
</c:forTakens>
```

☑ items 属性：指定要遍历的字符串。

☑ delims 属性：指定分隔符，可以指定一个或者多个分隔符。

☑ var 属性：指定存放当前遍历元素的变量名称。

☑ varStatus 属性：指定存放当前遍历状态的变量名称。

【例 6-12】使用 forTokens 标签分隔字符串并遍历输出。

```
//程序文件：6-12.jsp
01  <%@ page language="java" contentType="text/html; charset=UTF-8" pageEncoding="UTF-8"%>
02  <%@ taglib uri="http://java.sun.com/jsp/jstl/core" prefix="c" %>
03  <html>
04  <body>
05  语言有：<br />
06  <c:forTokens items="Java:JavaEE:JSP,ASP|PHP" delims=":,|" var="language">
07      ${language} <br />
08  </c:forTokens>
09  </body>
10  </html>
```

【程序说明】

第 6～8 行：使用 forTokens 标签分割字符串并输出，分隔符为“:”“|”“,”其中之一。浏览页面，显示效果如图 6-15 所示。

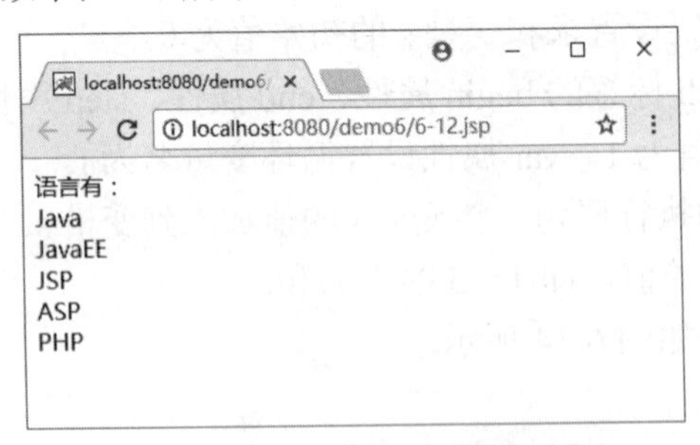

图 6-15 使用 forTokens 标签的页面效果

5）URL 标签

（1）import 标签。import 标签主要用于一个静态或动态文件包含到当前 JSP 页面中，所包含的对象不再局限于本地 Web 应用程序，其他 Web 应用中的文件或 FTP 资源都可以包含进来，语法格式如下。

```
<c:import url="url" [var="name"]
    [scope="{page|request|session|application}"] [charEncoding="encoding"] />
```

☑ url 属性：必选属性，指定被包含文件的 URL。
☑ var 属性：指定存放此包含文件的变量名称。
☑ scope 属性：指定保存变量的范围。
☑ charEncoding 属性：指定包含文件内容的字符集，如 utf-8、gbk 等。

import 标签与 include 动作指令的最大区别在于：include 动作指令只能包含与当前文件在同一个 Web 应用下的文件，而 import 标签可以包含不同 Web 应用下的文件或其他网站的文件。

使用 import 标签将 index.jsp 页面导入的代码如下。

```
<c:import url="index.jsp" charEncoding="utf-8" />
```

（2）redirect 标签。redirect 标签可以将客户端发出的 request 请求重定向到其 URL 服务器，并由其他程序处理客户请求。在此期间可以修改或添加 request 请求中的属性，然后把所有属性传递到目标路径，语法格式如下。

```
<c:redirect url="url" [context="context"]>
  [<c:param name="name" value="value" />]
</c:redirect>
```

☑ url 属性：必选属性，用于指定待定向资源的 URL。
☑ context 属性：用于在使用相对路径访问外部 context 资源时指定资源名。
☑ param 标签：表示重定向的 URL 所带的参数。

下面的代码使用 redirect 标签将页面跳转到 index.jsp 页面，并将用户名和密码传递到该页面。

```
01    <c:redirect url="index.jsp">
02        <c:param name="name" value="admin"></c:param>
03        <c:param name="pass" value="123456"></c:param>
04    </c:redirect>
```

（3）url 标签。url 标签用于动态生成一个 String 类型的 URL，可以与 redirect 标签共同使用，也可以使用 HTML 的 a 标签实现超链接，语法格式如下。

```
<c:url value="value" [context="context"] [var="varName"] [scope="{page|request|session|application}"]>
  [<c:param name="name" value="value" />]
</c:url>
```

☑ value 属性：必选属性，用于指定将要处理的 URL 地址。
☑ context 属性：当使用相对路径访问外部资源时，context 属性用于指定这个资源的上下文名称。
☑ var 属性：指定变量名，用于保存新生成的 URL 字符串。
☑ scope 属性：用于指定 var 定义变量的存储范围。

下面的代码使用 url 标签生成 URL 地址。

```
01    <c:url value="http://127.0.0.1:8080" var="url" scope="session"></c:url>
02    <a href="${url}">Tomcat 首页</a>
```

3. I18N 标签库

国际化（I18N）与格式化标签库用于创建支持多种语言的国际化 Web 项目，对数字和日期时间的输出进行标准化。

导入 I18N 标签库的 taglib 指令如下。

```
<%@ taglib uri="http://java.sun.com/jsp/jstl/fmt" prefix="fmt" %>
```

I18N 标签库中的主要标签如表 6-8 所示。

表 6-8　I18N 标签库中的主要标签

标　签	描　述
setLocale	用于重写客户端指定的区域设置
bundle	加载本地化资源包
setBundle	加载一个资源包，并将它存储在变量中
message	输出资源包中键映射的值
formatNumber	格式化数字
formatDate	格式化日期

1）setLocale 标签

setLocale 标签用于重写客户端指定的区域设置，语法格式如下。

```
<fmt:setLocale value="setting" variant="variant" scope="{page|request|session|application}" />
```

☑　value 属性：必选属性，指定语言和国家代码。

☑　variant 属性：指定浏览器变量。

☑　scope 属性：指定变量的存储范围。

2）bundle 标签

bundle 标签用于加载本地化资源包，语法格式如下。

```
<fmt:bundle basename="basename">
  //标签体
</fmt:bundle>
```

☑　basename 属性：必选属性，指定资源包的名称。

3）setBundle 标签

setBundle 标签用于加载一个资源包，并将它存储在变量中，语法格式如下。

```
<fmt:setBunde basename="basename" var="name" scope="{page|request|session|application}" />
```

☑　basename 属性：指定资源包的名称。

☑　var 属性：指定变量名称。

☑　scope 属性：指定变量的存储范围。

4）message 标签

message 标签输出资源包中键映射的值，语法格式如下。

```
<fmt:message key="messageKey" />
```

其中 key 属性指定消息的关键字。

5）formatNumber 标签

formatNumber 标签用于格式化数字，语法格式如下。

```
<fmt:formatNumber value="value" var="name" pattern="pattern" type="{number|currency|percent}"
  scope="{page|request|session|application}" groupingUsed="{true|false}" />
```

☑ value 属性：指定需要格式化的数字。
☑ var 属性：指定变量名称。
☑ pattern 属性：指定格式化样式。
☑ type 属性：指定值的类型，可以是 number（数字）、currency（货币）或 percent（百分比）。
☑ scope 属性：指定变量的存储范围。
☑ groupingUsed 属性：指定是否将数字进行间隔。

6）formatDate 标签

formatDate 标签用于格式化日期，语法格式如下。

```
<fmt:formatDate value="value" var="name" pattern="pattern" type="{time|date|both}"
  scope="{page|request|session|application}" />
```

☑ value 属性：指定需要格式化的时间和日期。
☑ var 属性：指定变量名称。
☑ pattern 属性：指定格式化日期时间的样式。
☑ type 属性：可以是 time（时间）、date（日期）或 both（时间和日期）。
☑ scope 属性：指定变量的存储范围。

【例 6-13】国际化标签和格式化标签的使用示例。

```
//程序文件：6-13.jsp
01   <%@ page language="java" contentType="text/html; charset=UTF-8" pageEncoding="UTF-8"%>
02   <%@ taglib uri="http://java.sun.com/jsp/jstl/core" prefix="c" %>
03   <%@ taglib uri="http://java.sun.com/jsp/jstl/fmt" prefix="fmt" %>
04   <%@ page import="java.util.Date" %>
05   <html>
06   <body>
07   <c:set var="salary" value="8888.88" />
08   <%
09     request.setAttribute("date", new Date());
10   %>
11   工资：${salary}<br />
12   使用 en_US<fmt:setLocale value="en_US" />
13   格式化工资为：<fmt:formatNumber type="currency" value="${salary}" /><br />
```

```
14    使用 zh_CN<fmt:setLocale value="zh_CN" />
15    格式化工资为：<fmt:formatNumber type="currency" value="${salary}" /><br />
16    当前日期为：<fmt:formatDate value="${date}" pattern="yyyy-MM-dd hh:mm:ss" />
17    </body>
18    </html>
```

【程序说明】

第 2 行：使用 taglib 指令引用 jstl 核心库。

第 3 行：使用 taglib 指令引用 jstlI18N 标签库。

第 7 行：使用 set 标签定义变量 salary，并赋初值为 8888.88。

第 12 行：使用 setLocale 标签设置美式英语。

第 13 行：使用 formatNumber 标签格式化 salary 变量。

第 14 行：使用 setLocale 标签设置中文。

第 15 行：使用 formatNumber 标签格式化 salary 变量。

第 16 行：使用 formatDate 标签格式化 date 变量。

浏览页面，效果如图 6-16 所示。

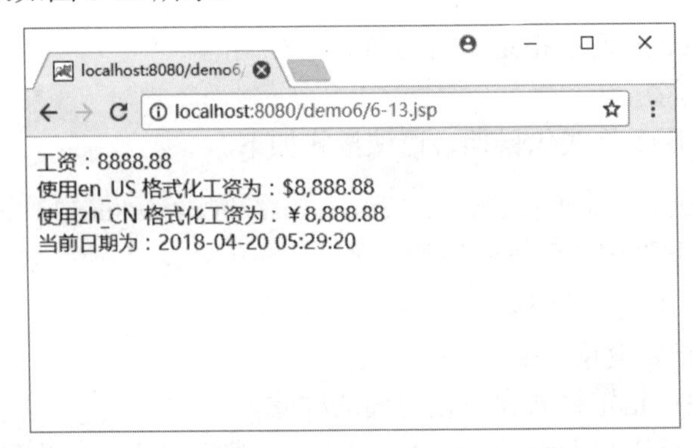

图 6-16　格式化标签使用示例

□ 任务实施

步骤 1：创建 chap0602 项目

在 Eclipse 中创建新的 Dynamic Web Project，名称为 chap0602。

步骤 2：新建 JavaBean 文件 ConnDB.java，用于封装数据库访问操作

在 src 根目录下新建名为 ConnDB 的 JavaBean，包名为 com.shop.beans，代码如下。

```
//程序文件：ConnDB.java
01    package com.shop.beans;
02    import java.sql.Connection;
03    import java.sql.DriverManager;
04    import java.sql.SQLException;
05    public class ConnDB {
06            public ConnDB() {}
07            public Connection getConnection() {
08                    Connection conn = null;
```

```
09              try {
10                  Class.forName("com.mysql.jdbc.Driver");
11                  String uri = "jdbc:mysql://localhost:3306/onlinedb?characterEncoding=utf8";
12                  String user = "root";
13                  String password = "ROOT";
14                  conn =    DriverManager.getConnection(uri, user, password);
15              } catch (ClassNotFoundException e) {
16                  // TODO Auto-generated catch block
17                  e.printStackTrace();
18              } catch (SQLException e) {
19                  // TODO Auto-generated catch block
20                  e.printStackTrace();
21              }
22              return conn;
23          }
24      }
```

【程序说明】

第 2～4 行：引入相关包。

第 7～21 行：定义 getConnection()方法，打开数据库连接并返回连接对象。

步骤 3：新建 JavaBean 文件 User.java，用于封装用户信息

在 src 根目录下新建名为 User 的 JavaBean，包名为 com.shop.beans，代码如下。

```
//程序文件：User.java
01  package com.shop.beans;
02  import java.sql.Connection;
03  import java.sql.PreparedStatement;
04  import java.sql.ResultSet;
05  import java.sql.SQLException;
06  public class User{
07          private String uName;
08          private String uPwd;
09          public User() {}
10          public String getuName() {
11                  return uName;
12          }
13          public void setuName(String uName) {
14                  this.uName = uName;
15          }
16          public String getuPwd() {
17                  return uPwd;
18          }
19          public void setuPwd(String uPwd) {
20                  this.uPwd = uPwd;
21          }
22          public boolean checkUser(String name, String pwd) {
23                  StringBuffer sqlstr = new StringBuffer("select * from user where uName=? and uPwd=?");
24                  try {
25                          Connection conn = new ConnDB().getConnection();
```

```
26                  PreparedStatement ps = conn.prepareStatement(sqlstr.toString());
27                  ps.setString(1, name);
28                  ps.setString(2, pwd);
29                  ResultSet rs = ps.executeQuery();
30                  if(rs.next()) return true;
31              }
32              catch (SQLException e) {
33              // TODO Auto-generated catch block
34              e.printStackTrace();
35              }
36              return false;
37          }
38  }
```

【程序说明】

第 7～8 行：定义 User 类的属性，包括用户名和密码。

第 9 行：定义 User 类的无参构造方法。

第 10～21 行：定义所有属性的 set 和 get 方法。

第 22～37 行：定义 checkUser()方法，用于验证用户输入的用户名和密码与保存在数据表 user 中的用户名和密码是否一致，如果一致返回 true，否则返回 false。

步骤 4：新建处理登录的 LoginServlet.java

在 src 根目录下新建一个名称为 LoginServlet 的 Servlet，包名为 com.shop.servlet，并重写 doGet()方法和 doPost()方法，代码如下。

```
//程序文件：LoginServlet.java
01  package com.shop.servlet;
02  import java.io.IOException;
03  import javax.servlet.ServletException;
04  import javax.servlet.annotation.WebServlet;
05  import javax.servlet.http.HttpServlet;
06  import javax.servlet.http.HttpServletRequest;
07  import javax.servlet.http.HttpServletResponse;
08  import javax.servlet.http.HttpSession;
09  import javax.websocket.Session;
10  import com.shop.beans.User;
11  @WebServlet("/LoginServlet")
12  public class LoginServlet extends HttpServlet {
13          protected void doGet(HttpServletRequest request, HttpServletResponse response)
14                  throws ServletException, IOException {
15                  request.getRequestDispatcher("login.jsp").forward(request, response);
16          }
17          protected void doPost(HttpServletRequest request, HttpServletResponse response)
18                  throws ServletException, IOException {
19                  String name = request.getParameter("uname");
20                  String pwd = request.getParameter("upwd");
21                  if(new User().checkUser(name, pwd)) {
22                          request.getSession().setAttribute("user", name);
```

```
23                      response.sendRedirect("index");
24                  }
25                  else {
26                      request.setAttribute("msg", "用户名密码不正确！");
27                      doGet(request, response);
28                  }
29              }
30      }
```

【程序说明】

第 2～10 行：引入相关包。

第 13～16 行：重写 doGet()方法，转发到 login.jsp。

第 17～29 行：重写 doPost()方法，获取表单提交的用户名和密码，然后调用 User 对象的 checkUser()方法进行验证并处理。

第 21～24 行：如果 checkUser()方法的返回值为 true，则将当前登录用户的用户名保存到 session，并跳转到 url 为/index 的 Servlet。

第 25～28 行：如果 checkUser()方法的返回值为 false，则将错误信息保存到 request 对象中，并转发给 login.jsp 页。

步骤 5：新建处理首页请求的 IndexServlet.java

在 src 根目录下新建一个名称为 IndexServlet 的 Servlet，包名为 com.shop.servlet，并重写 doGet()方法和 doPost()方法，代码如下。

```
//程序文件：IndexServlet.java
01  package com.shop.servlet;
02  import java.io.IOException;
03  import javax.servlet.ServletException;
04  import javax.servlet.annotation.WebServlet;
05  import javax.servlet.http.HttpServlet;
06  import javax.servlet.http.HttpServletRequest;
07  import javax.servlet.http.HttpServletResponse;
08  @WebServlet("/Index")
09  public class IndexServlet extends HttpServlet {
10          protected void doGet(HttpServletRequest request, HttpServletResponse response)
11                  throws ServletException, IOException {
12                  request.getRequestDispatcher("index.jsp").forward(request, response);
13          }
14  }
```

【程序说明】

第 2～7 行：引入相关包。

第 10～13 行：重写 doGet()方法，转发到 index.jsp。

步骤 6：新建配置文件 web.xml

在 WebContent 根目录的 WEB-INF 文件夹下新建配置文件 web.xml。在 web.xml 文件中增加访问 Servlet 的配置，代码如下。

```
//程序文件：web.xml
01  <?xml version="1.0" encoding="UTF-8"?>
02  <web-app>
03    <servlet>
04      <servlet-name>login</servlet-name>
05      <servlet-class>com.shop.servlet.LoginServlet</servlet-class>
06    </servlet>
07    <servlet-mapping>
08      <servlet-name>login</servlet-name>
09      <url-pattern>/login</url-pattern>
10    </servlet-mapping>
11    <servlet>
12      <servlet-name>index</servlet-name>
13      <servlet-class>com.shop.servlet.IndexServlet</servlet-class>
14    </servlet>
15    <servlet-mapping>
16      <servlet-name>index</servlet-name>
17      <url-pattern>/index</url-pattern>
18    </servlet-mapping>
19  </web-app>
```

【程序说明】

第 3～6 行：将名称为 login 的 Servlet 匹配到 com.shop.servlet 包下的 LoginServlet 类。

第 7～10 行：将 url 为/login 下的内容映射到名称为 login 的 Servlet。

第 11～14 行：将名称为 index 的 Servlet 匹配到 com.shop.servlet 包下的 IndexServlet 类。

第 15～18 行：将 url 为/index 下的内容映射到名称为 index 的 Servlet。

步骤 7：新建用户登录页面 login.jsp

在 WebContent 根目录下新建用户登录页面 login.jsp。在 login.jsp 文件中增加 HTML 标签和 CSS 代码实现页面布局，代码如下。

```
//程序文件：login.jsp
01  <%@ page language="java" contentType="text/html; charset=UTF-8" pageEncoding="UTF-8"%>
02  <%@ taglib uri="http://java.sun.com/jsp/jstl/core" prefix="c"%>
03  <html>
04  <head>
05  <style> td.right { text-align: right; } </style>
06  </head>
07  <body>
08      <h3>用户登录</h3>
09      <hr />
10      <form action="login" method="post">
11          <table>
12              <tr><td class="right">用户名：</td><td><input type="text" name="uname"
/></td></tr>
13              <tr><td class="right">密码：</td><td><input type="password" name="upwd"
/></td></tr>
14              <tr>
```

```
15                          <td></td>
16                          <td><input type="submit" value="登录" /><input type="reset" value="重置" /></td>
17                      </tr>
18                  </table>
19          </form>
20          <c:choose>
21                  <c:when test="${requestScope.msg!= null}">
22                      <script>alert("${requestScope.msg}");</script>
23                  </c:when>
24          </c:choose>
25      </body>
26      </html>
```

【程序说明】

第 2 行：使用 taglib 指令导入核心标签库，其前缀为 c。

第 20～24 行：使用核心标签库的 choose 标签和 when 标签添加分支结构，判断 request 范围内的 msg 属性值是否存在，如果存在则以 JavaScript 脚本弹框的方式输出 msg 的值。

步骤 8：新建首页页面 index.jsp

在 WebContent 根目录下新建一个首页页面 index.jsp。在 index.jsp 文件中增加 HTML 标签和 CSS 代码实现页面布局，代码如下。

```
//程序文件：index.jsp
01  <%@ page language="java" contentType="text/html; charset=UTF-8" pageEncoding="UTF-8"%>
02  <%@ taglib uri="http://java.sun.com/jsp/jstl/core" prefix="c"%>
03  <html>
04  <body>
05      <h3>主页</h3><hr />
06          <c:choose>
07                  <c:when test="${sessionScope.user== null}">
08                          <script type="text/javascript">location.href="login";</script>
09                  </c:when>
10                  <c:otherwise>
11                          <center>欢迎[${sessionScope.user}]登录</center>
12                  </c:otherwise>
13          </c:choose>
14  </body>
15  </html>
```

【程序说明】

第 2 行：使用 taglib 指令导入核心标签库，其前缀为 c。

第 6～13 行：使用核心标签库的 choose 标签、when 标签和 otherwise 标签添加分支结构，判断 session 范围内的 user 属性值是否存在。

第 7～9 行：如果 user 属性值不存在，使用 JavaScript 脚本跳转到 url 为/login 的 Servlet。

第 10～12 行：如果 user 属性值存在，则输出“欢迎***登录”。

步骤 9：运行项目，查看效果

启动 Tomcat 服务器，打开浏览器，在地址栏中输入如下地址。

```
http://localhost:8080/chap0602/login
```

任务 3　基于 Model2 模式实现购物车

□ 任务场景

【任务描述】

购物车是网上商城中最常见的应用，购物车能跟踪和记录用户所选的商品，并随时更新和提交支付购买，为用户网上购物提供很大的方便。购物车的主要任务是当用户看到自己中意的商品时，可以放到自己的购物车中。同时，用户可以查看和管理自己的购物车。本任务实现一个购物车的 Java Web 项目，主要实现添加商品到购物车、查看购物车等功能。

【运行效果】

本任务基于 Model2 模式，页面的访问通过 Servlet 实现。访问指定的 Servlet 加载商品列表页，输出所有的商品信息。页面效果如图 6-17 所示。

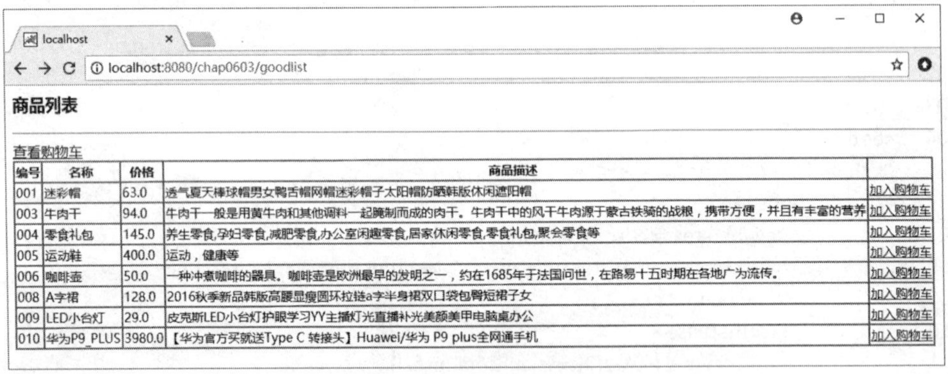

localhost

localhost:8080/chap0603/goodlist

商品列表

查看购物车

编号	名称	价格	商品描述	
001	迷彩帽	63.0	透气夏天棒球帽男女鸭舌帽网帽迷彩帽子太阳帽防晒韩版休闲遮阳帽	加入购物车
003	牛肉干	94.0	牛肉干一般是用黄牛肉和其他调料一起腌制而成的肉干。牛肉干中的风干牛肉源于蒙古铁骑的战粮，携带方便，并且有丰富的营养	加入购物车
004	零食礼包	145.0	养生零食,孕妇零食,减肥零食,办公室闲趣零食,居家休闲零食,零食礼包,聚会零食等	加入购物车
005	运动鞋	400.0	运动，健康等	加入购物车
006	咖啡壶	50.0	一种冲煮咖啡的器具。咖啡壶是欧洲最早的发明之一，约在1685年于法国问世，在路易十五时期在各地广为流传。	加入购物车
008	A字裙	128.0	2016秋季新品韩版高腰显瘦圆环拉链a字半身裙双口袋包臀短裙子女	加入购物车
009	LED小台灯	29.0	皮克斯LED小台灯护眼学习YY主播灯光直播补光美颜美甲电脑桌办公	加入购物车
010	华为P9_PLUS	3980.0	【华为官方买就送Type C 转接头】Huawei/华为 P9 plus全网通手机	加入购物车

图 6-17　商品列表页

在如图 6-17 所示的商品列表页中，单击对应商品后面的“加入购物车”超链接，该商品如果存在于购物车中，则商品的数量增加；如果商品不存在，则向购物车中添加该商品。

在如图 6-17 所示的商品列表页中，单击“查看购物车”超链接，可以查看放置在购物车中的商品信息，如图 6-18 所示。

【任务分析】

（1）整个项目结构遵循 Model2 模式的基本规则，创建 Model 层、DAO 层、Controller 层和 View 层。

（2）在 Model 层使用 JavaBean 技术封装商品信息和购物车信息。

（3）在 DAO 层封装对 good 表和 scar 表的操作。

（4）在 Controller 层使用 Servlet 处理查看商品列表、将商品添加到购物车、查看购物车等请求。

（5）在 View 层使用 JSTL 和 EL 技术优化 JSP 页面，展示商品信息和购物车信息。

localhost:8080/chap0603/scarshow

你目前购买的商品

商品名称	价格	商品描述	购买数量
迷彩帽	63.0	透气夏天棒球帽男女鸭舌帽网帽迷彩帽子太阳帽防晒韩版休闲遮阳帽	3
牛肉干	94.0	牛肉干一般是用黄牛肉和其他调料一起腌制而成的肉干。牛肉干中的风干牛肉源于蒙古铁骑的战粮，携带方便，并且有丰富的营养	1
零食礼包	145.0	养生零食,孕妇零食,减肥零食,办公室闲趣零食,居家休闲零食,零食礼包,聚会零食等	1
华为P9_PLUS	3980.0	【华为官方买就送Type C 转接头】Huawei/华为 P9 plus全网通手机	1
运动鞋	400.0	运动，健康等	1

图 6-18　购物车中商品信息

❑ 知识引入

6.3.1　MVC 模式简介

MVC 是一种经典的软件设计模式，它通过把职责、性质相近的成分归结在一起，不相近的进行隔离，将系统分解为模型（Model）、视图（View）、控制器（Controller）3 个部分，每一部分都相对独立、职责单一，在实现过程中专注于自身的核心逻辑。MVC 是对系统复杂性的一种合理的梳理与切分，它的思想实质就是“关注点分离”，有效地在存储和展示数据的对象中区分功能模块，以降低它们之间的耦合度，这种体系结构将传统的输入、处理和输出模型转化为图形显示的用户交互模型。

模型、视图、控制器三者之间的关系及各自的主要功能如图 6-19 所示。用户可以从视图提供的用户界面上浏览数据或发出请求，用户的请求由控制器处理，它根据用户的请求调用模型的方法，完成数据更新，然后调用视图的方法将响应结果展示给用户。视图也可以访问模型。MVC 模型中各组件的详细功能如图 6-20 所示。

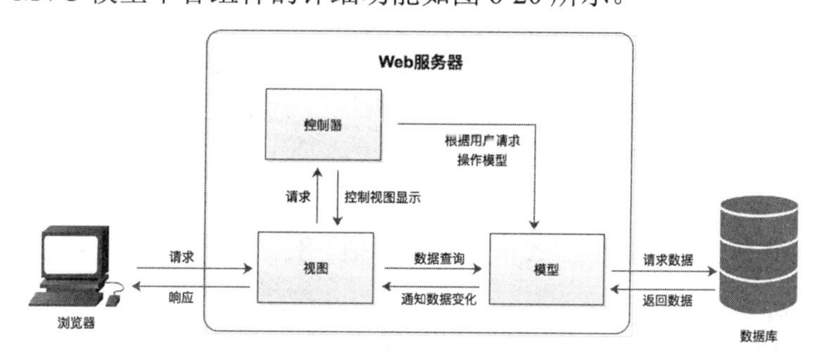

图 6-19　MVC 模型各组件关系

模型的基本功能：封装应用程序状态或功能，响应状态查询，通知 View 数据状态改变。

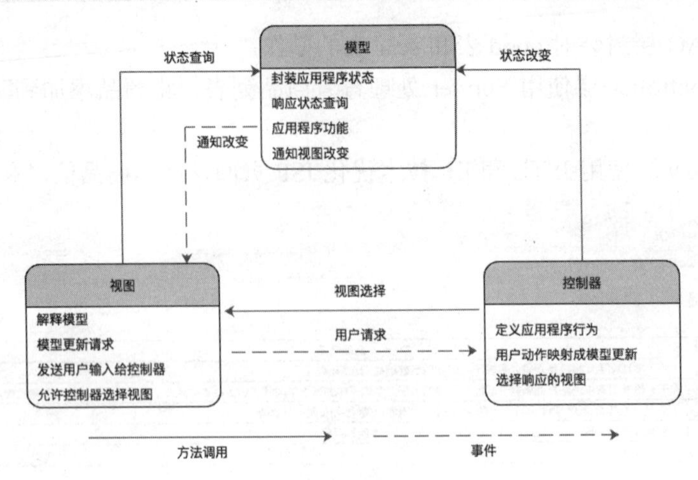

图 6-20　MVC 模型各组件详细功能

视图的基本功能：反映 Model 中数据的改变，从 Model 中请求更新，将用户指令发送到 Controller，允许 Controller 选择合适的 View。

控制器的基本功能：定义应用程序行为，映射用户行为到 Model 的数据更新，为响应选择合适的 View，每个功能设定一个 Controller 模块。

1．Model

Model 是整个 Web 项目的核心部分，又被称为数据模型，用于封装与应用程序的业务逻辑相关的数据以及对数据的处理方法。Model 有对数据直接访问和操作的权力，如数据库访问。一般来说，Model 不依赖 View 和 Controller，也就是说 Model 不关心它会被如何显示或如何被操作，但是 Model 中数据的变化一般需要通过事件（Event）通知 View。

数据模型的关键是访问数据，实现数据在 View 上的更新。Model 层中与数据库交互可以使用 JDBC 的数据访问对象（Data Access Object，DAO）结合以 JavaBean 形式出现的值对象（Value Object，VO）等共同实现，这也是传统 MVC 模式中 Model 层常用的方式之一。

2．View

View 是与用户交互的界面，它通常从 Model 中获取数据并指定这些数据的表现形式，当 Model 中的数据发生改变时，View 通过状态查询维护数据表现的一致性。同时 View 接收用户输入，将用户的需求通知 Controller。

View 在传统的 MVC 模式中通过 JSP 页的方式实现，MVC 强制实现 Model 层和 View 层的分离。通过网页设计和数据库逻辑的分离机制，有效提高了 Web 项目的维护效率。

3．Controller

Controller 作为 View 和 Model 的桥梁，控制应用系统中的数据流向，接收 View 中的用户指令，并对 View 进行重绘或选择合适的 View 进行显示。Controller 定义了应用程序的行为，它可以分派用户的请求并选择恰当的视图用于显示，同时它也可以解释用户的输入并将它们映射为 Model 中可执行的操作。在 Web 应用中，常见的用户输入包括单击按钮、菜单选择、Web 层的 GET 请求和 POST 请求等。Controller 可以基于用户的交互和 Model 的操作结果来选择可以显示的 View。在实际开发中，通常会为一组相关功能设定一个 Controller 的模块，或根据不同用户的选择来确定不同的 Controller 以执行相应的功能。

6.3.2 JSP Model1 模式

最早的 MVC 模式被称为万能 JSP 法，这种模式直观但不易维护，又被称为 Model1 模式。这种模式的 View、Model 和 Controller 全部集中在一个 JSP 页中实现，如图 6-21 所示。在这种模式中，JSP 是独立的，自主完成所有的请求和响应任务，其开发方式也类似于 ASP 的开发，大量的 JSP 语句与 HTML 代码混杂在一起。虽然能够适应小型的 Web 应用的需求，但代码的重用性、系统的可维护性和扩展性都非常差。

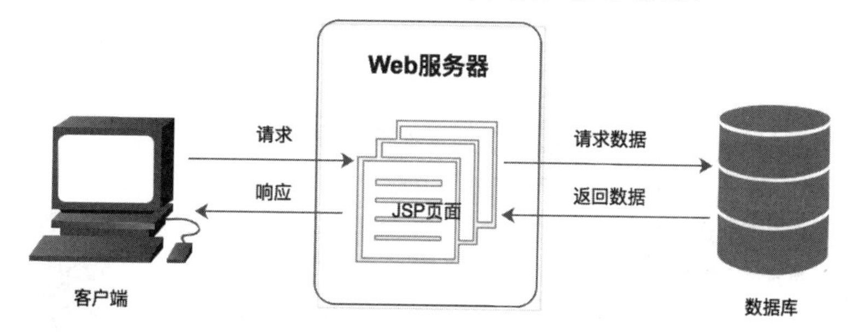

图 6-21 早期 JSP Model1 模式

由于 Model 模式存在的种种问题，研究者们对早期的 JSP Model1 模式进行改进，将可以重复使用的组件从 JSP 页中抽取出来写成 JavaBean。当用户发送一个请求时，服务器通过 JSP 作为 View 调用被分离的 JavaBean，而这部分 JavaBean 则负责相关数据存取、逻辑运算等职责，并将执行结果返回给 JSP 页上作为用户的响应。改进后的 JSP Model1 模式如图 6-22 所示。

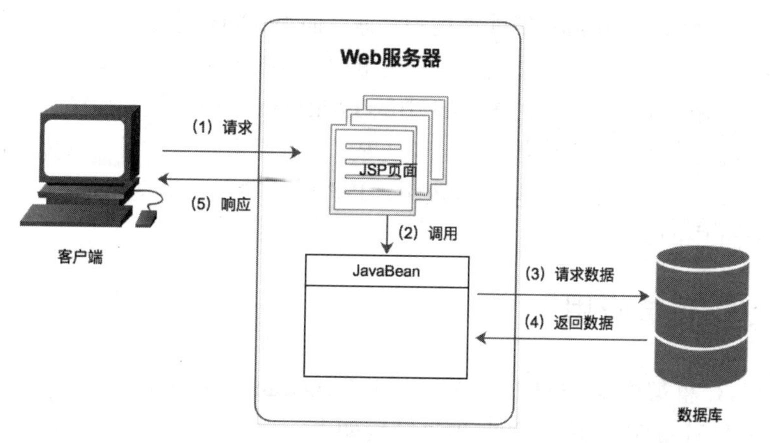

图 6-22 改进的 JSP Model1 模式

改进后的 JSP Model1 模式已经显示出 JSP 技术的优势，但大量使用该模式，会导致页面被嵌入大量的脚本语言或 Java 代码，特别是在处理的业务逻辑比较复杂时。因此，该模式可以很好地满足小中型 Web 应用模式，但对于大型应用的需求却存在诸多问题。

6.3.3 JSP Model2 模式

Model2 是一种被广泛应用于 Java Web 项目的复杂框架模式。这种模式把显示内容从曾用于获取和操作这些内容的逻辑中分离出来，因而 Model2 常与 MVC 规范联系起来。在 Model2 框架结构中，使用 JSP 页面生成 View 所需的内容，让 Servlet 完成处理任务充当 Controller，JavaBean 则只处理数据访问。基于 Model2 框架构建的 Web 项目，客户端浏览器的请求被传递到 Controller，Controller 通过执行业务逻辑来获取需要显示的数据内容，并决定哪些 JSP 页面将显示这些请求信息，即由 View 层把 Controller 传递过来的内容呈现出来。Model2 模式架构如图 6-23 所示。

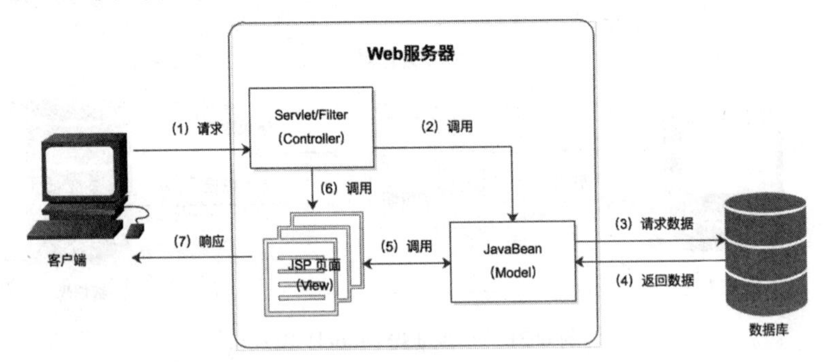

图 6-23　JSP Model2 模式

在 JSP Model2 模式中，JSP 页面内没有处理逻辑，仅负责检索由 Servlet 创建的 JavaBean，再从 Servlet 中提取动态内容插入静态模板。这种开发模式清晰地分离了表现层和业务层，明确了角色的定义以及开发者与网页设计者的分工。

Model2 和 Model1 的区别如下。

☑ Model2 使用 Controller 来处理用户请求，而 Model1 仍然在 JSP 中实现请求处理。

☑ Model2 通过 Controller 访问 Model 中的 JavaBean 对象来处理业务逻辑。

☑ Model2 通过 Controller 对 Model 中的 JavaBean 进行赋值和取值。

☑ Model2 通过 Controller 基于请求的 URL 分派请求对象到各个 View。

☑ Model2 在 View 中不存在业务逻辑，JSP 页的功能是提交用户输入、显示被实例化 bean 中的数据。

6.3.4 MVC 简单应用

本节以 MVC 框架模式 Model2 为规范，即 JavaBean+JSP+Servlet 的形式来创建简单的 Web 项目。基于 Model2 模式的 Web 项目结构如下。

（1）Model 层：以 JavaBean 形式创建实体类映射数据表，指定其属性与数据表的字段对应。

（2）DAO 层：封装实体类的所有功能，提供其他层进行调用。

（3）Servlet 层：接收用户请求，根据业务逻辑逻辑实例化实体类，并返回给 View。

（4）View 层：接收 Servlet 发送过来的信息，展示到客户端的浏览器上。

【例 6-14】基于 Model2 模式创建 Web 项目，输出所有商品信息。

（1）在 Model 层创建以 JavaBean 形式实现的实体类 Good，并包含商品编号、商品名称、商品价格、库存量、销售量、发货城市、商品描述等信息。该层所属包名为 com.shop.beans，代码如下。

```
//程序文件：Good.java
01  package com.shop.beans;
02  public class Good {
03  private int gdID;
04  private String gdCode;
05  private String gdName;
06  private float gdPrice;
07  private int gdQuantity;
08          private int gdSaleQty;
09          private String gdCity;
10          private String gdInfo;
11          public Good () {}
12          public int getGdID() {
13                  return gdID;
14          }
15          public void setGdID(int gdID) {
16                  this.gdID = gdID;
17          }
18          public String getGdCode() {
19                  return gdCode;
20          }
21          public void setGdCode(String gdCode) {
22                  this.gdCode = gdCode;
23          }
24          public String getGdName() {
25                  return gdName;
26          }
27          public void setGdName(String gdName) {
28                  this.gdName = gdName;
29          }
30          public float getGdPrice() {
31                  return gdPrice;
32          }
33          public void setGdPrice(float gdPrice) {
34                  this.gdPrice = gdPrice;
35          }
36          public int getGdQuantity() {
37                  return gdQuantity;
38          }
39          public void setGdQuantity(int gdQuantity) {
```

```
40              this.gdQuantity = gdQuantity;
41          }
42          public int getGdSaleQty() {
43              return gdSaleQty;
44          }
45          public void setGdSaleQty(int gdSaleQty) {
46              this.gdSaleQty = gdSaleQty;
47          }
48          public String getGdCity() {
49              return gdCity;
50          }
51          public void setGdCity(String gdCity) {
52              this.gdCity = gdCity;
53          }
54          public String getGdInfo() {
55              return gdInfo;
56          }
57          public void setGdInfo(String gdInfo) {
58              this.gdInfo = gdInfo;
59          }
60  }
```

【程序说明】

第 3～10 行：定义 Good 类的属性，包括商品编号、商品名称、商品价格、库存量、销售量、发货城市、商品描述等。

第 11 行：定义 Good 类的无参构造方法。

第 12～59 行：定义所有属性的 set 和 get 方法。

（2）在 DAO 层创建用于数据连接的公共类 DBUtil。该层所属包名为 com.shop.dao，代码如下。

```
//程序文件：DBUtil.java
01  package com.shop.dao;
02  import java.sql.Connection;
03  import java.sql.DriverManager;
04  import java.sql.SQLException;
05  public class DBUtil {
06  public DBUtil() {}
07  public Connection getConnection() {
08          Connection conn = null;
09          try {
10              Class.forName("com.mysql.jdbc.Driver");
11              String uri = "jdbc:mysql://localhost:3306/onlinedb?characterEncoding=utf8";
12              String user = "root";
13              String password = "ROOT";
14              conn =  DriverManager.getConnection(uri, user, password);
15          } catch (ClassNotFoundException e) {
16              // TODO Auto-generated catch block
17              e.printStackTrace();
```

```
18                } catch (SQLException e) {
19                    // TODO Auto-generated catch block
20                    e.printStackTrace();
21                }
22                return conn;
23        }
24    }
```

【程序说明】

第 2～4 行：引入相关包。

第 7～21 行：定义 getConnection()方法，打开数据库连接并返回连接对象。

（3）在 DAO 层创建数据访问类 GoodDAO。该层所属包名为 com.shop.dao，代码如下。

```
//程序文件：GoodDAO.java
01    package com.shop.dao;
02    import java.sql.Connection;
03    import java.sql.PreparedStatement;
04    import java.sql.ResultSet;
05    import java.sql.SQLException;
06    import java.util.ArrayList;
07    import com.shop.beans.Good;
08    public class GoodDAO {
09            public ArrayList<Good> getAllGoods() {
10                    ArrayList<Good> gs = new ArrayList<Good>();
11                    StringBuffer sqlstr = new StringBuffer("select * from good");
12                    try {
13                            Connection conn = new DBUtil().getConnection();
14                            PreparedStatement ps = conn.prepareStatement(sqlstr.toString());
15                            ResultSet rs = ps.executeQuery();
16                            while(rs.next()) {
17                                    Good g = new Good();
18                                    g.setGdID(rs.getInt("gdID"));
19                                    g.setGdCode(rs.getString("gdCode"));
20                                    g.setGdName(rs.getString("gdName"));
21                                    g.setGdPrice(rs.getFloat("gdPrice"));
22                                    g.setGdQuantity(rs.getInt("gdQuantity"));
23                                    g.setGdSaleQty(rs.getInt("gdSaleQty"));
24                                    g.setGdCity(rs.getString("gdCity"));
25                                    g.setGdInfo(rs.getString("gdInfo"));
26                                    gs.add(g);
27                            }
28                            conn.close();
29                    } catch (SQLException e) {
30                            // TODO Auto-generated catch block
31                            e.printStackTrace();
32                    }
33                    return gs;
34            }
35    }
```

【程序说明】

第 9～35 行：定义 getAllGoods()方法，返回所有的商品信息。

第 10 行：定义一个 ArrayList 对象用于存储商品列表。

第 11 行：设置查询语句。

第 13 行：调用 DBUtil 对象的 getConnection()方法创建连接对象。

第 14 行：使用 PreparedStatement 对象预编译查询语句。

第 15 行：执行查询返回 ResultSet 对象。

第 16～27 行：循环获取每个商品存储到 ArrayList 对象中。

第 28 行：关闭连接。

（4）在 Servlet 层创建显示所有商品信息的 GoodServlet，并将信息返回给 View 层。该层所属包名为 com.shop.servlet，数据提交方式为 GET 请求，代码如下。

```
//程序文件：GoodServlet.java
01    package com.shop.servlet;
02    import java.io.IOException;
03    import java.util.ArrayList;
04    import javax.servlet.ServletException;
05    import javax.servlet.annotation.WebServlet;
06    import javax.servlet.http.HttpServlet;
07    import javax.servlet.http.HttpServletRequest;
08    import javax.servlet.http.HttpServletResponse;
09    import com.shop.beans.*;
10    import com.shop.dao.GoodDAO;
11    @WebServlet("/SearchGoodsServlet")
12    public class GoodServlet extends HttpServlet {
13        protected void doGet(HttpServletRequest request, HttpServletResponse response) throws
ServletException, IOException {
14            ArrayList<Good> gs = new GoodDAO().getAllGoods();
15            request.setAttribute("goods", gs);
16            request.getRequestDispatcher("goodlist.jsp").forward(request, response);
17        }
18    }
```

【程序说明】

第 2～10 行：引入相关包。

第 13～17 行：重写 doGet()方法。

第 14 行：调用 GoodDAO 类的 getAllGoods()方法，将所有商品信息保存到 ArrayList 对象中。

第 15～16 行：将 ArrayList 对象保存到 request 对象属性中，并转发到 goodlist.jsp 页面。

（5）在 WEB-INF 文件夹下新建配置文件 web.xml，并增加访问 GoodServlet 的配置，代码如下。

```
//程序文件：web.xml
01    <?xml version="1.0" encoding="UTF-8"?>
```

```
02  <web-app>
03  <servlet>
04        <servlet-name>goodlist</servlet-name>
05        <servlet-class>com.shop.servlet.GoodServlet</servlet-class>
06  </servlet>
07  <servlet-mapping>
08        <servlet-name>goodlist</servlet-name>
09        <url-pattern>/goodlist</url-pattern>
10  </servlet-mapping>
11  </web-app>
```

【程序说明】

第 3～6 行：将名称为 goodlist 的 Servlet 匹配到 com.shop.servlet 包下的 GoodServlet 类。

第 7～10 行：将 url 为/goodlist 下的内容映射到名称为 goodlist 的 Servlet。

（6）在 View 层创建输出所有商品信息的 JSP 页面 goodlist.jsp，代码如下。

```
//程序文件：goodlist.jsp
01  <%@ page language="java" contentType="text/html; charset=UTF-8" pageEncoding="UTF-8"%>
02  <%@ taglib uri="http://java.sun.com/jsp/jstl/core" prefix="c" %>
03  <html>
04  <head>
05  <style>
06     .container { font-size:14px; line-height: 25px; margin: 10px 0; }
07     .minwidth { width: 40px; }
08     table, td, th { border: solid 1px black; font-size:14px; }
09  </style>
10  </head>
11  <body>
12     <h3>商品列表</h3><hr />
13     <form action="goodsearch" method="post">
14     <table>
15        <tr>
16           <th>编号</th><th>名称</th><th>价格</th><th>存货量</th>
17           <th>销量</th><th>发货城市</th><th>商品描述</th>
18        </tr>
19        <c:set var="gs" value="${goods}" scope="request" />
20        <c:forEach var="g" items="${gs}">
21        <tr>
22           <td>${g.gdCode }</td><td>${g.gdName }</td><td>${g.gdPrice }</td>
23           <td>${g.gdQuantity }</td><td>${g.gdSaleQty }</td><td>${g.gdCity }</td>
24           <td>${g.gdInfo }</td>
25        </tr>
26        </c:forEach>
27     </table>
28     </form>
29  </body>
30  </html>
```

【程序说明】

第 2 行：使用 taglib 指令导入核心标签库，其前缀为 c。

第 19 行：使用 set 标签设置一变量 gs 并赋值为 request 范围内保存的 goods 属性值。

第 20～26 行：使用 forEach 标签循环 gs 集合中的每个元素赋值给变量 g。

第 22～24 行：获取并输出变量 g 的各个属性值。

（7）运行服务器 Tomcat，访问如下地址，查看运行效果，如图 6-24 所示。

```
http://localhost:8080/demo6/goodlist
```

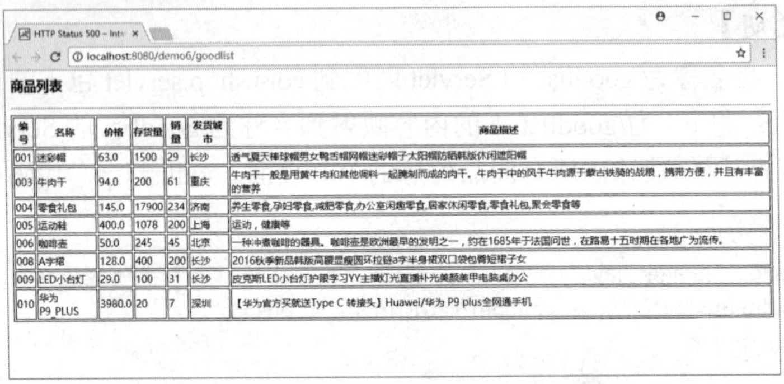

商品列表

编号	名称	价格	存货量	销量	发货城市	商品描述
001	迷彩帽	63.0	1500	29	长沙	透气夏天棒球帽男女鸭舌帽网帽迷彩帽子太阳帽防晒韩版休闲遮阳帽
003	牛肉干	94.0	200	61	重庆	牛肉干一般是用黄牛肉和其他调料一起腌制而成的肉干。牛肉干中的风干牛肉源于蒙古铁骑的战粮，携带方便，并且有丰富的营养
004	零食礼包	145.0	17900	234	济南	养生零食,孕妇零食,减肥零食,办公室闲趣零食,居家休闲零食,零食礼包,聚会零食等
005	运动鞋	400.0	1078	200	上海	运动，健康等
006	咖啡壶	50.0	245	45	北京	一种冲煮咖啡的器具。咖啡壶是欧洲最早的发明之一，约在1685年于法国问世，在路易十五时期在各地广为流传。
008	A字裙	128.0	400	200	长沙	2016秋季新品韩版高腰显瘦圆环拉链a字半身裙双口袋包臀短裙子女
009	LED小台灯	29.0	100	31	长沙	皮克斯LED小台灯护眼学习YY主播灯光直播补光美颜美甲电脑桌办公
010	华为P9_PLUS	3980.0	20	7	深圳	【华为官方买就送Type C 转接头】Huawei/华为 P9 plus全网通手机

图 6-24　基于 Model2 模式的 Web 项目

□ 任务实施

步骤 1：创建 chap0603 项目

在 Eclipse 中创建新的 Dynamic Web Project，名称为 chap0603。

步骤 2：新建 Model 层并创建用于封装商品信息的 JavaBean 文件 Good.java

在 src 根目录下新建名为 Good 的 JavaBean，包名为 com.shop.beans，代码如下。

```
//程序文件：Good.java
01    package com.shop.beans;
02    public class Good {
03            private int gdID;
04            private String gdCode;
05            private String gdName;
06            private float gdPrice;
07            private String gdInfo;
08            public Good() {}
09            public int getGdID() {
10                    return gdID;
11            }
12            public void setGdID(int gdID) {
13                    this.gdID = gdID;
14            }
15            public String getGdCode() {
16                    return gdCode;
17            }
```

```
18        public void setGdCode(String gdCode) {
19            this.gdCode = gdCode;
20        }
21        public String getGdName() {
22            return gdName;
23        }
24        public void setGdName(String gdName) {
25            this.gdName = gdName;
26        }
27        public float getGdPrice() {
28            return gdPrice;
29        }
30        public void setGdPrice(float gdPrice) {
31            this.gdPrice = gdPrice;
32        }
33        public String getGdInfo() {
34            return gdInfo;
35        }
36        public void setGdInfo(String gdInfo) {
37            this.gdInfo = gdInfo;
38        }
39    }
```

【程序说明】

第 3～7 行：定义 Good 类的属性，包括商品编号、商品名称、商品价格、商品描述等。

第 8 行：定义 Good 类的无参构造方法。

第 9～38 行：定义所有属性的 set 和 get 方法。

步骤 3：新建用于封装购物车信息的 JavaBean 类文件 Scar.java

在 src 根目录下新建一个名称为 Scar，包名为 com.shop.beans 的 JavaBean 类文件，代码如下。

```
//程序文件：Scar.java
01    package com.shop.beans;
02    public class Scar {
03        int siID;
04        Good good;
05        int scNum;
06        public Scar() {}
07        public int getSiID() {
08            return siID;
09        }
10        public void setSiID(int siID) {
11            this.siID = siID;
12        }
13        public int getScNum() {
14            return scNum;
15        }
16        public void setScNum(int scNum) {
```

```
17              this.scNum = scNum;
18          }
19          public Good getGood() {
20              return good;
21          }
22          public void setGood(Good good) {
23              this.good = good;
24          }
25  }
```

【程序说明】

第 3～5 行：定义 Scar 类的属性，包括购物车 ID、商品信息、商品数量等。

第 6 行：定义 Scar 类的无参构造方法。

第 7～24 行：定义所有属性的 set 和 get 方法。

步骤 4：新建 DAO 层的数据连接公共类文件 DBUtil.java

在 src 根目录下新建一个名为 DBUtil 的类文件，包名为 com.shop.dao，代码如下。

```
//程序文件：DBUtil.java
01  package com.shop.dao;
02  import java.sql.Connection;
03  import java.sql.DriverManager;
04  import java.sql.SQLException;
05  public class DBUtil {
06          public DBUtil() {}
07          public Connection getConnection() {
08                  Connection conn = null;
09                  try {
10                          Class.forName("com.mysql.jdbc.Driver");
11                          String uri = "jdbc:mysql://localhost:3306/onlinedb?characterEncoding=utf8";
12                          String user = "root";
13                          String password = "ROOT";
14                          conn =  DriverManager.getConnection(uri, user, password);
15                  } catch (ClassNotFoundException e) {
16                          // TODO Auto-generated catch block
17                          e.printStackTrace();
18                  } catch (SQLException e) {
19                          // TODO Auto-generated catch block
20                          e.printStackTrace();
21                  }
22                  return conn;
23          }
24  }
```

【程序说明】

第 2～4 行：引入相关包。

第 7～23 行：定义 getConnection()方法，打开数据库连接并返回连接对象。

步骤 5：新建 DAO 层的数据库访问类文件 GoodDAO.java，用于处理 good 数据表在 src 根目录下新建名为 GoodDAO 的类文件，包名为 com.shop.dao，代码如下。

```
//程序文件：GoodDAO.java
01	package com.shop.dao;
02	import java.sql.Connection;
03	import java.sql.PreparedStatement;
04	import java.sql.ResultSet;
05	import java.sql.SQLException;
06	import java.util.ArrayList;
07	import com.shop.beans.Good;
08	public class GoodDAO {
09		public ArrayList<Good> getAllGoods() {
10			ArrayList<Good> gs = new ArrayList<Good>();
11			StringBuffer sqlstr = new StringBuffer("select * from good");
12			try {
13				Connection conn = new DBUtil().getConnection();
14				PreparedStatement ps = conn.prepareStatement(sqlstr.toString());
15				ResultSet rs = ps.executeQuery();
16				while(rs.next()) {
17					Good g = new Good();
18					g.setGdID(rs.getInt("gdID"));
19					g.setGdCode(rs.getString("gdCode"));
20					g.setGdName(rs.getString("gdName"));
21					g.setGdPrice(rs.getFloat("gdPrice"));
22					g.setGdInfo(rs.getString("gdInfo"));
23					gs.add(g);
24				}
25				conn.close();
26			} catch (SQLException e) {
27				// TODO Auto-generated catch block
28				e.printStackTrace();
29			}
30			return gs;
31		}
32	}
```

【程序说明】

第 2～7 行：引入相关包。

第 9～31 行：定义 getAllGoods()方法，返回所有的商品信息并保存在 ArrayList 对象中。

步骤 6：新建 DAO 层的数据库访问类文件 ScarDAO.java，用于处理 scar 数据表

在 src 根目录下新建名为 ScarDAO 的类文件，包名为 com.shop.dao，代码如下。

```
//程序文件：ScarDAO.java
01	package com.shop.dao;
02	import java.sql.Connection;
03	import java.sql.PreparedStatement;
04	import java.sql.ResultSet;
05	import java.sql.SQLException;
06	import java.util.ArrayList;
```

```
07    import com.shop.beans.Good;
08    import com.shop.beans.Scar;
09    public class ScarDAO {
10          public void addScar(int gdid) {
11                StringBuffer sqlstr = new StringBuffer("select * from scar where gdID=?");
12                ArrayList<Integer> params = new ArrayList<Integer>();
13                try {
14                      Connection conn = new DBUtil().getConnection();
15                      PreparedStatement ps = conn.prepareStatement(sqlstr.toString());
16                      ps.setInt(1, gdid);
17                      ResultSet rs = ps.executeQuery();
18                      if(rs.next()) {
19                            sqlstr = new StringBuffer("update scar set scNum = scNum +1 where
gdID=?");
20                            params.add(gdid);
21                      }
22                      else {
23                            sqlstr = new StringBuffer("insert into scar (gdID, scNum) values(?,?) ");
24                            params.add(gdid);
25                            params.add(1);
26                      }
27                      ps = conn.prepareStatement(sqlstr.toString());
28                      for(int i=0; i<params.size(); i++) {
29                            ps.setInt(i+1, params.get(i));
30                      }
31                      ps.executeUpdate();
32                      conn.close();
33                }
34       catch (SQLException e) {
35                // TODO Auto-generated catch block
36                e.printStackTrace();
37          }
38          }
39          public ArrayList<Scar> getScars() {
40                ArrayList<Scar> cars = new ArrayList<Scar>();
41                StringBuffer sqlstr = new StringBuffer("select * from scar join good on scar.gdID =
good.gdID");
42                try {
43                      Connection conn = new DBUtil().getConnection();
44                      PreparedStatement ps = conn.prepareStatement(sqlstr.toString());
45                      ResultSet rs = ps.executeQuery();
46                      while(rs.next()) {
47                            Good g = new Good();
48                            g.setGdID(rs.getInt("gdID"));
49                            g.setGdCode(rs.getString("gdCode"));
50                            g.setGdName(rs.getString("gdName"));
51                            g.setGdPrice(rs.getFloat("gdPrice"));
52                            g.setGdInfo(rs.getString("gdInfo"));
53                            Scar car = new Scar();
```

```
54                          car.setGood(g);
55                          car.setSiID(rs.getInt("siID"));
56                          car.setScNum(rs.getInt("scNum"));
57                          cars.add(car);
58                      }
59                      conn.close();
60              } catch (SQLException e) {
61                      // TODO Auto-generated catch block
62                      e.printStackTrace();
63              }
64              return cars;
65      }
66  }
```

【程序说明】

第 2～8 行：引入相关包。

第 10～38 行：定义 addScar()方法，将用户选择的商品添加到购物车。

第 11～17 行：查询购物车中是否已经存在用户选择的商品。

第 18～21 行：如果购物车中存在该商品，则商品的数量加 1。

第 22～26 行；如果购物车中不存在该商品，则添加一条该商品的记录，并设置数量为 1。

第 39～65 行：定义 getScars()方法，返回购物车表中所有的记录，并保存到 ArrayList 对象中。

步骤 7: 新建 Servlet 层的类文件 GoodServlet.java，用于处理商品信息相关的用户请求

在 src 根目录下新建名为 GoodServlet 的类文件，包名为 com.shop.servlet，代码如下。

```
//程序文件：GoodServlet.java
01  package com.shop.servlet;
02  import java.io.IOException;
03  import java.util.ArrayList;
04  import javax.servlet.ServletException;
05  import javax.servlet.annotation.WebServlet;
06  import javax.servlet.http.HttpServlet;
07  import javax.servlet.http.HttpServletRequest;
08  import javax.servlet.http.HttpServletResponse;
09  import com.shop.beans.*;
10  import com.shop.dao.GoodDAO;
11  @WebServlet("/SearchGoodsServlet")
12  public class GoodServlet extends HttpServlet {
13          protected void doGet(HttpServletRequest request, HttpServletResponse response)
14                  throws ServletException, IOException {
15                  ArrayList<Good> gs = new GoodDAO().getAllGoods();
16                  request.setAttribute("goods", gs);
17                  request.getRequestDispatcher("goodlist.jsp").forward(request, response);
18          }
19  }
```

【程序说明】

第 2～10 行：引入相关包。

第 13～18 行：重写 doGet()方法。

第 15 行：调用 GoodDAO 类的 getAllGoods()方法，将所有商品信息保存到 ArrayList 对象中。

第 16～17 行：将 ArrayList 对象保存到 request 对象属性中，并转发到 goodlist.jsp 页面。

步骤 8：新建 Servlet 层的类文件 ScarAddServlet.java，用于处理将商品添加到购物车的请求

在 src 根目录下新建一个名称为 ScarAddServlet、包名为 com.shop.serlvlet 的类文件，代码如下。

```
//程序文件：ScarAddServlet.java
01    package com.shop.servlet;
02    import java.io.IOException;
03    import javax.servlet.ServletException;
04    import javax.servlet.annotation.WebServlet;
05    import javax.servlet.http.HttpServlet;
06    import javax.servlet.http.HttpServletRequest;
07    import javax.servlet.http.HttpServletResponse;
08    import com.shop.dao.ScarDAO;
09    @WebServlet("/ScarServlet")
10    public class ScarAddServlet extends HttpServlet {
11            protected void doGet(HttpServletRequest request, HttpServletResponse response)
12                    throws ServletException, IOException {
13                    int id = Integer.parseInt(request.getParameter("id"));
14                    new ScarDAO().addScar(id);
15                    response.sendRedirect("goodlist");
16            }
17    }
```

【程序说明】

第 2～8 行：引入相关包。

第 11～16 行：重写 doGet()方法。

第 13 行：获取用户单击超链接传递过来的商品 ID 值。

第 14 行：调用 ScarDAO 对象的 addScar()方法，将指定 ID 的商品添加到购物车。

第 15 行：跳转到名称为 goodlist 的 Servlet。

步骤 9：新建 Servlet 层的类文件 ScarShowServlet.java，用于处理用户的购物车信息

在 src 根目录下新建名为 ScarShowServlet 的类文件，包名为 com.shop.servlet，代码如下。

```
//程序文件：ScarShowServlet.java
01    package com.shop.servlet;
02    import java.io.IOException;
03    import java.util.ArrayList;
```

```
04   import javax.servlet.ServletException;
05   import javax.servlet.annotation.WebServlet;
06   import javax.servlet.http.HttpServlet;
07   import javax.servlet.http.HttpServletRequest;
08   import javax.servlet.http.HttpServletResponse;
09   import com.shop.beans.Good;
10   import com.shop.beans.Scar;
11   import com.shop.dao.GoodDAO;
12   import com.shop.dao.ScarDAO;
13   @WebServlet("/ScarShowServlet")
14   public class ScarShowServlet extends HttpServlet {
15        protected void doGet(HttpServletRequest request, HttpServletResponse response)
16   throws ServletException, IOException {
17             ArrayList<Scar> scars = new ScarDAO().getScars();
18             request.setAttribute("scars", scars);
19             request.getRequestDispatcher("myscar.jsp").forward(request, response);
20        }
21   }
```

【程序说明】

第 2～12 行：引入相关包。

第 15～20 行：重写 doGet()方法。

第 17 行：调用 ScarDAO 类的 getScars()方法，将购物车信息保存到 ArrayList 对象中。

第 18～19 行：将 ArrayList 对象保存到 request 对象属性中，并转发到 myscar.jsp 页面。

步骤 10：新建配置文件 web.xml

在 WebContent 根目录的 WEB-INF 文件夹下新建配置文件 web.xml。在 web.xml 文件中增加访问 Servlet 的配置，代码如下。

```
//程序文件：web.xml
01   <?xml version="1.0" encoding="UTF-8"?>
02   <web-app>
03        <servlet>
04             <servlet-name>goodlist</servlet-name>
05             <servlet-class>com.shop.servlet.GoodServlet</servlet-class>
06        </servlet>
07        <servlet-mapping>
08             <servlet-name>goodlist</servlet-name>
09             <url-pattern>/goodlist</url-pattern>
10        </servlet-mapping>
11        <servlet>
12             <servlet-name>scarshow</servlet-name>
13             <servlet-class>com.shop.servlet.ScarShowServlet</servlet-class>
14        </servlet>
15        <servlet-mapping>
16             <servlet-name>scarshow</servlet-name>
17             <url-pattern>/scarshow</url-pattern>
18        </servlet-mapping>
19   </web-app>
```

【程序说明】

第 3～6 行：将名为 goodlist 的 Servlet 匹配到 com.shop.servlet 包下的 GoodsServlet 类。

第 7～10 行：将 url 为/goodlist 下的内容映射到名称为 goodlist 的 Servlet。

第 11～14 行：将名称为 scarshow 的 Servlet 匹配到 com.shop.servlet 包下的 ScarShowServlet 类。

第 15～18 行：将 url 为/scarshow 下的内容映射到名称为 scarshow 的 Servlet。

步骤 11：新建 View 层的 goodlist.jsp 页面，用于输出所有商品信息

在 WebContent 根目录下新建商品查询页面 goodlist.jsp。在 goodlist.jsp 文件中增加 HTML 标签实现页面布局，代码如下。

```
//程序文件：goodlist.jsp
01   <%@ page language="java" contentType="text/html; charset=UTF-8" pageEncoding="UTF-8"%>
02   <%@ taglib uri="http://java.sun.com/jsp/jstl/core" prefix="c" %>
03   <html>
04   <head><link href="css/css.css" type="text/css" rel="stylesheet"></head>
05   <body>
06     <h3>商品列表</h3><hr />
07     <a href="scarshow">查看购物车</a>
08     <form action="ScarServlet" method="post">
09     <table>
10       <tr><th>编号</th><th>名称</th><th>价格</th>
11       <th>商品描述</th><th></th></tr>
12       <c:set var="gs" value="${goods}" scope="request" />
13       <c:forEach var="g" items="${gs}">
14       <tr>
15         <td>${g.gdCode }</td><td>${g.gdName }</td><td>${g.gdPrice }</td><td>${g.gdInfo }</td>
16         <td><a href="ScarServlet?id=${g.gdID }">加入购物车</a></td>
17       </tr>
18       </c:forEach>
19     </table>
20   </form>
21   </body>
22   </html>
```

【程序说明】

第 2 行：使用 taglib 指令导入核心标签库，其前缀为 c。

第 4 行：使用 link 标签引用外部样式 css.css。

第 12 行：使用 set 标签设置一变量 gs 并赋值为 request 范围内保存的 goods 属性值。

第 13～18 行：使用 forEach 标签循环 gs 集合中的每个元素赋值给变量 g。

第 15～16 行：获取并输出变量 g 的各个属性值。

步骤 12：新建 myscar.jsp 页面，用于显示用户的购物车信息

在 WebContent 根目录下新建购物车页面 myscar.jsp。在 myscar.jsp 文件中增加 HTML 标签实现页面布局，代码如下。

```
//程序文件：myscar.jsp
01  <%@ page language="java" contentType="text/html; charset=UTF-8" pageEncoding="UTF-8"%>
02  <%@ taglib uri="http://java.sun.com/jsp/jstl/core" prefix="c" %>
03  <html>
04  <head><link href="css/css.css" type="text/css" rel="stylesheet"></head>
05  <body>
06      <h3>你目前购买的商品</h3><hr />
07      <table>
08          <tr><th>商品名称</th><th>价格</th><th>商品描述</th><th>购买数量</th></tr>
09          <c:set var="scars" value="${scars}" scope="request" />
10          <c:forEach var="scar" items="${scars}">
11              <tr>
12                  <td>${scar.good.gdName }</td><td>${scar.good.gdPrice }</td>
13                  <td>${scar.good.gdInfo }</td><td>${scar.scNum }</td>
14              </tr>
15          </c:forEach>
16      </table>
17  </body>
18  </html>
```

【程序说明】

第 2 行：使用 taglib 指令导入核心标签库，其前缀为 c。

第 4 行：使用 link 标签引用外部样式 css.css。

第 9 行：使用 set 标签设置一变量 scars 并赋值为 request 范围内保存的 scars 属性值。

第 10～15 行：使用 forEach 标签循环 scars 集合中的每个元素赋值给变量 scar。

第 12～13 行：获取并输出变量 scar 的各个属性值，其中 good 是 scar 的对象属性，映射到商品信息。

步骤 13：新建样式文件 css.css

在 WebContent 根目录下添加名为 css 的子文件夹，在 css 文件夹中新建样式文件 css.css，设置商品列表页和购物车页面的样式，代码如下。

```
//程序文件：css/css.css
01  table, td, th {
02      border: solid 1px gray; font-size: 14px; border-spacing: 0px;
03  }
```

【程序说明】

第 1～3 行：设置 table 标签、td 标签、th 标签的边框、字体、边距等样式。

步骤 14：查看整个项目结构

在 Project Explorer 窗口中查看整个 Java Web 项目的结构，如图 6-25 所示。

步骤 15：运行项目，查看效果

启动 Tomcat 服务器，打开浏览器，在地址栏中输入如下地址。

```
http://localhost:8080/chap0603/goodlist
```

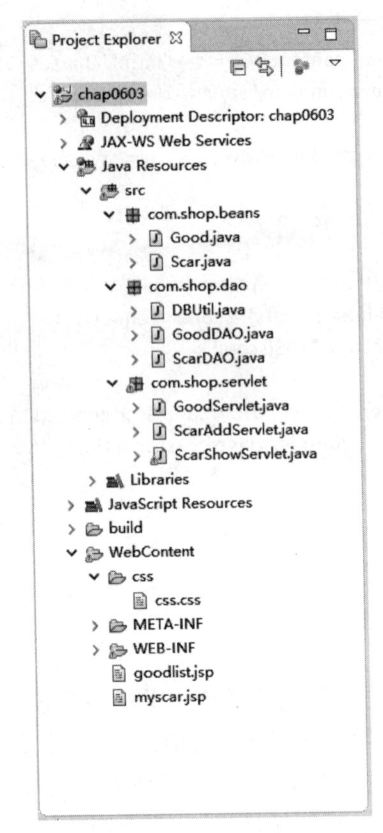

图 6-25　项目文件结构

项 目 小 结

本项目通过使用 JavaBean 实现商品查询、优化设计用户登录页、基于 Model2 模式实现购物车 3 个任务的实现，介绍了 JavaBean 基础、定义和使用 JavaBean 的方法、EL 表达式和 JSTL 标签库的使用、基于 Model2 模式程序设计的方法等。设计模式是一套由前人总结并被反复使用、成功的代码设计经验的总结。通过本项目的学习，开发人员可以优化自己的代码，提高代码的理解性和重用性。

思考与练习

1. 简述 JavaBean 的定义需要遵循哪些规则。
2. 简述使用 EL 表达式和 JSTL 标签库的目的。
3. 简述什么是 MVC 模式。
4. 比较 JSP Model1 模式和 JSPModel2 模式的异同。

5. 创建学生信息（Student）的 JavaBean，该 JavaBean 中包含姓名（stname）、性别（stsex）、年龄（stage）、学号（stcode）、成绩（stscore）等属性。

6. 创建 JSP 页面，使用表单提交学生信息，要求：

（1）使用 Model2 模式实现整个功能。

（2）使用第 5 题创建的 JavaBean 封装学生信息。

（3）使用 EL 表达式和 JSTL 标签库优化 JSP 页面。

项 目 实 训

【实训任务】

E 诚尚品（ESBuy）网上商城的商品管理和购物车。

【实训目的】

☑ 掌握 Model2 模式的程序设计方法。
☑ 会使用 JavaBean 封装数据对象。
☑ 会创建 DAO 层代码实现数据访问。
☑ 会使用 Servlet 实现 Controller 层代码，实现用户请求和响应。
☑ 会使用 EL 表达式和 JSTL 标签库简化 JSP 页面。

【实训内容】

1. 修改 ESBuy 项目架构，使其基于 Model2 模式。

2. 分析 ESBuy 数据库设计，按如下要求完成：

（1）创建 JavaBean，分别封装商品信息、商品类别信息、购物车信息等。

（2）创建分别访问商品信息数据、商品类别信息数据和购物车信息数据的 DAO 层。

3. 为 ESBuy 增加商品管理功能。

4. 为 ESBuy 增加购物车功能。

项目 7

Java Web 中的组件应用

❑ 学习导航

【学习任务】

任务1　实现图片上传
任务2　实现订单邮件发送
任务3　实现商品销量统计

【学习目标】

- 掌握 Commons FileUpload 组件的核心类
- 会使用 Commons FileUpload 组件实现文件上传
- 会使用 JavaMail 组件实现邮件发送
- 会使用 JFreeChart 组件绘制图表

任务 1　实现图片上传

□ 任务场景

【任务描述】

文件上传是 Web 应用的常用功能，如上传资料或者照片等。文件上传通常有两种处理方式，一种是使用文件流实现文件上传；另一种是使用第三方组件实现。实际开发时，为了节约时间、提高开发效率，一般会选择使用第三方组件实现。本任务实现图片上传的 Java Web 项目，使用第三方的 Commons FileUpload 组件实现图片上传。

【运行效果】

本任务通过请求 Servlet 实现，页面效果如图 7-1 所示。

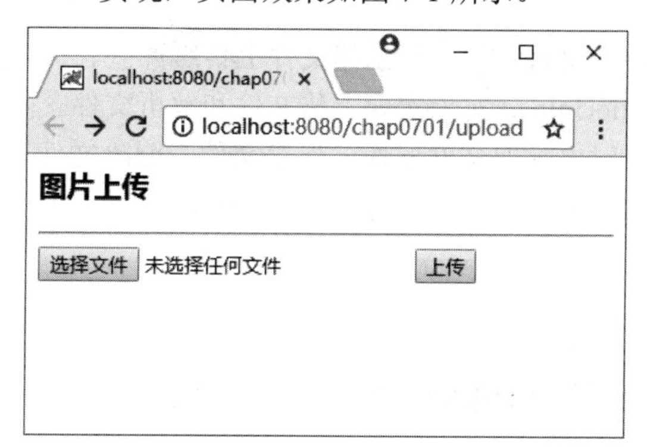

图 7-1　页面初次加载

如果选择非图片文件，单击“上传”按钮，则页面会提示“只能上传图片文件！”，效果如图 7-2 所示。

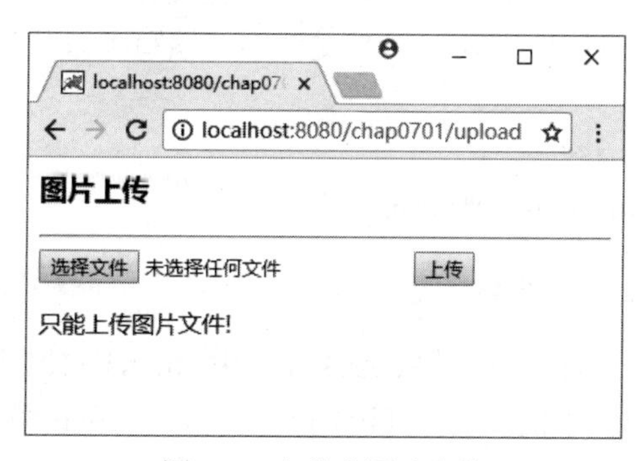

图 7-2　上传非图片文件

选择图片文件，单击“上传”按钮后，图片上传到服务器，并显示在页面上，如图 7-3 所示。

图 7-3　上传图片文件

【任务分析】

（1）使用 DiskFileItemFactory 对象创建文件上传缓冲区。

（2）使用 ServletFileUpload 对象实现上传文件和解析文件。

（3）使用 FileItem 对象获取文件属性、保存文件、删除文件。

（4）使用 SuffixFileFilter 对象限制文件上传类型。

□ 知识引入

7.1.1　Commons FileUpload 概述

Commons FileUpload 是 Apache 开放源代码组织的一个 Java 子项目。该项目可以方便地将 multipart/form-data 类型请求中的各种表单域解析出来，并实现一个或多个文件的上传，同时还可以限制上传文件的大小等。该组件的主要特点如下。

☑ 使用简单。可以方便地嵌入到 JSP 文件中，编写少量代码即可完成文件的上传和下载。

☑ 能全程控制上传内容。

☑ 能控制上传文件的大小、类型等。

1. Commons FileUpload 组件下载

Commons FileUpload 组件包可以从 Apache Commons 官网下载。目前，最新版本是 Commons FileUpload 1.3.3，下面以下载 FileUpload 1.3.3 为例讲解组件包的下载步骤。

（1）在浏览器地址栏中输入 Commons FileUpload 组件主页地址 http://commons.apache.org/proper/commons-fileupload/，打开组件主页，如图 7-4 所示。

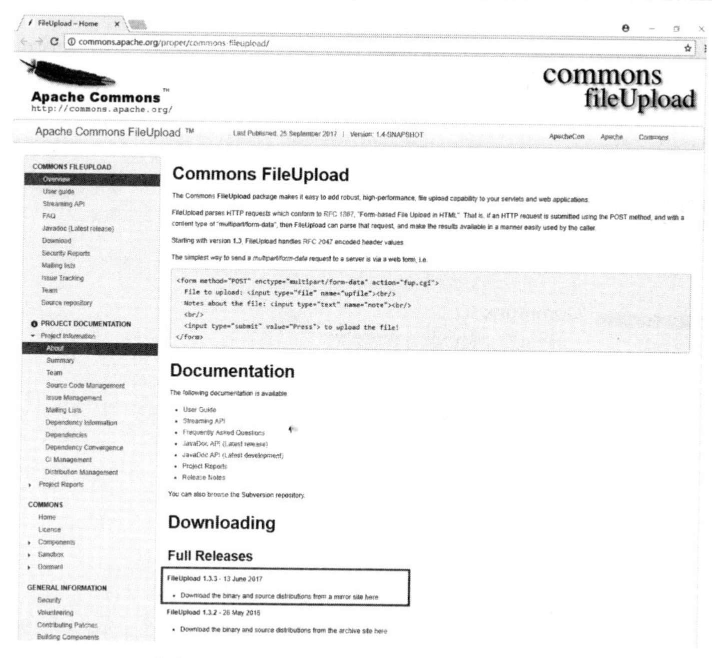

图 7-4　Commons FileUpload 组件主页

（2）在如图 7-4 所示页面中，单击 FileUpload 1.3.3－13 June 2017 后面的 here 超链接，打开 FileUpload 1.3.3 的下载页，如图 7-5 所示。

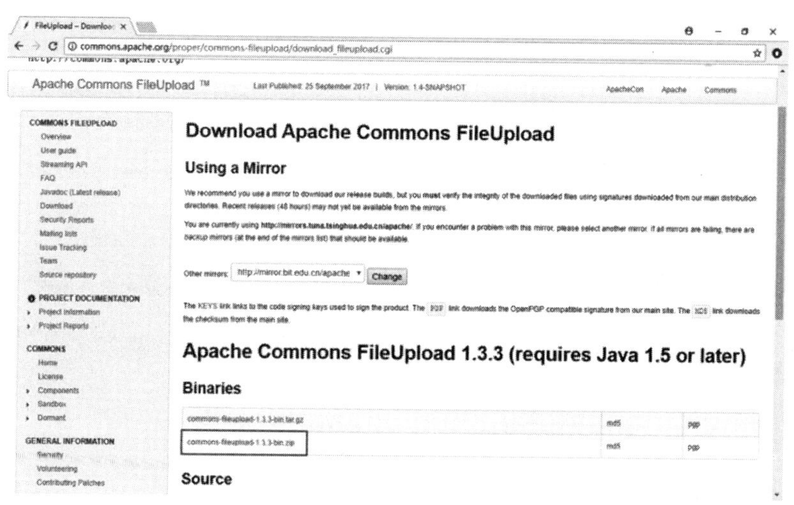

图 7-5　Commons FileUpload 组件下载页

（3）在如图 7-5 所示页面中，单击 commons-fileupload-1.3.3-bin.zip 超链接进行下载，下载的文件名为 commons-fileupload-1.3.3-bin.zip。

2．Commons IO 组件下载

Commons FileUpload 组件需要 Commons IO 的支持，所以还需要从 Apache Commons 官网下载 Commons IO 组件包。下面以 Commons IO 2.6 的下载为例讲解具体操作。

（1）在浏览器地址栏中输入 Commons IO 组件主页地址 http://commons.apache.org/proper/commons-io/，打开组件主页，如图 7-6 所示。

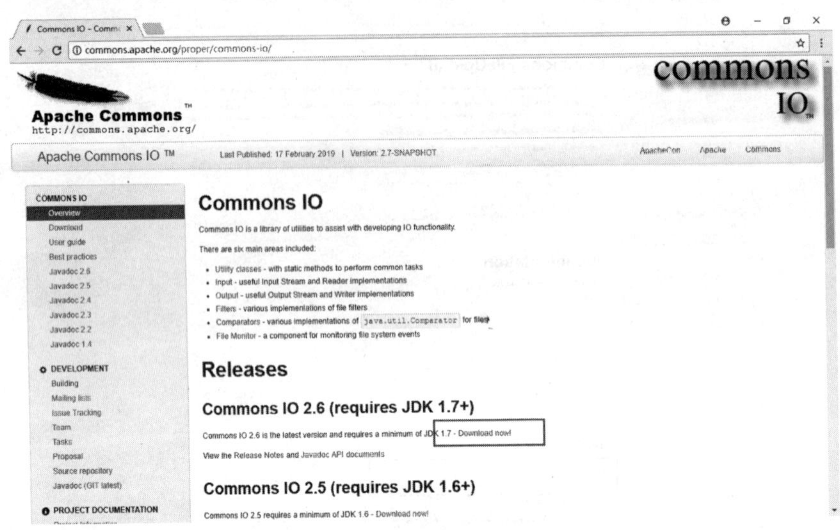

图 7-6　Commons IO 组件主页

（2）在如图 7-6 所示页面中，单击 Commons IO 2.6(requires JDK 1.7+)下方的 Download now!超链接，打开 Commons IO 2.6 的下载页，如图 7-7 所示。

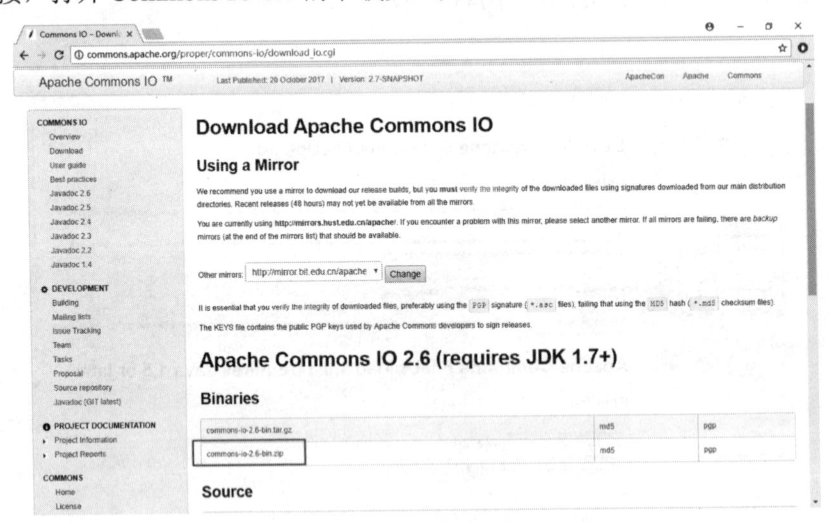

图 7-7　Commons IO 组件下载页

（3）在如图 7-7 所示页面中，单击 commons-io-2.6-bin.zip 超链接进行下载，下载的文件名为 commons-io-2.6-bin.zip。

3. Commons FileUpload 组件配置

将两个压缩包解压后，复制 commons-fileupload-1.3.3.jar 和 commons-io-2.6.jar 两个文件到项目文件夹下的 WEB-INF\lib 文件夹中。

7.1.2　Commons FileUpload 相关类

Commons FileUpload 组件提供了 3 种文件处理方式，分别是 DiskFileUpload、ServletFileUpload 和 PortletFileUpload 3 种方式。其中 DiskFileUpload 已经过期，建议使用 ServletFileUpload 代替，而 PortletFileUpload 需要配合 portlet-api 组件包一起使用。本书仅介绍 ServletFileUpload 处理方式。

使用 ServletFileUpload 处理方式实现文件上传必须用到 org.apache.commons.fileupload 包中的 DiskFileItemFactory 类、ServletFileUpload 类、FileItem 类和 SuffixFileFilter 类。

1．DiskFileItemFactory 类

DiskFileItemFactory 类用于设置文件上传缓冲区的大小以及临时保存位置等。该类常用的方法如表 7-1 所示。

表 7-1　DiskFileItemFactory 类的常用方法

方　法	说　明
void setSizeThreshold(int sizeThreshold)	设置缓冲区大小。如果不设置，大小为 102400KB
void setRepository(File respository)	设置临时文件的保存位置。如果不设置，为系统临时文件夹
DiskFileItemFactory([int sizeThreshold, File respository])	构造一个指定缓冲区大小和指定临时文件目录的文件项工厂

2．ServletFileUpload 类

ServletFileUpload 类是 Commons FileUpload 组件的核心类，主要负责上传和解析文件，它包含了实现文件上传的一系列方法。该类常用的方法如表 7-2 所示。

表 7-2　ServletFileUpload 类的常用方法

方　法	说　明
ServletFileUpload(DiskFileItemFactory factory)	使用指定的缓冲区大小和临时文件夹构造 ServletFileUpload 对象
List<FileItem> parseRequest(HttpServletRequest request)	解析 request 对象，得到所有的上传项，返回一个 List<FileItem>集合
boolean isMultipartContent (HttpServletRequest request)	用于判断请求消息中的内容是否是 multipart/form-data 类型
void setFileSizeMax(long fileSizeMax)	设置单个文件的上传大小上限
void setSizeMax(long sizeMax)	设置总文件的上传大小上限
void setHeaderEncoding(Charset charset)	使用 charset 编码进行处理请求，解决文件上传中的中文乱码问题

3．FileItem 类

FileItem 类用来封装单个表单项的数据，一个表单项对应一个 FileItem 对象，通过调用 FileItem 对象的方法可以获得相关表单项的数据。该类的常用方法如表 7-3 所示。

表 7-3　FileItem 类的常用方法

方　法	说　明
boolean isFormField()	用于判断 FileItem 类对象封装的数据是否属于一个普通表单字段
String getName()	用于获得文件上传字段中的文件名
String getFieldName()	用于返回表单字段元素的 name 属性值
String getString()	用于将 FileItem 对象中保存的主体内容作为一个字符串返回
void write()	将 FileItem 对象中保存的主体内容保存到指定的文件中
void delete()	删除临时文件

当使用表单实现文件上传时，需要为 form 表单标签添加 enctype 属性，其值必须为 multipart/form-data。

4．SuffixFileFilter 类

实际应用中，如允许上传的类型为可执行文件，有可能会对服务器造成安全隐患，因此需要限制文件上传类型。SuffixFileFilter 类用于实现文件类型的过滤，该类提供的常用方法如表 7-4 所示。

表 7-4　SuffixFileFilter 类的常用构造方法

方　法	说　明
SuffixFileFilter(String suffix)	构造方法，参数 suffix 表示需过滤的文件扩展名
SuffixFileFilter(String[] suffixs)	构造方法，参数 suffixs 表示需过滤的文件扩展名数组
SuffixFileFilter(List suffixs)	构造方法，参数 suffixs 表示需过滤的文件扩展名集合
void accept(File file)	过滤方法，参数 file 表示要过滤的文件对象，如果 file 对象的文件类型与构造方法中指定的扩展名相同则返回 true，否则返回 false

下面的代码对扩展名为.exe 和.dat 的文件类型进行过滤。

```
String files[] = new String[]{".exe", ".dat"};
SuffixFileFilter filter = new SuffixFileFilter(files);
```

7.1.3　实现文件上传的基本步骤

使用 Commons FileUpload 组件实现文件上传时，步骤如下。

（1）创建一个 JSP 页面，用来添加上传文件的表单及其表单元素。

☑　该表单中需要添加用于指定上传文件的文件域，代码如下。

```
<input type="file" name="fileupload" />
```

☑　form 表单的 enctype 属性值必须为 multipart/form-data。

（2）创建上传文件的保存目录。

（3）创建一个 DiskFileItemFactory 对象。

（4）创建一个文件上传解析器 ServletFileUpload。

（5）使用 ServletFileUpload 解析上传数据，解析结果返回的是一个 List<FileItem>集

合，每一个 FileItem 对应一个表单输入项。

（6）依次处理每个 FileItem。

【例 7-1】使用 Commons FileUpload 组件上传文件。

（1）创建上传文件 JSP 页面，代码如下。

```
//程序文件：7-1.jsp
01    <%@ page language="java" contentType="text/html; charset=UTF-8" pageEncoding="UTF-8"%>
02    <html>
03    <body>
04       <form action="upload" enctype="multipart/form-data" method="post">
05          <input type="file" name="fileupload" value="upload" />
06          <input type="submit" value="上传" />
07       </form>
08    </body>
09    </html>
```

【程序说明】

第 4～7 行：定义上传表单 form，指定 method 属性值为 post，enctype 属性值为 multipart/form-data，action 属性值为 upload。

第 5 行：定义文件域，用于指定上传文件。

（2）创建名为 FileUploadServlet.java 的 Servlet，用于处理上传文件请求，代码如下。

```
//程序文件：FileUploadServlet.java
01    package myservlet;
02    import java.io.File;
03    import java.io.IOException;
04    import java.util.List;
05    import javax.servlet.ServletException;
06    import javax.servlet.annotation.WebServlet;
07    import javax.servlet.http.HttpServlet;
08    import javax.servlet.http.HttpServletRequest;
09    import javax.servlet.http.HttpServletResponse;
10    import org.apache.commons.fileupload.FileItem;
11    import org.apache.commons.fileupload.disk.DiskFileItemFactory;
12    import org.apache.commons.fileupload.servlet.ServletFileUpload;
13    @WebServlet("/FileUploadServlet")
14    public class FileUploadServlet extends HttpServlet {
15       protected void doPost(HttpServletRequest request, HttpServletResponse response)
16          throws ServletException, IOException {
17          String path = this.getServletContext().getRealPath("/upload");
18          File uploadfile = new File(path);
19          if(!uploadfile.exists()) uploadfile.mkdir();
20          DiskFileItemFactory dFactory = new DiskFileItemFactory();
21          ServletFileUpload sFileupload = new ServletFileUpload(dFactory);
22          sFileupload.setHeaderEncoding("utf-8");
23          try {
24             List<FileItem> list = sFileupload.parseRequest(request) ;
```

```
25              FileItem item = list.get(0);
26              String filename = item.getName();
27              File savefile = new File(path, filename);
28              item.write(savefile);
29              response.setContentType("text/html; charset=UTF-8");
30              response.getWriter().print("文件上传成功！");
31          }
32          catch(Exception e) {
33              response.getWriter().print("文件上传失败！");
34              e.printStackTrace();
35          }
36      }
37  }
```

【程序说明】

第 2～12 行：导入相关包。

第 17～19 行：设置上传文件存储路径，并判断该路径是否存在，若不存在，则创建它。

第 20 行：创建 DiskFileItemFactory 类的实例 dFactory。

第 21 行：创建文件上传解析器 ServletFileUpload 类的实例 sFileupload。

第 24～25 行：使用 ServletFileUpload 解析上传数据，返回 List<FileItem>集合。由于表单中只有一个 file 标签，所以直接取出第一个元素。

第 26～27 行：创建保存文件的 File 对象。

第 28 行：保存文件。

第 30 行：向浏览器输出“文件上传成功！”。

第 32～35 行：若出现异常，向浏览器输出“文件上传失败！”。

（3）在 web.xml 文件中增加对 FileUploadServlet 访问映射的配置，代码如下。

```
//程序文件：web.xml
01  <servlet>
02      <servlet-name>upload</servlet-name>
03      <servlet-class>myservlet.FileUploadServlet</servlet-class>
04  </servlet>
05  <servlet-mapping>
06      <servlet-name>upload</servlet-name>
07      <url-pattern>/upload</url-pattern>
08  </servlet-mapping>
```

（4）启动 Tomcat 服务器，在地址栏中输入如下地址，并选择一个文件 1.txt，如图 7-8 所示。

```
http://localhost:8080/demo7/7-1.jsp
```

（5）在如图 7-8 所示页面中单击“上传”按钮，文件上传到服务器，并提示“文件上传成功！”，如图 7-9 所示。

（6）查看 Tomcat 安装目录，并打开本项目根目录下的 upload 文件夹，即可看到刚刚上传的文件，如图 7-10 所示。

图 7-8　文件上传页

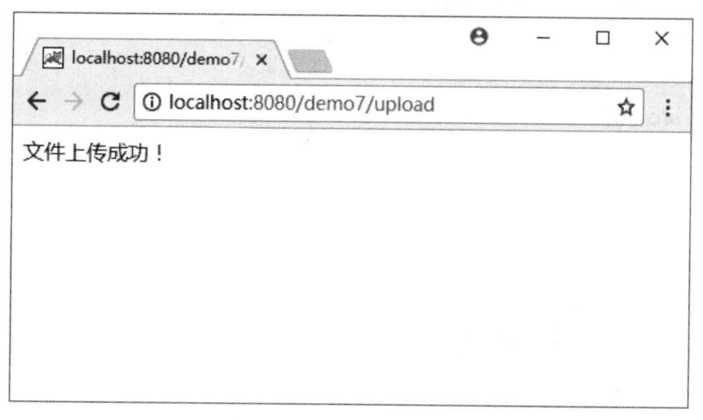

图 7-9　文件上传成功

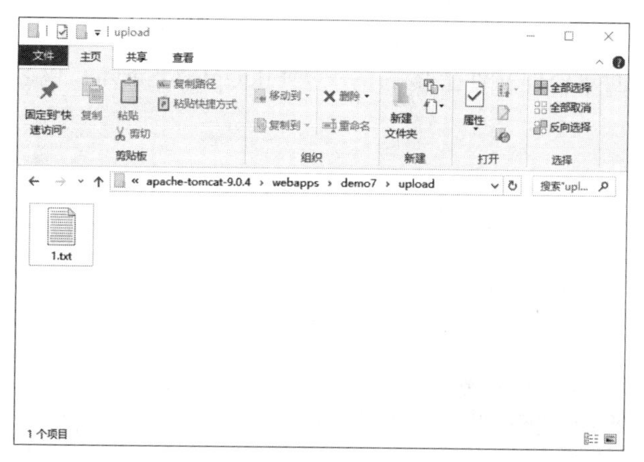

图 7-10　查看上传文件

❑ 任务实施

步骤 1：创建 chap0701 项目

在 Eclipse 中创建新的 Dynamic Web Project，名称为 chap0701。

步骤 2：导入相关包

在 chap0701 项目的 WEB-INF\lib 文件夹中添加 commons-fileupload-1.3.3.jar、commons-io-2.6.jar、jstl.jar 和 standard.jar 等包文件。

步骤 3：创建 upload.jsp 页面

在 WebContext 文件夹下创建 upload.jsp 页面，代码如下。

```
//程序文件：upload.jsp
01  <%@ page language="java" contentType="text/html; charset=UTF-8" pageEncoding="UTF-8"%>
02  <%@ taglib uri="http://java.sun.com/jsp/jstl/core" prefix="c" %>
03  <html>
04  <body>
05     <h2>商品图片上传</h2><hr />
06     <form action="upload" enctype="multipart/form-data" method="post">
07        <input type="file" name="fileupload" value="upload" />
08        <input type="submit" value="上传" />
09     </form>
10     ${requestScope.msg}
11     <img alt="" src="${requestScope.url}">
12  </body>
13  </html>
```

【程序说明】

第 6 行：设置表单提交的 url 为/upload。

第 7 行：设置上传文件的文件域。

第 10 行：用于输出提示信息。

第 11 行：使用 img 标签输出上传的商品图片。

步骤 4：创建名为 FileUploadServlet.java 的 Servlet，用于处理文件上传请求。

在 src 文件夹下创建处理文件上传的请求类 FileUploadServlet，包名为 com.shop.servlet，代码如下。

```
//程序文件：FileUploadServlet.java
01  package com.shop.servlet;
02  import java.io.File;
03  import java.io.IOException;
04  import java.io.PrintWriter;
05  import java.util.List;
06  import javax.servlet.ServletException;
07  import javax.servlet.annotation.WebServlet;
08  import javax.servlet.http.HttpServlet;
09  import javax.servlet.http.HttpServletRequest;
10  import javax.servlet.http.HttpServletResponse;
11  import org.apache.commons.fileupload.FileItem;
12  import org.apache.commons.fileupload.disk.DiskFileItemFactory;
13  import org.apache.commons.fileupload.servlet.ServletFileUpload;
14  import org.apache.commons.io.filefilter.SuffixFileFilter;
15  @WebServlet("/FileUploadServlet")
16  public class FileUploadServlet extends HttpServlet {
17     protected void doGet(HttpServletRequest request, HttpServletResponse response)
18        throws ServletException, IOException {
19        request.getRequestDispatcher("upload.jsp").forward(request, response);
```

```
20      }
21      protected void doPost(HttpServletRequest request, HttpServletResponse response)
22          throws ServletException, IOException {
23          String msg = "";
24          String url = "";
25          response.setCharacterEncoding("utf8");
26          PrintWriter out = response.getWriter();
27          String path = this.getServletContext().getRealPath("/upload");
28          File uploadfile = new File(path);
29          if (!uploadfile.exists()) uploadfile.mkdir();
30          DiskFileItemFactory factory = new DiskFileItemFactory();
31          ServletFileUpload upload = new ServletFileUpload(factory);
32          upload.setHeaderEncoding("utf-8");
33          try {
34              List<FileItem> list = upload.parseRequest(request);
35              FileItem item = list.get(0);
36              String[] limit = new String[] {".jpg", ".gif", ".png", ".bmp"};
37              SuffixFileFilter filter = new SuffixFileFilter(limit);
38              String filename = item.getName();
39              File savefile = new File(path, filename);
40              boolean flag = filter.accept(savefile);
41              if (!flag) {
42                  msg = "只能上传图片文件!";
43                  return;
44              }
45              else {
46                  item.write(savefile);
47                  url = request.getContextPath() + "/upload/" + filename;
48              }
49          }
50          catch (Exception e) {
51              msg = "文件上传失败！";
52              e.printStackTrace();
53          }
54          finally {
55              request.setAttribute("msg", msg);
56              request.setAttribute("url", url);
57              request.getRequestDispatcher("upload.jsp").forward(request, response);
58          }
59      }
60  }
```

【程序说明】

第 2～14 行：导入相关包。

第 17～20 行：重写 doGet()方法，转发到 upload.jsp 页面。

第 21～59 行：重写 doPost()方法，实现商品图片上传并转发到 upload.jsp 页面。

第 27～29 行：设置上传文件的存储路径，并判断该路径是否存在，若不存在，则创建该文件夹。

第 30 行：创建 DiskFileItemFactory 类的实例 factory。

第 31 行：创建文件上传解析器 ServletFileUpload 类的实例 upload。

第 34～35 行：使用 ServletFileUpload 解析上传数据，返回 List<FileItem>集合。由于表单中只有一个 file 标签，所以直接取出第一个元素。

第 36 行：定义限制的文件类型数组。

第 37 行：创建 SuffixFileFilter 类的实例 filter。

第 38～39 行：创建保存文件的 File 类的实例 savefile。

第 41～44 行：上传文件的文件类型不正确，将错误提示保存到 msg 变量中。

第 45～48 行：保存文件并将文件路径保存到 url 变量中。

第 50～53 行：上传文件出现异常，将错误提示保存到 msg 变量中。

第 54～58 行：将 msg 变量和 url 变量保存到 request 对象中，并转发到 upload.jsp 页面。

步骤 5：创建配置文件 web.xml

在 WEB-INF 文件夹下创建配置文件 web.xml，访问 Servlet，代码如下。

```
//程序文件：web.xml
01    <?xml version="1.0" encoding="UTF-8"?>
02    <web-app>
03       <servlet>
04          <servlet-name>upload</servlet-name>
05          <servlet-class>com.shop.servlet.FileUploadServlet</servlet-class>
06       </servlet>
07       <servlet-mapping>
08          <servlet-name>upload</servlet-name>
09          <url-pattern>/upload</url-pattern>
10       </servlet-mapping>
11    </web-app>
```

【程序说明】

第 3～10 行：配置 url 为/upload 映射 Servlet 类 com.shop.servlet.FileUploadServlet。

步骤 6：运行项目，查看效果

启动 Tomcat 服务器，打开浏览器，在地址栏中输入如下地址。

```
http://localhost:8080/chap0701/upload
```

任务 2　实现订单邮件发送

□ 任务场景

【任务描述】

邮件发送是 Web 应用的常用功能。实际应用中，当用户提交购物订单后都会在自己邮箱中收到一份关于订单的邮件。另外，许多官方网站都有一项“联系我们”功能，该功能一般以邮件的方式将用户的意见和建议发送到管理员的邮箱。本任务实现订单邮件发送的 Java Web 项目，使用 JavaMail 组件实现发送订单邮件。

【运行效果】

本任务完成订单邮件填写页面，需要管理员填写收件人地址、标题、内容等信息，如图 7-11 所示。

图 7-11　订单邮件发送界面

单击“发送”按钮，该邮件发送到指定邮箱，页面提示“邮件发送成功！”，效果如图 7-12 所示。

图 7-12　邮件发送成功

打开收件人地址的邮箱，查看收到的标题为“订单信息”的邮件，效果如图 7-13 所示。

【任务分析】

（1）使用 Properties 对象创建邮件属性。

（2）使用 Session 对象创建邮件会话。

（3）使用 Message 对象创建邮件消息。

（4）使用 Transport 对象发送邮件。

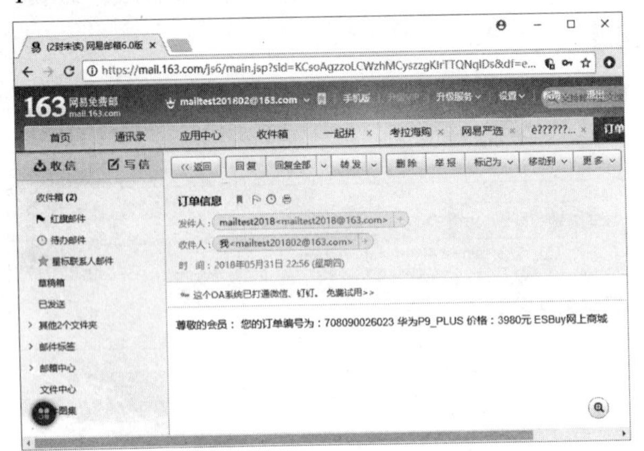

图 7-13　查看邮件

□ 知识引入

7.2.1　JavaMail 概述

JavaMail 是 Oracle 公司开发的一套收发电子邮件的 API，提供处理电子邮件相关的编程接口。它支持一些常用的邮件协议，表 7-5 列出了 JavaMail 支持的部分邮件协议。开发人员使用 JavaMail API 开发邮件处理项目时，无须考虑邮件协议底层的实现细节，只要调用 JavaMail 开发包中相应的 API 类即可。

表 7-5　JavaMail 支持的邮件协议和标准

协 议 名 称	说　明
SMTP	简单邮件传输协议，用于发送电子邮件的协议
POP	邮局协议，用于接收电子邮件的标准协议，当前版本为 3，也称 POP3
IMAP	互联网消息协议，当前版本为 4，也称 IMAP4
MIME	多用途因特网邮件扩展标准
NNTP	网络新闻传输协议

1．JavaMail 组件下载

JavaMail 组件可以从 Oracle 官网（http://www.oracle.org）或者 Github 官网（https://github.com）获得。本书使用的 JavaMail 组件的版本是 JavaMail 1.6.1。JavaMail 组件的下载步骤如下。

（1）在浏览器地址栏中输入地址 https://javaee.github.io/javamail，打开 JavaMail 组件在 Github 官网的主页，如图 7-14 所示。

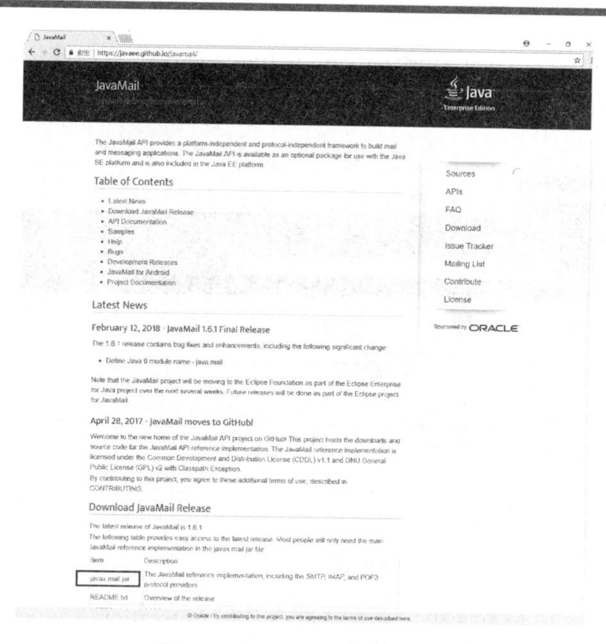

图 7-14　JavaMail 组件主页

（2）在如图 7-14 所示页面中，单击 javax.mail.jar 超链接进行下载，下载的文件名为 javax.mail.jar。

2．JAF（JavaBeans Activation Framework）组件下载

JAF 组件可以从 Oracle 官网（http://www.oracle.org）获得。本书使用的 JAF 组件的版本是 JAF 1.0.1。JAF 组件的下载步骤如下。

（1）在浏览器地址栏中输入 http://www.oracle.org，打开 Oracle 官网主页，如图 7-15 所示。

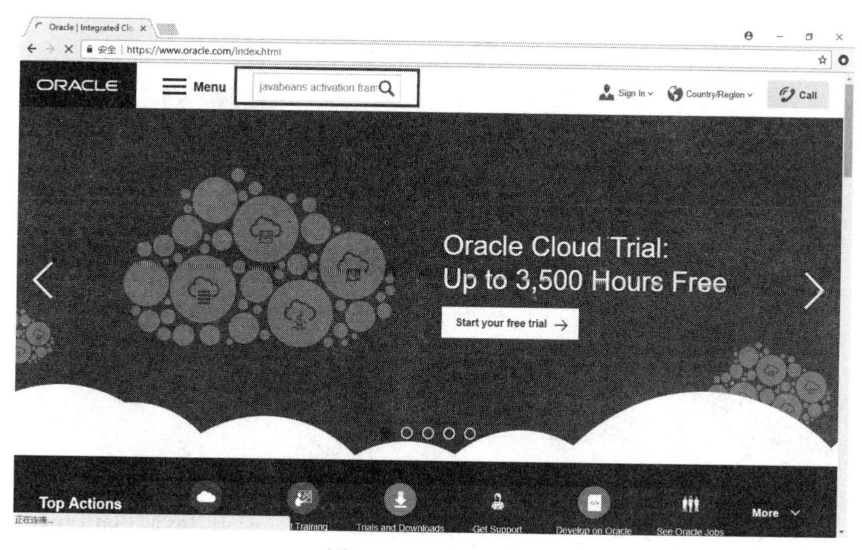

图 7-15　Oracle 主页

（2）在搜索栏中输入 javabeans activation framework，单击搜索图标，转到搜索结果页面，如图 7-16 所示。

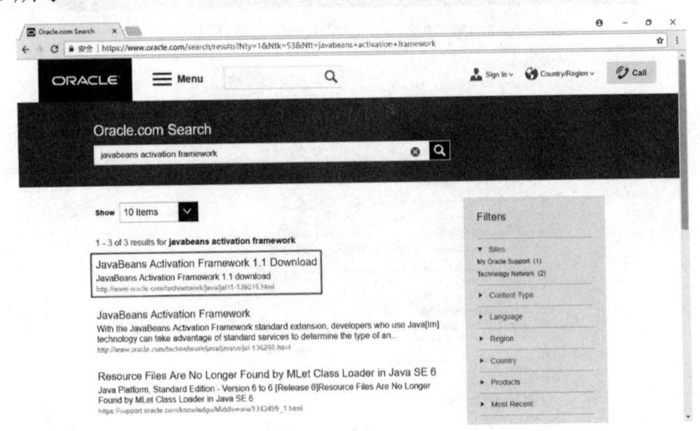

图 7-16　搜索结果页

（3）在如图 7-16 所示页面中，单击 JavaBeans Activation Framework 1.1 Download 超链接，打开 JAF 1.1 下载主页，如图 7-17 所示。

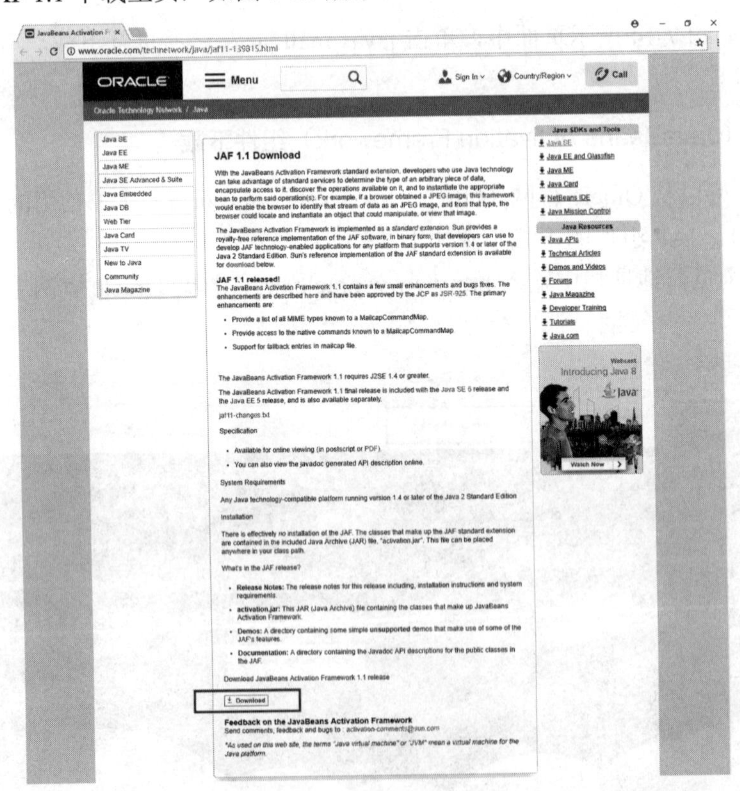

图 7-17　JAF 1.1 下载主页

（4）在如图 7-17 所示页面中，单击 Download 按钮，打开 Java Platform Technology Downloads 页面，单击 JavaBeans Activation Framework 1.1.1 超链接后，如图 7-18 所示。

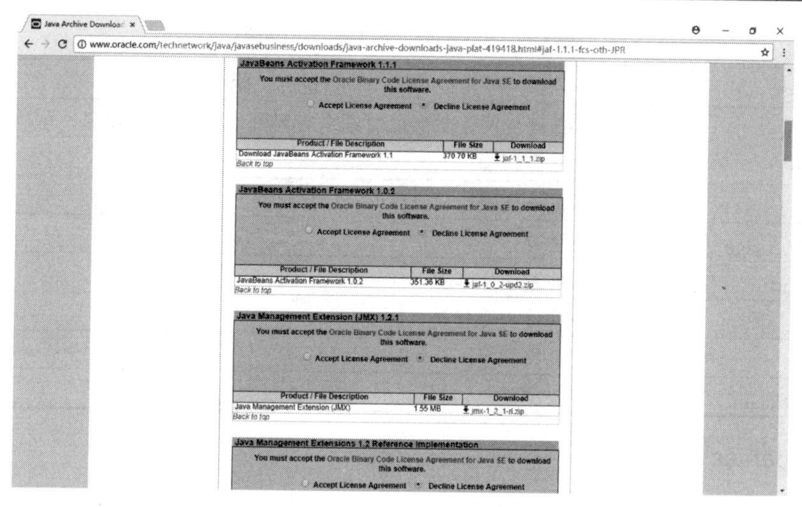

图 7-18　JAF 1.1 下载主页

（5）在图 7-18 所示页面中，选择 JavaBeans Activation Framework 1.1.1 下方的 Accept License Agreement 选项，单击 jaf-1_1_1.zip 超链接进行下载，下载的文件名为 jaf-1_1_1.zip。

3．JavaMail 组件配置

将下载的压缩包解压后，复制 activation.jar 和 javax.mail.jar 两个文件到项目文件夹的 WEB-INF\lib 文件夹下。

7.2.2　JavaMail 相关类

JavaMail API 中用于处理电子邮件的核心类有 Session、Message、Address、Authenticator、Store、Transport 和 Folder 等，这些类可以完成电子邮件的相关任务，包括发送消息、检索消息、删除消息、认证、回复消息、转发消息、管理附件、处理基于 HTML 文件格式的消息以及搜索或过滤邮件列表等。图 7-19 描述了 JavaMail 邮件收发的过程。

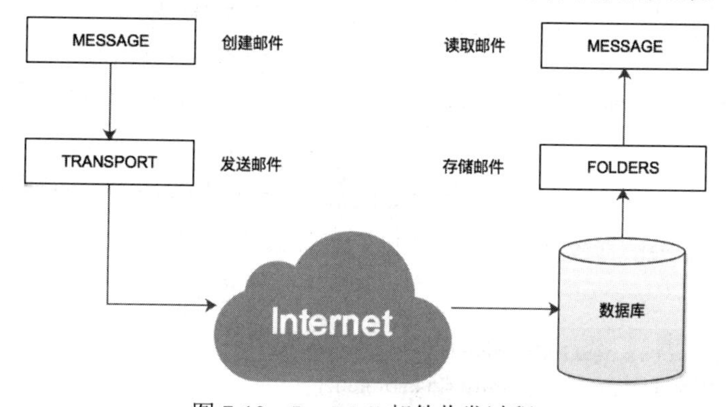

图 7-19　JavaMail 邮件收发过程

JavaMail 对收发邮件抽象出了一些关键的接口和类，它们构成了程序的基础。这些关键接口和类如表 7-6 所示。

表 7-6　JavaMail 的关键接口和类

类	说　明
Properties	邮件属性类，封装邮件服务器地址、端口、用户名、密码等信息
Session	邮件会话类
Message	消息抽象类
MimeMessage	消息类
Transport	邮件发送操作类
Store	邮件接收操作类
Folder	文件夹类
Authenticator	授权类

1. Properties 类

由于 JavaMail 需要和邮件服务器进行通信，这就要求提供诸如服务器地址、端口、用户名、密码等信息，JavaMail 通过 Properties 对象封装这些信息。Properties 类所在的包为 java.util。针对不同的邮件协议，JavaMail 规定了服务提供者必须支持一系列属性， SMTP 协议的常见属性如表 7-7 所示。

表 7-7　SMTP 协议的一些常见属性

属 性 名	属 性 类 型	说　明
mail.smtp.host	String	SMTP 服务器地址，如 smtp.sina.com.cn
mail.smtp.port	Int	SMTP 服务器端口号，默认为 25
mail.smtp.auth	boolean	SMTP 服务器是否需要用户认证，默认为 false
mail.smtp.user	String	SMTP 默认的登录用户名
mail.smtp.from	String	默认的邮件发送源地址
mail.smtp.socketFactory.class	String	socket 工厂类类名，通过设置该属性可以覆盖提供者默认的实现，必须实现 javax.net.SocketFacotry 接口
mail.smtp.socketFactory.port	Int	指定 socket 工厂类所用的端口号，如果没有规定，则使用默认的端口号
mail.smtpsocketFactory.fallback	Boolean	设置为 true 时，当使用指定的 socket 类创建 socket 失败后，将使用 java.net.Socket 创建 socket，默认为 true
mail.smtp.timeout	Int	I/O 连接超时时间，单位为毫秒，默认为永不超时

创建 Properties 类的对象 props，并封装了服务器地址和用户认证两个属性信息，代码如下。

```
01    Properties props = new Properties();
02    props.put("mail.smtp.host", "smtp.sina.com.cn");
03    props.put("mail.smtp.auth", "true");
```

2. Session 类

Session 类定义了一个基本邮件会话，是 Java Mail API 最高层入口类。所有其他类都必须经由 Session 才得以生效。Session 对象管理配置选项和用于与邮件系统交互的用户认证信息。Session 的主要作用包括两个方面，一个是接收各种配置属性信息，它使用 Properties 对象获取信息，如邮件服务器、用户名、密码等；另一个是初始化 JavaMail 环境，根据 JavaMail 的配置文件初始化 JavaMail 环境，以便通过 Session 对象创建其他重要类的实例。

Session 类的构造方法是私有的，表 7-8 列出了 Session 类的创建方法。

表 7-8　创建 Session 实例的方法

方　法	说　明
Session getDefaultInstance(Properties props, Authenticator authenticator)	根据指定的 Properties 和 Authenticator 创建一个默认实例
Session getDefaultInstance(Properties props)	根据指定的 Properties 创建一个默认实例
Session getInstance(Properties props, Authenticator authenticator)	创建一个新的 Session 实例，但它不作为默认实例共享
Session getInstance(Properties props)	根据相关属性创建一个新的 Session 实例，未使用安全认证信息

3．Message 类

获得 Session 对象后，就可以使用 Message 类创建要发送的邮件信息。Message 实现了 Part 接口，它表示一个邮件消息，包含一系列属性和一个消息内容。

Message 是抽象类，实际使用时必须用一个子类代替以表示具体的邮件格式。JavaMail API 提供了 MimeMessage 类，该类扩展自 Message，实现了 MIME 标准。下面的方法创建一个 Message。

```
MimeMessage message = new MimeMessage(session);
```

4．Transport 类

Transport 类用来实现邮件发送操作，它实现了发送信息的协议。Transport 类也是一个抽象类，可以使用该类的静态方法 send()来发送消息。

```
Transport.send(message);
```

5．Store 类

Store 类实现接收邮件的操作，与发送邮件类似，在获得 Session 后，需要从 Session 中获取特定类型的 Store，然后连接到 Store。创建并连接到 Store 的代码如下。

```
01    Store store = session.getStore("pop3");
02    store.connect(host, username, password);
```

6．Folder 类

Folder 类用于组织邮件和读取邮件。一个 Folder 对象即目录对象，可以通过 Store 获取，并从 Folder 对象中读取邮件信息。以下代码从 Store 中获取 INBOX 这个 Folder，并以只读的方式打开，然后调用 Folder 的 getMessages()方法获取目录中所有的 Message。

```
01    Folder folder = store.getFolder("INBOX");
02    folder.open(Folder.READ_ONLY);
03    Message[] message = folder.getMessages();
```

【例 7-2】简单邮件发送示例。

（1）创建发送邮件的 JSP 页面 7-2.jsp，代码如下。

```
//程序文件：7-2.jsp
01    <%@ page language="java" contentType="text/html; charset=UTF-8" pageEncoding="UTF-8"%>
02    <%@ page import="java.util.*" %>
03    <%@ page import="javax.mail.*" %>
04    <%@ page import="javax.mail.internet.*" %>
05    <%@ page import="javax.activation.DataHandler" %>
06    <html>
07    <body>
08    <%
09       Properties prop = new Properties();
10       prop.setProperty("mail.host", "smtp.163.com");
11       prop.setProperty("mail.transport.protocol", "smtp");
12       prop.setProperty("mail.smtp.port", "25");
13       Session msession = Session.getInstance(prop);
14       Transport ts = msession.getTransport();
15       ts.connect("smtp.163.com", "mailtest2018@163.com", "1234abcd");
16       MimeMessage message = new MimeMessage(msession);
17       message.setFrom(new InternetAddress("mailtest2018@163.com"));
18       message.setRecipient(Message.RecipientType.TO,new InternetAddress ("mailtest201802@163.com"));
19       message.setSubject("简单邮件");
20       message.setContent("hello world!", "text/html;charset=UTF-8");
21       ts.sendMessage(message, message.getAllRecipients());
22       ts.close();
23    %>
24    </body>
25    </html>
```

【程序说明】

第 9～12 行：创建邮件属性。

第 10 行：设置邮件服务器主机名为 smtp.163.com。

第 11 行：设置邮件协议为 smtp。

第 12 行：设置邮件服务器端口号为 25。

第 13 行：创建邮件会话对象 msession。

第 14～15 行：创建 Transport 对象，连接邮件服务器。

第 16～20 行：创建邮件消息，并设置相关属性。

第 17 行：设置邮件发送者地址。

第 18 行：设置邮件接收者地址。

第 19 行：设置邮件主题。

第 20 行：设置邮件内容。

第 21 行：发送邮件。

（2）启动 Tomcat 服务器，在地址栏中输入如下地址发送邮件。

```
http://localhost:8080/demo7/7-2.jsp
```

（3）在浏览器中登录 mailtest201802@163.com 邮箱，查看主题为“简单邮件”的邮件，如图 7-20 所示。

图 7-20　简单邮件发送示例

❑ 任务实施

步骤 1：创建 chap0702 项目

在 Eclipse 中创建新的 Dynamic Web Project，名称为 chap0702。

步骤 2：导入相关包

在 chap0702 项目的 WEB-INF\lib 文件夹中添加 javax.mail.jar 和 activation.jar 等包文件。

步骤 3：创建 mail.jsp 页，用于发送订单邮件

在 WebContext 文件夹下创建 mail.jsp 页面，代码如下。

```
//程序文件：mail.jsp
01  <%@ page language="java" contentType="text/html; charset=UTF-8" pageEncoding="UTF-8"%>
02  <!DOCTYPE html>
03  <head>
04      <style type="text/css">
05          body { font-size: 14px; }
06          input, textarea { padding: 8px; margin-bottom: 5px; border: 1px solid #ccc; }
07          span { display: inline-block; width: 100px; text-align: right; }
08          .submit { width: 80px; }
09      </style>
10  </head>
11  <body>
12      <h2>订单邮件发送</h2><hr />
13      <form action="email" method="post">
14          <div><span>收件人地址：</span><input type="text" name="toName" required="required">
</div>
```

```
15          <div><span>标题：</span><input type="text" name="subject" required="required"></div>
16          <div>
17            <span>内容：</span><textarea  name="text"  rows="8"  cols="60"  required="required">
</textarea>
18          </div>
19          <div><span></span><input type="submit" value="发送" class="submit"></div>
20        </form>
21    </body>
22    </html>
```

【程序说明】

第 4～9 行：定义页面样式。

第 13～20 行：定义发送邮件的表单。

步骤 4：创建名为 EmailServlet.java 的 Servlet，用于处理邮件发送请求

在 src 文件夹下创建邮件发送请求类 EmailServlet，包名为 com.shop.servlet，代码如下。

```
//程序文件：EmailServlet.java
01    package com.shop.servlet;
02    import java.io.IOException;
03    import javax.servlet.ServletException;
04    import javax.servlet.annotation.WebServlet;
05    import javax.servlet.http.HttpServlet;
06    import javax.servlet.http.HttpServletRequest;
07    import javax.servlet.http.HttpServletResponse;
08    import java.util.*;
09    import javax.mail.*;
10    import javax.mail.internet.*;
11    import javax.activation.DataHandler;
12    @WebServlet("/EmailServlet")
13    public class EmailServlet extends HttpServlet {
14        protected void doPost(HttpServletRequest request, HttpServletResponse response)
15            throws ServletException, IOException {
16            request.setCharacterEncoding("utf8");
17            String to = request.getParameter("toName");
18            String subject = request.getParameter("subject");
19            String content = request.getParameter("text");
20            Properties prop = new Properties();
21            prop.setProperty("mail.host", "smtp.163.com");
22            prop.setProperty("mail.transport.protocol", "smtp");
23            prop.setProperty("mail.smtp.port", "25");
24            Session msession = Session.getInstance(prop);
25            Transport ts;
26            try {
27                ts = msession.getTransport();
28                ts.connect("smtp.163.com", "mailtest2018@163.com", "1234abcd");
29                MimeMessage message = new MimeMessage(msession);
30                message.setFrom(new InternetAddress("mailtest2018@163.com"));
31                message.setRecipient(Message.RecipientType.TO, new InternetAddress(to));
```

```
32              message.setSubject(subject);
33              message.setContent(content, "text/html;charset=UTF-8");
34              ts.sendMessage(message, message.getAllRecipients());
35              ts.close();
36              response.setContentType("text/html; charset=UTF-8");
37              response.getWriter().print("<h2>邮件发送成功！</h2>");
38          }
39          catch (Exception e) {
40              e.printStackTrace();
41          }
42      }
43  }
```

【程序说明】

第 2～11 行：导入相关包。

第 16～19 行：获取表单传递过来的收件人地址、主题、内容等信息。

第 20～23 行：创建 Properties 对象，并设置邮件属性。

第 24 行：创建邮件会话对象。

第 27～28 行：创建 Transport 对象，并连接邮件服务器。

第 29～33 行：创建 Message 对象，设置邮件消息。

第 34 行：发送邮件。

步骤 5：创建配置文件 web.xml

在 WEB-INF 文件夹下创建配置文件 web.xml，代码如下。

```
//程序文件：web.xml
01  <?xml version="1.0" encoding="UTF-8"?>
02  <web-app>
03      <servlet>
04          <servlet-name>email</servlet-name>
05          <servlet-class>com.shop.servlet.EmailServlet</servlet-class>
06      </servlet>
07      <servlet-mapping>
08          <servlet-name>email</servlet-name>
09          <url-pattern>/email</url-pattern>
10      </servlet-mapping>
11  </web-app>
```

【程序说明】

第 2～10 行：配置 url 为/email 映射 Servlet 类 com.shop.servlet.EmailServlet。

步骤 6：运行项目，查看效果

启动 Tomcat 服务器，打开浏览器，在地址栏中输入如下地址。

```
http://localhost:8080/chap0702/mail.jsp
```

任务 3　实现商品销量统计

□ 任务场景

【任务描述】

在应用系统中，通常都要涉及数据统计，通过图表展示统计数据有助于用户理解和分析系统数据，更好地指导商家进行经营决策。本任务通过使用第三方 JFreeChart 组件，以饼图形式展示商品的销售数据，让商家直观地了解商品销售情况。

【运行效果】

本任务通过请求 Servlet 实现。页面加载时，将商品类别加载至下拉列表，效果如图 7-21 所示。

图 7-21　页面初次加载

选择商品类别为“服饰”，单击“查看报表”按钮，以饼图展示该类别下各商品销量统计情况，效果如图 7-22 所示。

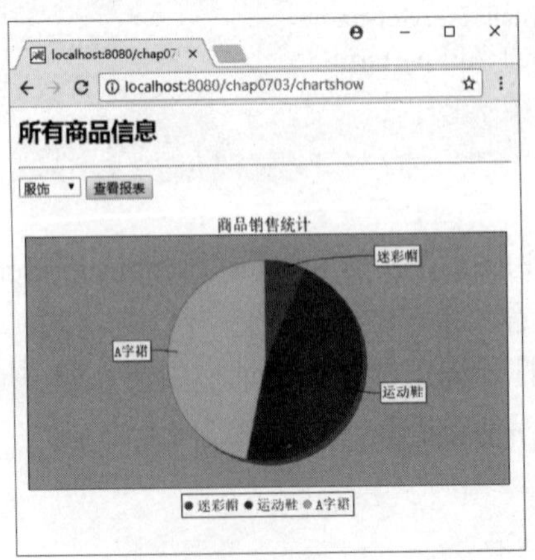

图 7-22　服饰类别下商品销量统计饼图

【任务分析】

（1）使用 DefaultPieDataset 对象创建饼图所需数据集合。

（2）使用 JFreeChart 对象绘图并保存图片。

（3）使用 img 标签展示图片。

❑ 知识引入

7.3.1　JFreeChart 概述

JFreeChart 组件是 JFree 公司开源的项目，它可以在基于 Java 的应用项目创建各种图表，包括饼图（pie）、柱状/条形统计图（bar）、折线图（line）、散点图（scatter plots）、时序图（time series）、甘特图（gantt）、仪表盘图（meter）、混合图、symbol 图和风力方向图等。JFreeChart 的主要特征如下。

☑ 易于导出 PNG 和 JPEG 格式图像文件。

☑ 使用 iText 工具可以导出 PDF 格式文件。

☑ 使用 Batik 工具可以导出 SVG 格式文件。

☑ 支持注解。

☑ 能够生成 HTML 图像映射。

☑ 可以工作于 application、servlet、jsp、applets 等环境。

☑ 完全开源，严格遵守 GNU 的通用公共认证协议。

1．JFreeChart 组件下载

JFreeChart 组件的最新版本和相关资料可以从 JFree 官网（http://www.jfree.org）或者 Github 官网（https://github.com）下载。本书使用的 JFreeChart 组件的版本是 JFreeChart 1.0.19。JFreeChart 组件的下载步骤如下。

（1）在浏览器地址栏中输入 JFree 官网中 JFreeChart 组件的主页地址 http://www.jfree.org/jfreechart/，打开 JFreeChart 组件主页，如图 7-23 所示。

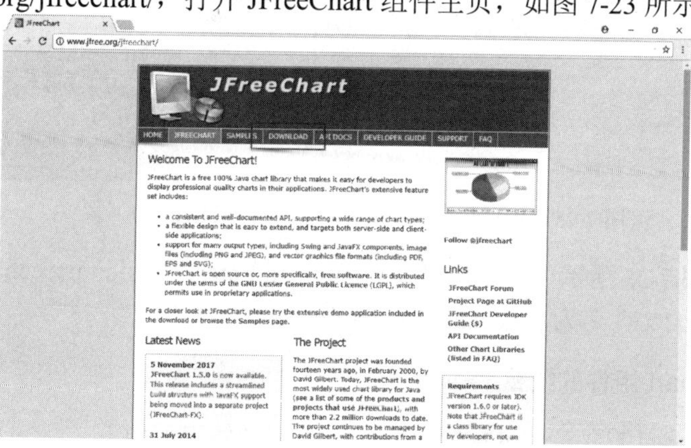

图 7-23　JFreeChart 组件主页

（2）在如图 7-23 所示页面中，单击 DOWNLOAD 导航菜单后进入组件下载页，如图 7-24 所示。

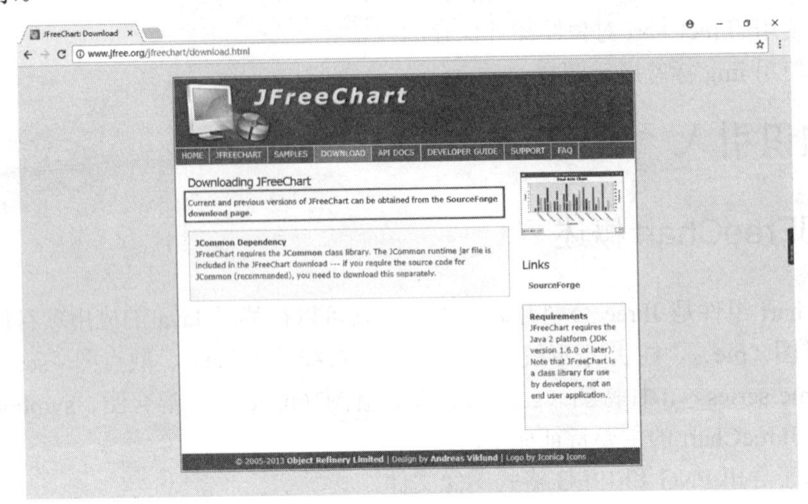

图 7-24　JFreeChart 组件下载页

（3）在如图 7-24 所示页面中，单击 SourceForge download page 超链接，进入 SOURCEFORGE 提供的组件下载页面，如图 7-25 所示。

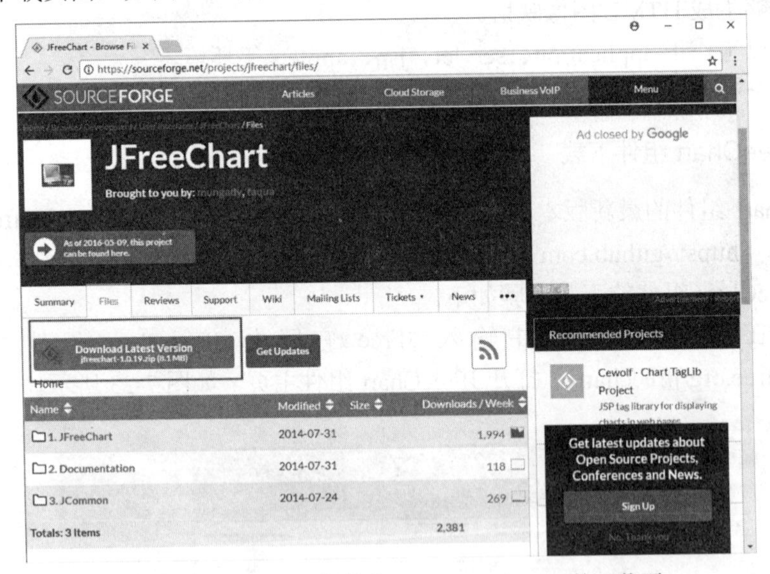

图 7-25　JFreeChart 组件在 SOURCEFORGE 的下载页

（4）在如图 7-25 所示页面中，单击 Download Latest Version jfreechart-1.0.19.zip 按钮进行下载，下载的文件名为 jfreechart-1.0.19.zip。

2. JFreeChart 组件的配置

下载后的压缩包需要对其进行配置才能使用，具体步骤如下。

（1）将压缩包解压到指定位置，复制解压后 lib 文件夹中的所有文件到项目文件夹下的 WEB-INF\lib 文件夹下。一般用到的文件只有两个，分别是 jfreechart-1.0.19.jar 和 jcommon-1.0.19.jar。

（2）修改 WEB-INF 文件夹下的 web.xml 配置文件。

【例 7-3】配置 web.xml 文件，使项目能够使用 JFreeChart 组件。

```
//程序文件：web.xml
01  <?xml version="1.0" encoding="UTF-8"?>
02  <web-app>
03  <servlet>
04      <servlet-name>chart</servlet-name>
05      <servlet-class>org.jfree.chart.servlet.DisplayChart</servlet-class>
06      </servlet>
07      <servlet-mapping>
08          <servlet-name>chart</servlet-name>
09          <url-pattern>/chart</url-pattern>
10      </servlet-mapping>
11  </web-app>
```

【程序说明】

第 2～10 行：配置 url 为/chart 映射 Servlet 类 org.jfree.chart.servlet.DisplayChart。

3．JFreeChart 核心类库

JFreeChart 主要由两个包组成：org.jfree.chart 和 org.jfree.data。前者主要与图形本身有关，后者与图形显示的数据有关。JFreeChart 组件包含的核心类库如表 7-9 所示。

表 7-9　JFreeChart 组件包含的核心类库

类库	说　明
org.jfree.chart	核心类库，包括 JFreeChart 类、ChartPanel 类、ChartFactory 类等
org.jfree.chart.axis	包含 JFreeChart 中所有轴类和相关接口
org.jfree.chart.plot	包含 JFreeChart 中所有绘图类和相关接口
org.jfree.chart.renderer	渲染器的核心类库
org.jfree.data	表示各种类型数据的基本类库
org.jfree.data.catagory	包含 CategoryDataset 接口和相关类
org.jfree.chart.urls	包含用于生成链接 Web 图表的超链接所需的类

1）ChartFactory 类

ChartFactory 类是 org.jfree.chart 包中的抽象类。它提供了实用方法的集合，用于生成标准的图表。ChartFactory 类常用的方法如表 7-10 所示。

表 7-10　ChartFactory 类的常用方法

方　法	描　述
createPieChart(java.lang.String title, PieDataset dataset, boolean legend, boolean tooltips, boolean urls)	使用默认设置创建一个饼图

续表

方　法	描　述
createPieChart3D(java.lang.String title, PieDataset dataset, boolean legend, boolean tooltips, boolean urls)	使用指定的数据集三维/3D 饼图
createBarChart(java.lang.String title, java.lang.String categoryAxisLabel, java.lang.String valueAxisLabel, CategoryDataset dataset, PlotOrientation orientation, boolean legend, boolean tooltips, boolean urls)	创建一个条形图参数 java.lang.String categoryAxisLabel 标签放置在 X 轴的值，该参数的 java.lang.String valueAxisLabel 标签放置在 Y 轴的数值
createBarChart3D(java.lang.String title, java.lang.String categoryAxisLabel, java.lang.String valueAxisLabel, CategoryDataset dataset, PlotOrientation orientation, boolean legend, boolean tooltips, boolean urls)	创建一个具有 3D 效果的柱形图
createLineChart(java.lang.String title, java.lang.String categoryAxisLabel, java.lang.String valueAxisLabel, CategoryDataset dataset, PlotOrientation orientation, boolean legend, boolean tooltips, boolean urls)	使用默认设置创建一个折线图
createLineChart3D(java.lang.String title, java.lang.String categoryAxisLabel, java.lang.String valueAxisLabel, CategoryDataset dataset, PlotOrientation orientation, boolean legend, boolean tooltips, boolean urls)	创建一个 3D 效果的折线图
createXYLineChart(java.lang.String title, java.lang.String xAxisLabel, java.lang.String yAxisLabel, XYDataset dataset, PlotOrientation orientation, boolean legend, boolean tooltips, boolean urls)	使用默认设置创建基于 XYDataset 的折线图

2）JFreeChart 类

JFreeChart 类是 org.jfree.chart 包的核心类，提供了 JFreeChart()方法来创建柱状图、折线图、饼图和 XY 坐标图，包括时间序列数据。JFreeChart 类常用的方法如表 7-11 所示。

表 7-11　JFreeChart 类的常用方法

方　法	描　述
JfreeChart(Plot plot)	创建基于所提供的节点一个新的图表
JfreeChart(java.lang.String title, java.awt.Font titleFont, Plot plot, boolean createLegend)	创建一个新的图表，给定标题、字体和绘图对象等信息
JfreeChart(java.lang.String title, Plot plot)	创建一个新的图表，给定标题和绘图
getXYPlot()	返回节点图表作为 XYPlot

3）PiePlot 类

PiePlot 类是 org.jfree.chart.plot 包的一部分，用于创建饼图。PiePlot 类常用的方法如表 7-12 所示。

表 7-12　PiePlot 类的常用方法

方　　法	描　　述
PiePlot()	构造方法，创建没有数据集的新绘图
PiePlot(PieDataset dataset)	构造方法，创建一个饼图，饼图数据来源于数据集
setStartAngle(double angle)	设置第一个饼块的起始角度

4．使用 JFreeChart 生成动态图表

使用 JFreeChart 生成动态图表的基本步骤如下。

（1）创建绘图数据集合。

（2）创建 JFreeChart 实例。

（3）自定义图表绘制属性。

（4）生成指定格式的图片，并返回图片名称。

（5）获取图片浏览路径。

（6）通过 HTML 的 img 标签显示图片。

7.3.2　绘制饼图

JFreeChart 能够针对符合 PieDataset 接口标准的数据创建饼图。使用 JFreeChart 创建饼图，可以对其进行多个方面的设置。

☑　设置颜色和饼图片区的外廓。

☑　在生成饼图时对数据中 null 值和 0 值进行处理。

☑　设置饼图片区的标签。

☑　多个饼图的显示。

☑　显示 3D 效果的饼图。

【例 7-4】使用例 7-3 中的配置文件，创建简单的饼图，并输出在页面上。

```
//程序文件：7-4.jsp
01    <%@ page language="java" contentType="text/html; charset=UTF-8" pageEncoding="UTF-8"%>
02    <%@ page import="org.jfree.data.general.DefaultPieDataset" %>
03    <%@ page import="java.awt.Font" %>
04    <%@ page import="org.jfree.chart.*" %>
05    <%@ page import="org.jfree.chart.servlet.ServletUtilities" %>
06    <html>
07    <body>
08    <%
09       DefaultPieDataset data = new DefaultPieDataset();
10       data.setValue("Apple/苹果  iPhone 7", 5256);
11       data.setValue("Apple/苹果  iPhone 7 Plus", 4959);
12       data.setValue("Apple/苹果  iPhone 6s Plus", 10000);
13       data.setValue("Apple/苹果 iPhone 8 Plus", 70000);
14       data.setValue("Huawei/华为  P20 pro", 39000);
15       StandardChartTheme theme = new StandardChartTheme("CN");
16       theme.setExtraLargeFont(new Font("宋体", Font.PLAIN, 16));
```

```
17        theme.setRegularFont(new Font("宋体", Font.PLAIN, 14));
18        ChartFactory.setChartTheme(theme);
19        JFreeChart chart = ChartFactory.createPieChart(
20            "一月手机销量统计", //图表标题
21            data,               //数据集
22            true,               //是否显示图例标识
23            true,               //是否显示 tooltips
24            false);             //是否支持链接
25        String filename = ServletUtilities.saveChartAsJPEG(chart, 500, 300, session);
26        String imgUrl = request.getContextPath() + "/chart?filename=" + filename;
27    %>
28    <img src="<%=imgUrl %>" />
29    </body>
30    </html>
```

【程序说明】

第 2～5 行：导入相关包。

第 9 行：创建饼图数据集对象。

第 10～14 行：通过数据集对象的 setValue()方法进行数据初始化。

第 15～18 行：设置图表主题。

第 19～24 行：使用 ChartFactory 类的 createPieChart()方法创建 JFreeChart 对象。

第 25 行：将得到的图片存储为宽度 500、高度 300 的 JPG 图片。

第 26 行：获得图片文件的 URL 地址。

第 28 行：使用 img 标签将生成的图片在浏览器中显示。

启动 Tomcat 服务器，在地址栏中输入如下地址。

```
http://localhost:8080/demo7/7-4.jsp
```

查看页面效果，如图 7-26 所示。

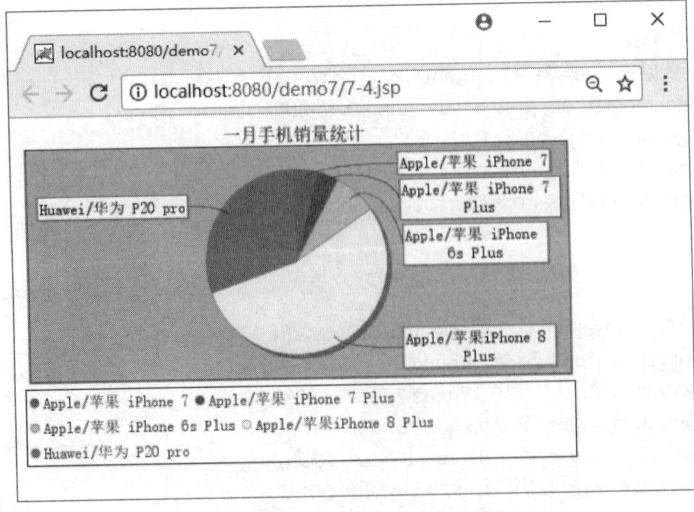

图 7-26　一月手机销量统计饼图

7.3.3 绘制柱状图

柱状图通常用来显示表格数据。表 7-13 展示了手机用户使用的数据统计表。

表 7-13 手机用户使用百分比（%）

	SUMSUNG	APPLE	HUAWEI	XIAOMI
MAY	20	30	25	25
JUNE	15	25	30	30
JULY	10	20	35	35

使用 JFreeChart 组件可将上述表格数据生成简单的柱状图进行展示，也可以生成 3D 效果的柱状图。无论是生成哪种柱状图，都需要将表格数据封装成一个数据集对象，每列为一个种类，每行为一个系列。

【例 7-5】使用例 7-3 中的 web.xml 配置文件和表 7-13 的数据，创建一个简单的柱状图，并输出在页面上。

```
//程序文件 7-5.jsp
01  <%@ page language="java" contentType="text/html; charset=UTF-8" pageEncoding="UTF-8"%>
02  <%@ page import="org.jfree.data.category.DefaultCategoryDataset" %>
03  <%@ page import="org.jfree.chart.*" %>
04  <%@ page import="org.jfree.chart.plot.PlotOrientation" %>
05  <%@ page import="org.jfree.chart.servlet.ServletUtilities" %>
06  <html>
07  <body>
08  <%
09    String sumsung = "SUMSUNG";
10    String apple = "APPLE";
11    String huawei = "HUAWEI";
12    String xiaomi = "XIAOMI";
13    String may = "MAY";
14    String june = "JUNE";
15    String july = "JULY";
16    DefaultCategoryDataset dataset = new DefaultCategoryDataset( );
17    dataset.addValue( 20.0 , sumsung , may );
18    dataset.addValue( 15.0 , sumsung , june );
19    dataset.addValue( 10.0 , sumsung , july );
20    dataset.addValue( 30.0 , apple , may );
21    dataset.addValue( 25.0 , apple , june );
22    dataset.addValue( 20.0 , apple , july );
23    dataset.addValue( 25.0 , huawei , may );
24    dataset.addValue( 30.0 , huawei , june );
25    dataset.addValue( 35.0 , huawei , july );
26    dataset.addValue( 25.0 , xiaomi , may );
27    dataset.addValue( 30.0 , xiaomi , june );
28    dataset.addValue( 35.0 , xiaomi , july );
29    JFreeChart barChart = ChartFactory.createBarChart("PHONE USAGE STATISTICS", "Month",
30      "User Rating(%)", dataset,PlotOrientation.VERTICAL, true, true, false);
```

```
31        String filename = ServletUtilities.saveChartAsJPEG(barChart, 640, 480, session);
32        String imgUrl = request.getContextPath() + "/chart?filename=" + filename;
33    %>
34        <img src="<%=imgUrl %>" />
35    </body>
36    </html>
```

【程序说明】

第 2～5 行：导入相关包。

第 16 行：新建柱状图数据集对象。

第 17～28 行：调用 DefaultCategoryDataset 类的方法添加对应数据。

第 29～30 行：调用 ChartFactory 类的方法创建 JFreeChart 对象，设置图片纵横坐标。

第 31 行：将得到的图片存储为宽度 640、高度 480 的 JPG 图片。

第 32 行：获得图片文件的 URL 地址。

第 34 行：使用 img 标签将生成的图片在浏览器中显示。

启动 Tomcat 服务器，在地址栏中输入如下地址。

```
http://localhost:8080/demo7/7-5.jsp
```

查看页面效果，如图 7-27 所示。

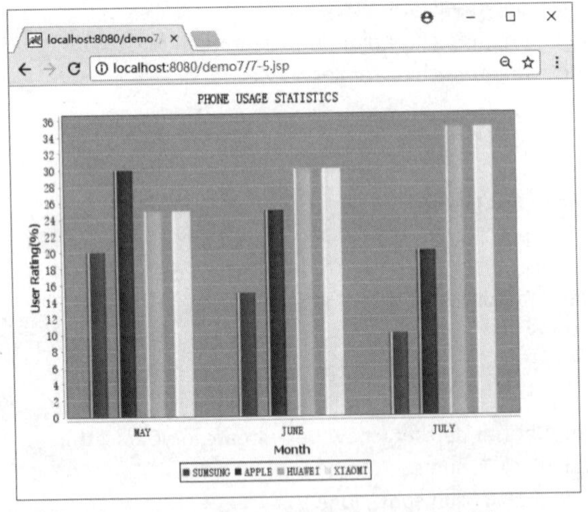

图 7-27　手机用户使用百分比柱状图

□ 任务实施

步骤 1：创建 chap0703 项目

在 Eclipse 中创建新的 Dynamic Web Project，名称为 chap0703。

步骤 2：导入相关包

在 chap0703 项目的 WEB-INF\lib 文件夹中添加 jstl.jar、standard.jar、jcommon-1.0.23.jar、jfreechart-1.0.19.jar 以及 mysql-connector-java-8.0.11.jar 等包文件。

步骤 3：创建实体类 Good.java

在 src 文件夹下，创建实体类 Good，包名为 com.shop.beans，代码如下。

```
//程序文件 Good.java
01  package com.shop.beans;
02  public class Good {
03      private int gdID;
04      private int tID;
05      private String gdName;
06      private int gdSaleQty;
07      public Good() {}
08      public int getGdID() {
09          return gdID;
10      }
11      public void setGdID(int gdID) {
12          this.gdID = gdID;
13      }
14      public int gettID() {
15          return tID;
16      }
17      public void settID(int tID) {
18          this.tID = tID;
19      }
20      public String getGdName() {
21          return gdName;
22      }
23      public void setGdName(String gdName) {
24          this.gdName = gdName;
25      }
26      public int getGdSaleQty() {
27          return gdSaleQty;
28      }
29      public void setGdSaleQty(int gdSaleQty) {
30          this.gdSaleQty = gdSaleQty;
31      }
32  }
```

【程序说明】

第 3～6 行：定义 Good 类的属性，包括商品编号、类别编号、商品名称和销量。

第 7 行：定义 Good 类的无参构造方法。

第 8～31 行：定义所有属性的 set 和 get 方法。

步骤 4：创建实体类 GoodType.java

在 src 文件夹下，创建实体类 GoodType，包名为 com.shop.beans，代码如下。

```
//程序文件 GoodType.java
01  package com.shop.beans;
02  public class GoodType {
03      private int tID;
04      private String tName;
```

```
05      public GoodType() {}
06      public int gettID() {
07          return tID;
08      }
09      public void settID(int tID) {
10          this.tID = tID;
11      }
12      public String gettName() {
13          return tName;
14      }
15      public void settName(String tName) {
16          this.tName = tName;
17      }
18  }
```

【程序说明】

第 3～4 行：定义 GoodType 类的属性，包括类别编号和类别名称。

第 5 行：定义 GoodType 类的无参构造方法。

第 6～17 行：定义所有属性的 set 和 get 方法。

步骤 5：创建数据连接公共类 DBUtil.java

在 src 文件夹下，创建数据连接类 DBUtil，包名为 com.shop.dao，代码如下。

```
//程序文件：DBUtil.java
01  package com.shop.dao;
02  import java.sql.Connection;
03  import java.sql.DriverManager;
04  import java.sql.SQLException;
05  public class DBUtil {
06      public DBUtil() {}
07      public Connection getConnection() {
08          Connection conn = null;
09          try {
10              Class.forName("com.mysql.jdbc.Driver");
11              String uri = "jdbc:mysql://localhost:3306/onlinedb?characterEncoding=utf8";
12              String user = "root";
13              String password = "ROOT";
14              conn = DriverManager.getConnection(uri, user, password);
15          } catch (ClassNotFoundException e) {
16              e.printStackTrace();
17          } catch (SQLException e) {
18              e.printStackTrace();
19          }
20          return conn;
21      }
22  }
```

步骤 6：创建名为 GoodDAO.java 的类，用于操作 good 表

在 src 文件夹下，创建名为 GoodDAO.java 的类文件，包名为 com.shop.dao，代码如下。

```
//程序文件：GoodDAO.java
01  package com.shop.dao;
02  import java.sql.Connection;
03  import java.sql.PreparedStatement;
04  import java.sql.ResultSet;
05  import java.sql.SQLException;
06  import java.util.ArrayList;
07  import com.shop.beans.Good;
08  public class GoodDAO {
09      public ArrayList<Good> getGoodsbytID(int tid) {
10          ArrayList<Good> gs = new ArrayList<Good>();
11          StringBuffer sqlstr = new StringBuffer("select * from good where tID=?");
12          try {
13              Connection conn = new DBUtil().getConnection();
14              PreparedStatement ps = conn.prepareStatement(sqlstr.toString());
15              ps.setInt(1, tid);
16              ResultSet rs = ps.executeQuery();
17              while(rs.next()) {
18                  Good g = new Good();
19                  g.setGdID(rs.getInt("gdID"));
20                  g.setGdName(rs.getString("gdName"));
21                  g.setGdSaleQty(rs.getInt("gdSaleQty"));
22                  gs.add(g);
23              }
24              conn.close();
25          } catch (SQLException e) {
26              e.printStackTrace();
27          }
28          return gs;
29      }
30  }
```

【程序说明】

第 9～29 行：定义 getGoodsbytID()方法，根据类别编号（tid）查询指定类别的商品信息，返回 ArrayList<Good>对象集。

步骤 7：创建名为 GoodTypeDAO.java 的类，用于处理 goodtype 表

在 src 文件夹下，创建名为 GoodTypeDAO.java 的类文件，包名为 com.shop.dao，代码如下。

```
//程序文件：GoodTypeDAO.java
01  package com.shop.dao;
02  import java.sql.Connection;
03  import java.sql.PreparedStatement;
04  import java.sql.ResultSet;
05  import java.sql.SQLException;
06  import java.util.ArrayList;
07  import com.shop.beans.GoodType;
08  public class GoodTypeDAO {
```

```
09      public ArrayList<GoodType> getGoodTypes() {
10          ArrayList<GoodType> gts = new ArrayList<GoodType>();
11          StringBuffer sqlstr = new StringBuffer("select * from goodtype");
12          try {
13              Connection conn = new DBUtil().getConnection();
14              PreparedStatement ps = conn.prepareStatement(sqlstr.toString());
15              ResultSet rs = ps.executeQuery();
16              while(rs.next()) {
17                  GoodType gt = new GoodType();
18                  gt.settID(rs.getInt("tID"));
19                  gt.settName(rs.getString("tName"));
20                  gts.add(gt);
21              }
22              conn.close();
23          } catch (SQLException e) {
24              e.printStackTrace();
25          }
26          return gts;
27      }
28  }
```

【程序说明】

第 9～27 行：定义 getGoodTypes ()方法获取所有商品类别信息，返回 ArrayList <GoodType>对象集。

步骤 8：创建名为 ChartShowServlet.java 的 Servlet

在 src 文件夹下，创建名为 ChartShowServlet 的 Servlet，包名为 com.shop.servlet，代码如下。

```
//程序文件：ChartShowServlet.java
01  package com.shop.servlet;
02  import java.awt.Font;
03  import java.io.IOException;
04  import java.util.ArrayList;
05  import javax.servlet.ServletException;
06  import javax.servlet.annotation.WebServlet;
07  import javax.servlet.http.HttpServlet;
08  import javax.servlet.http.HttpServletRequest;
09  import javax.servlet.http.HttpServletResponse;
10  import org.jfree.chart.*;
11  import org.jfree.chart.servlet.ServletUtilities;
12  import org.jfree.data.general.DefaultPieDataset;
13  import com.shop.beans.*;
14  import com.shop.dao.*;
15  @WebServlet("/ChartShowServlet")
16  public class ChartShowServlet extends HttpServlet {
17      protected void doGet(HttpServletRequest request, HttpServletResponse response)
18          throws ServletException, IOException {
19          ArrayList<GoodType> gts = new GoodTypeDAO().getGoodTypes();
```

```
20            request.setAttribute("goodtypes", gts);
21            request.getRequestDispatcher("chart.jsp").forward(request, response);
22        }
23        protected void doPost(HttpServletRequest request, HttpServletResponse response)
24            throws ServletException, IOException {
25            //构造 JFreeChart 所需数据集
26            int tid = Integer.parseInt(request.getParameter("selgoodtype"));
27            ArrayList<Good> gs = new GoodDAO().getGoodsbytID(tid);
28            DefaultPieDataset data = new DefaultPieDataset();
29            for(Good g : gs) {
30                data.setValue(g.getGdName(), g.getGdSaleQty());
31            }
32            //绘制图片
33            StandardChartTheme theme = new StandardChartTheme("CN");
34            theme.setExtraLargeFont(new Font("宋体", Font.PLAIN, 16));
35            theme.setRegularFont(new Font("宋体", Font.PLAIN, 14));
36            ChartFactory.setChartTheme(theme);
37            JFreeChart chart = ChartFactory.createPieChart("商品销售统计", data, true, true, false);
38            String filename = ServletUtilities.saveChartAsJPEG(chart, 500, 300, request.getSession());
39            String imgUrl = request.getContextPath() + "/chart?filename=" + filename;
40            request.setAttribute("tid", tid);
41            //返回图片 URL
42            request.setAttribute("imgurl", imgUrl);
43            doGet(request, response);
44        }
45    }
```

【程序说明】

第 17～22 行：重写 doGet()方法。GET 请求该 Servlet 时，获取所有的商品类别信息并转发到 chart.jsp 页面。

第 23～45 行：重写 doPost()方法。POST 请求该 Servlet 时，根据传递过来的类别编号筛选商品信息，并根据该类别下各商品的销量绘制销量统计饼图。

第 26～27 行：获取选中类别的类别编号，并查询该类别下的所有商品信息保存到 ArrayList 对象中。

第 28～31 行：将 ArrayList 对象转换成 DefaultPieDataset 对象。

第 33～36 行：设置绘制图片中文字的大小和字体样式。

第 37 行：创建 JFreeChart 对象。

第 38 行：将得到的图片存储为宽度 500、高度 300 的 JPG 图片。

第 39 行：获得图片文件的 URL 地址赋给 imgUrl 变量。

第 40 行：将 tid 变量的值保存到 request 对象中。

第 42 行：将 imgUrl 变量的值保存到 request 对象中。

第 43 行：调用 doGet()方法，实现商品类别下拉列表的重新加载。

步骤 9：创建配置文件 web.xml。

在 WEB-INF 文件夹下创建配置文件 web.xml，访问 Servlet，代码如下。

```
//程序文件：web.xml
01   <?xml version="1.0" encoding="UTF-8"?>
02   <web-app>
03     <servlet>
04       <servlet-name>chart</servlet-name>
05       <servlet-class>org.jfree.chart.servlet.DisplayChart</servlet-class>
06     </servlet>
07     <servlet-mapping>
08       <servlet-name>chart</servlet-name>
09       <url-pattern>/chart</url-pattern>
10     </servlet-mapping>
11       <servlet>
12       <servlet-name>chartshow</servlet-name>
13       <servlet-class>com.shop.servlet.ChartShowServlet</servlet-class>
14     </servlet>
15     <servlet-mapping>
16       <servlet-name>chartshow</servlet-name>
17       <url-pattern>/chartshow</url-pattern>
18     </servlet-mapping>
19   </web-app>
```

【程序说明】

第 3～10 行：配置 url 为/chart 映射 Servlet 类 org.jfree.chart.servlet.DisplayChart。

第 11～18 行：配置 url 为/chartshow 映射 Servlet 类 com.shop.servlet.ChartShowServlet。

步骤 10：创建 chart.jsp 页面

在 WebContext 文件夹下创建 chart.jsp 页，代码如下。

```
//程序文件：chart.jsp
01   <%@ page language="java" contentType="text/html; charset=UTF-8" pageEncoding="UTF-8"%>
02   <%@ taglib uri="http://java.sun.com/jsp/jstl/core" prefix="c" %>
03   <html>
04     <body>
05     <h2>所有商品信息</h2><hr />
06     <form action="chartshow" method="post">
07       <c:set var="gts" value="${goodtypes}" scope="request" />
08       <select name="selgoodtype">
09         <option value="0">请选择</option>
10         <c:forEach var="t" items="${gts}">
11            <option value="${t.tID}"
12               <c:if test="${requestScope.tid==t.tID}">
13                  selected="selected"
14               </c:if>
15            >${t.tName}</option>
16         </c:forEach>
17       </select>
18       <input type="submit" value="查看报表" />
19     </form>
20     <img src="${requestScope.imgurl }" />
```

```
21      </body>
22   </html>
```

【程序说明】

第 6 行：设置表单提交的 url 为/chartshow。

第 7 行：获取 request 对象中保存的商品类别信息集合赋给变量 gts。

第 10～16 行：循环输出 option 标签，并绑定商品类别中的 tID 属性和 tName 属性。

第 12～14 行：获取 request 中 tid 的值，在下拉列表中选中对应的项。

第 20 行：使用 img 标签输出饼图。

步骤 11：运行项目，查看效果

启动 Tomcat 服务器，打开浏览器，在地址栏中输入如下地址。

```
http://localhost:8080/chap0703/chartshow
```

项 目 小 结

本项目通过图片上传、订单邮件发送和商品销量统计 3 个任务的实现，介绍了 Commons FileUpload 组件下载配置、应用 Commons FileUpload 组件实现文件上传、JavaMail 组件的下载配置、应用 JavaMail 组件实现邮件发送、JFreeChart 组件的下载配置、应用 JFreeChart 组件实现图表绘制等。仅仅使用 JSP 开发 Java Web 项目具有很大的局限性，工作量较大，有些功能的实现难度也较大，在实际开发中会引入一些第三方的开源组件来大大提高工作效率。通过本项目的介绍，让开发人员领会在 JSP 中引入和应用第三方开源组件的方法，对实际工作有着非常重要的意义。

思考与练习

1. 简述 Commons FileUpload 组件进行文件上传的主要步骤。
2. 简述使用 JavaMail 组件发送邮件的要点。
3. 创建 JSP 页面，使用 Commons FileUpload 组件实现上传文本文件。
4. 创建 JSP 页面，使用 JavaMail 组件发送邮件，邮件内容为“Hello World！”。
5. 创建 JSP 页面，使用 JFreeChart 组件绘制饼图。

项 目 实 训

【实训任务】

E 诚尚品（ESBuy）网上商城的商品图片上传、订单邮件发送、商品销售统计。

【实训目的】

☑ 会使用 Commons FileUpload 组件实现文件上传。

☑ 会使用 JavaMail 组件实现邮件发送。

☑ 会使用 JFreeChart 组件绘制图表。

【实训内容】

1. 为 ESBuy 项目的商品管理下的商品添加和商品修改增加应用 Commons FileUpload 组件上传商品图片功能，要求：

（1）上传文件保存到项目根目录下的 upload 文件夹中。

（2）上传文件类型限制为 PNG、JPG、BMP，文件扩展名不限大小写。

2. 为 ESBuy 项目的订单管理增加应用 JavaMail 组件发送订单邮件功能，要求：

（1）邮件主题为“E 诚尚品邮件”。

（2）邮件内容为本次订单中所包含的商品名称、商品数量等信息。

3. 为 ESBuy 项目增加应用 JFreeChart 组件统计商品销量的功能。

项目 8

ESBuy 网上商城系统设计

❑ 学习导航

【学习任务】

任务 1　理解系统需求
任务 2　设计系统数据库
任务 3　系统详细设计

【学习目标】

- 了解 ESBuy 网上商城的系统需求
- 掌握 ESBuy 网上商城的系统设计
- 掌握 ESBuy 网上商城的数据库设计
- 掌握 ESBuy 网上商品的界面原型设计

任务 1　理解系统需求

8.1.1　系统概述

E 诚尚品（ESBuy）网上商城系统是一个典型的 B2C（Business to Customer，商家对客户）模式的网上商城系统。前台购物主要包括用户注册登录、商品展示搜索、商品购买、意见反馈、个人设置等，后台信息管理主要包括管理员对基本信息的维护和管理。系统的功能结构框图如图 8-1 所示。

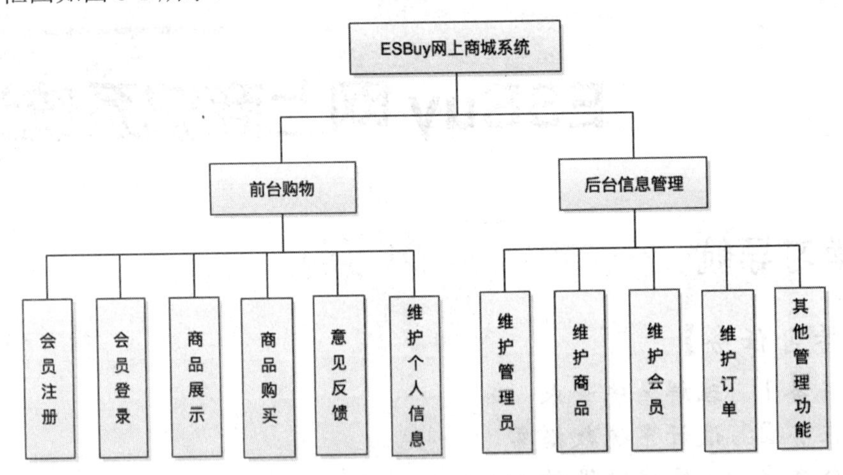

图 8-1　ESBuy 网上商城系统

1．前台购物

☑ 会员注册：没有注册的用户，只能浏览该系统的商品信息，如果想购买商品，需要进行会员注册。用户可以通过注册登记相关信息，成为系统的注册会员。

☑ 会员登录：会员注册后，登录系统可以进行商品购买。

☑ 商品展示：游客和会员可以通过商品展示列表了解商品基本信息，可以通过商品详细页面获知商品的详细情况，可以根据商品名称、商品类别、商品编号、价格等条件进行商品查询。

☑ 商品购买：会员在浏览商品的过程中，可以将商品添加到自己的购物车，会员在确认购买商品前，可以对购物车中的商品进行修改和删除，确认购买后，系统将生成订单，会员可以查看自己的订单信息，可以对购买的商品进行评价。

☑ 意见反馈：会员可以通过系统提供的留言板对商城服务、热点信息、商品情况进行评价和交流，以便及时与网站沟通，有助于改善网站的服务质量。

☑ 维护个人信息：注册成功的会员登录后，可以对自己的信息进行维护，包括修改密码和其他个人信息。

2. 后台信息管理

☑ 维护管理员：系统管理员可以根据需要添加、修改和删除一般管理员。
☑ 维护商品：管理员可以维护商品信息，根据需要添加、修改和删除商品信息。
☑ 维护会员：管理员可以根据用户反馈信息对会员进行管理和维护。
☑ 维护订单：订单是在前台购物过程中产生的，管理员可以对订单变动情况进行修改处理工作，同时，根据订单情况通知配送人员进行商品流通配送。
☑ 其他管理功能：包括系统备份、恢复和日志管理等。

8.1.2 系统用例

根据业务需求分析 ESBuy 网上商城的用例，如图 8-2 所示。

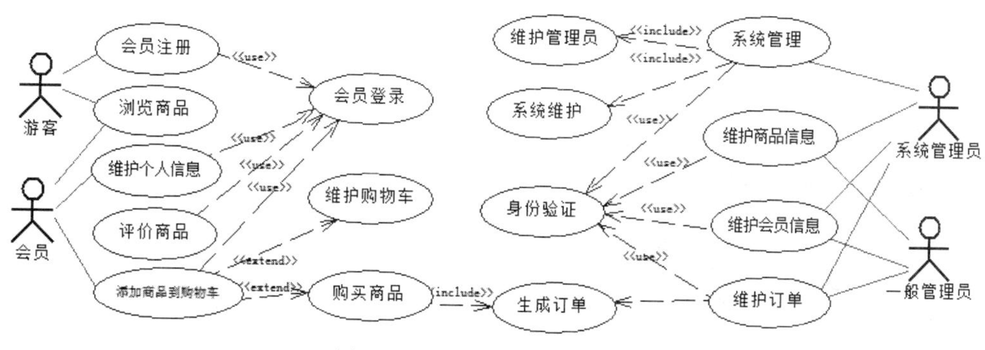

图 8-2　ESBuy 网上商城用例图

任务 2　设计系统数据库

根据系统功能描述和实现业务分析，设计 ESBuy 网上商城系统的物理数据模型如图 8-3 所示。数据库命名为 onlinedb，共包括 7 个数据表，如表 8-1～表 8-7 所示。

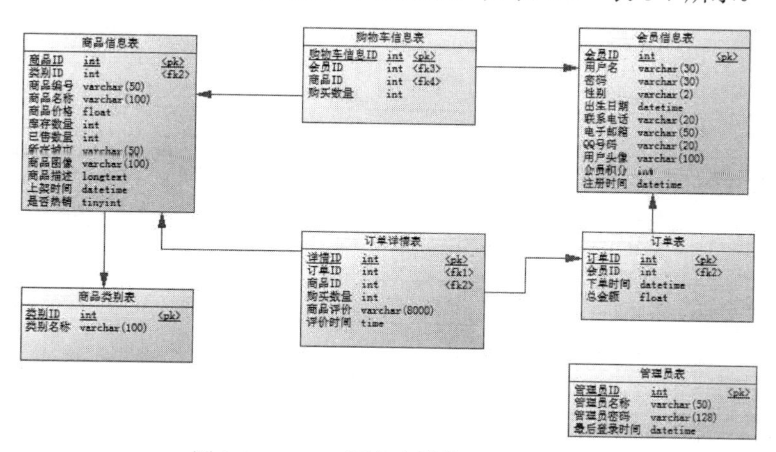

图 8-3　ESBuy 网上商城物理数据模型

1．会员信息表（user）

表 8-1　会员信息表（user）

序号	列名	数据类型	长度	标识	键	允许空	默认值	说明
1	uID	int	4	是	主键	否		会员 ID
2	uName	varchar	30			否		用户名
3	uPwd	varchar	30			否		密码
4	uSex	varchar	2			是	('男')	性别
5	uBirth	datetime	8			是		出生日期
6	uPhone	varchar	20			是		电话
7	uEmail	varchar	50			是		电子邮箱
8	uQQ	varchar	20			是		QQ 号码
9	uImage	varchar	100			是		用户头像
10	uCredit	int	4			是	(0)	积分
11	uRegTime	datetime	0			是		注册时间

2．商品类别表（goodtype）

表 8-2　商品类别表（goodtype）

序号	列名	数据类型	长度	标识	键	允许空	默认值	说明
1	tID	int	4	是	主键	否		类别 ID
2	tName	varchar	100			否		类别名称

3．商品信息表（good）

表 8-3　商品信息表（good）

序号	列名	数据类型	长度	标识	键	允许空	默认值	说明
1	gdID	int	4	是	主键	否		商品 ID
2	tID	int	4		外键	否		类别 ID
3	gdCode	varchar	50			否		商品编号
4	gdName	varchar	100			否		商品名称
5	gdPrice	float	8			是	((0))	价格
6	gdQuantity	int	4			是	((0))	库存数量
7	gdSaleQty	int	4			是	((0))	已卖数量
9	gdCity	varchar	50			是	长沙	发货地
10	gdImage	varchar	100			是		商品图像
11	gdInfo	varchar	8000			是		商品描述
12	gdAddTime	datetime	8			是		上架时间
13	gdHot	int	4			是	((0))	是否热销

4．购物车信息表（scar）

表 8-4　购物车信息表（scar）

序号	列名	数据类型	长度	标识	键	允许空	默认值	说明
1	scID	int	4	是	主键	否		购物车 ID
2	uID	int	4		外键	否		用户 ID
3	gdID	int	4		外键	否		商品 ID
4	scNum	Int	4			是	0	购买数量

5．订单表（order）

表 8-5　订单表（order）

序号	列名	数据类型	长度	标识	键	允许空	默认值	说明
1	oID	int	4	是	主键	否		订单 ID
2	uID	int	4		外键	否		用户 ID
3	oTime	datetime	8			否		下单时间
4	oTotal	float	8			是	0	订单金额

6．订单详情表（orderdetail）

表 8-6　订单详情表（orderdetail）

序号	列名	数据类型	长度	标识	键	允许空	默认值	说明
1	odID	int	4	是	主键	否		详情 ID
2	oID	int	4		外键	否		订单 ID
3	gdID	int	4		外键	否		商品 ID
4	odNum	Int	4			是	0	购买数量
5	dEvaluation	varchar	8000			是		商品评价
6	odTime	datetime	8			是		评价时间

7．管理员表（admin）

表 8-7　管理员表（admin）

序号	列名	数据类型	长度	标识	键	允许空	默认值	说明
1	aID	int	4	是	主键	否		管理员 ID
2	aName	varchar	50			否		账号
3	aPwd	varchar	50			否		密码
4	aLastLogin	datetime	8			是		最后登录时间

任务 3　系统详细设计

8.3.1　系统框架设计

ESBuy 网上商城系统的框架搭建主要由 JSP 页面、Servlet 控制器、数据库访问对象接口 DAO、数据封装 JavaBean 以及 MySQL 数据库组成。其系统框架结构如图 8-4 所示。

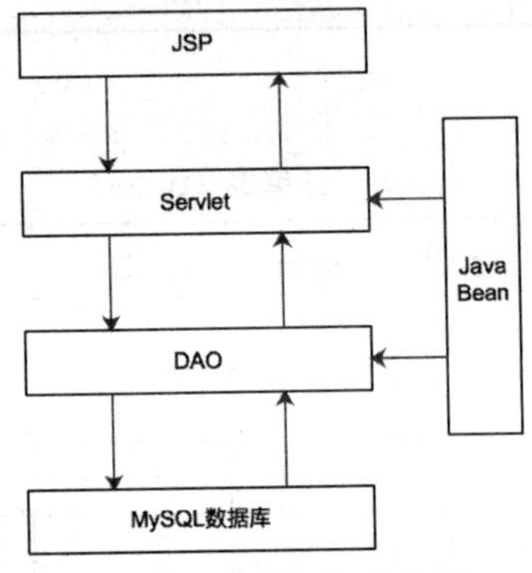

图 8-4　系统框架结构图

8.3.2　系统流程设计

在 ESBuy 网上商城系统中，比较重要的模块就是购物车模块。只有注册会员才能够完成商品的购买，注册会员的购物流程如图 8-5 所示。

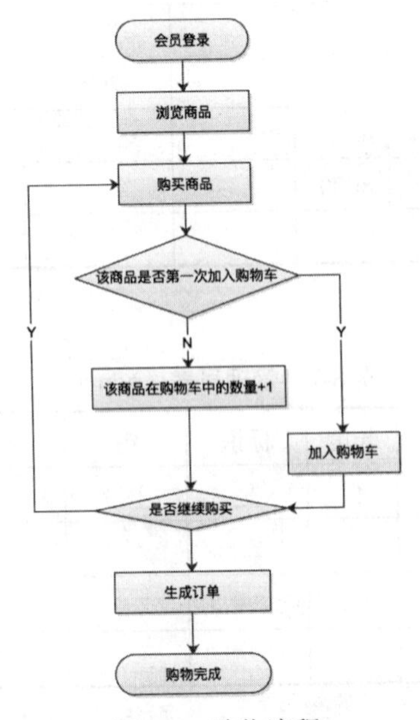

图 8-5　购物流程

8.3.3　系统主要功能和原型界面设计

1．首页

ESBuy 网上商城是一个在线购物网站，是一个 B2C 模式的电子商务系统。首页是 ESBuy 网上商城的门户，提供登录、免费注册、在线调查等超链接，并显示当前最新的商品信息供用户浏览。首页的界面原型如图 8-6 所示。

图 8-6　首页

2．用户注册

通过首页提供的注册链接或者直接访问注册页地址，可以打开用户注册页。用户注册时需要填写用户名、密码、确认密码、性别、出生年月、Email、QQ 等信息完成注册。只有注册会员才能进行购物操作，非注册会员只能查看商品、浏览商品等。用户注册页的界面原型如图 8-7 所示。

图 8-7　用户注册页

3．用户登录

注册用户可以通过首页提供的登录页链接或者直接访问登录页地址，打开登录页。注册用户输入正确的用户名和密码可以登录本网站进行购物。用户登录页的界面原型如图 8-8 所示。

图 8-8　用户登录页

4．今日新品

在 ESBuy 网上商城首页中会显示最新入库的 8 个商品，每个商品包括商品图片、商品价格、商品描述、销量等信息。今日新品页的界面原型如图 8-9 所示。

图 8-9　今日新品页

5．商品详情

用户在 ESBuy 网上商城首页浏览商品时单击某个商品，会转到该商品的详细页，查看商品的名称、价格、货存、销量、发货地、上架时间、商品详情等详细信息。商品详情页的界面原型如图 8-10 所示。

图 8-10　商品详情页

6. 购物车

用户在浏览商品信息时可以单击“购买”按钮，将商品放入购物车中。用户进入“我的购物车”页面后可以查看放入购物车的商品。对于购物车中的商品，用户可以结算，也可以删除或者增减商品的数量。购物车的界面原型如图 8-11 所示。

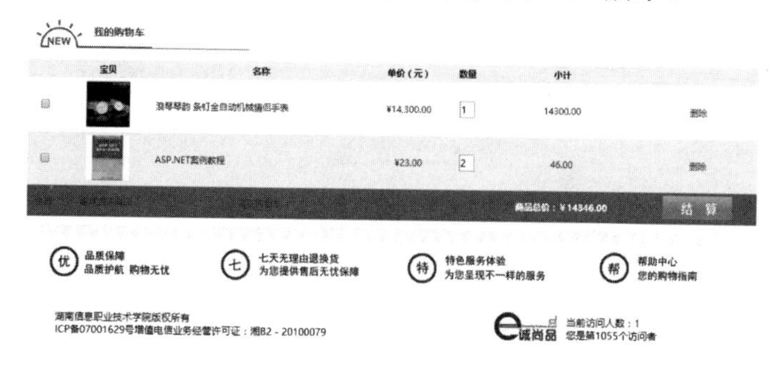

图 8-11　购物车

7. 后台登录

管理员输入用户名和密码后，可以登录本系统的后台管理系统，实现后台管理功能。后台管理员的登录界面原型如图 8-12 所示。

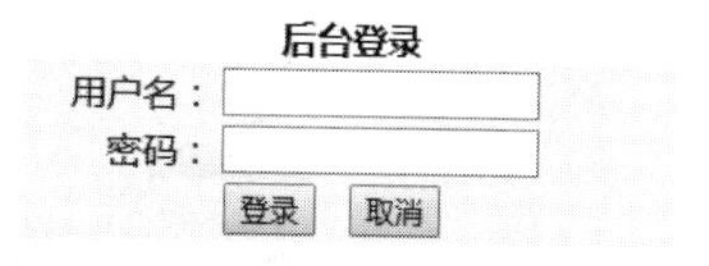

图 8-12　后台登录

8. 商品管理

管理员登录以后可以对网上商城的相关信息进行管理，主要包括商品管理、商品类别管理、用户管理、订单管理和系统管理等。其中，商品管理包括商品维护、商品搜索和商品添加。商品维护将列出所有的商品信息，并可以通过单击“编辑”或“删除”对商品进行编辑或删除操作。商品搜索可以按照要求搜索指定的商品信息。商品添加可以完成商品添加操作。商品维护的界面原型如图 8-13 所示。商品添加的界面原型如图 8-14 所示。

ESBuy后台管理系统　　管理员【admin】登录后台

商品管理：商品维护　商品搜索　商品添加
商品类别管理：类别维护　类别添加
用户管理：用户维护　用户搜索
订单管理：订单维护　订单搜索
系统管理：系统设置

首页 / 商品管理 / 商品维护

编号	类别	名称	价格	库存	上架时间	
10	手机数码	浪琴琴韵 条钉全自动机械情侣手表	¥14,300.00	100	2009-05-19	编辑 删除
13	鲜花绿植ssss	Midea/美的 FS406C	¥240.00	30	2009-05-19	编辑 删除
16	日用百货	梦洁家纺 韩国公主 提花五件套 贝儿粉	¥2,222.00	20	2009-06-16	编辑 删除
18	日用百货	五福 室内 方便衣架	¥229.00	20	2009-06-18	编辑 删除
23	日用百货	晚安家纺 松软枕芯	¥29.00	20	2009-06-18	编辑 删除
29	电脑产品	Lenovo/联想 Yoga13-IFI	¥6,155.00	100	2009-06-19	编辑 删除
31	家用电器	正品TCL彩电32寸液晶电视LE32D99蓝光超级解码超节能超窄超薄电视	¥1,399.00	200	2009-06-19	编辑 删除
35	手机数码	Samsung/三星 GALAXY S4 I9500	¥3,800.00	16	2009-06-19	编辑 删除
36	时尚服装	吊带连衣裙 休闲夏装	¥75.00	100	2009-06-19	编辑 删除
37	学习用品	迪斯尼 时尚红色书包	¥150.00	20	2009-06-19	编辑 删除
9	学习用品	ASP.NET案例教程	¥23.00	23	2011-05-10	编辑 删除
45	日用百货	欧米茄omega 星座女表 35mm 123.18.35.60.60.001	¥60,000.00	1	2013-04-25	编辑 删除
46	学习用品	ASP.NET网站开发实例教程	¥35.00	100	2013-09-06	编辑 删除

版权所有@2016-2017湖南信息职业技术学院

图 8-13　商品维护

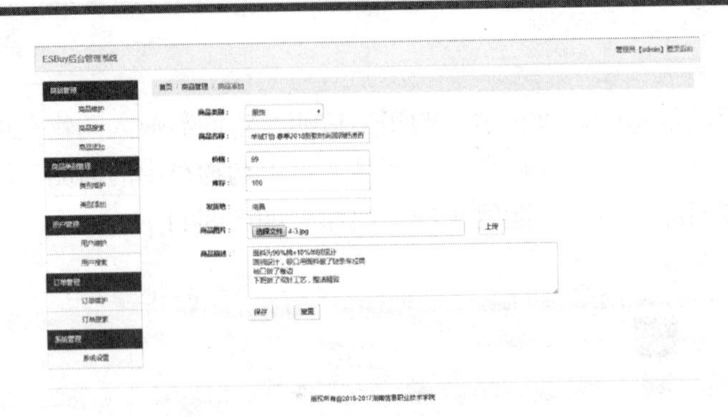

图 8-14　商品添加

9．用户管理

用户管理包括用户维护和用户搜索。用户维护会列出所有已注册的用户信息，同样可以通过单击“编辑”或“删除”对用户进行编辑或删除操作。用户搜索可以按照要求搜索指定的用户信息。用户维护的界面原型如图 8-15 所示。

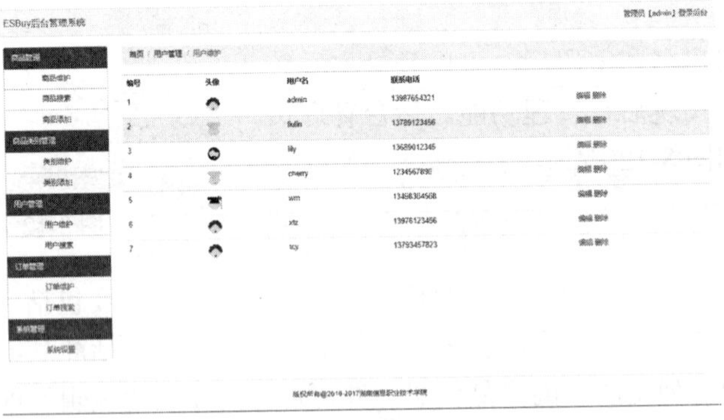

图 8-15　用户维护

10．订单管理

订单管理包括订单维护和订单搜索。订单维护会列出所有的订单信息，可以通过单击“发送邮件”进入邮件发送界面。订单搜索可以按照要求搜索指定的订单信息。订单维护的界面原型如图 8-16 所示。

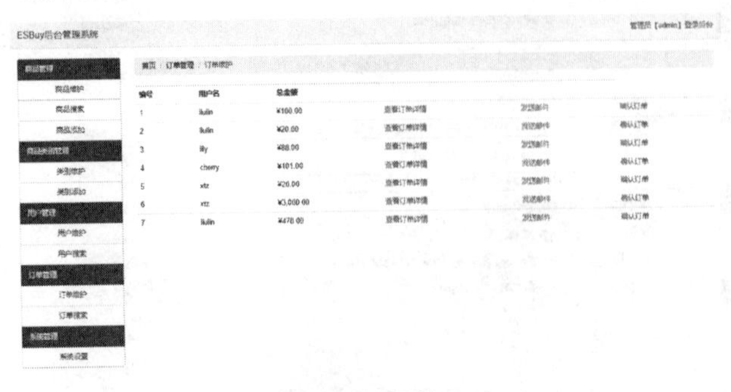

图 8-16　订单维护

参 考 文 献

[1] 刘志成，宁云智，等. JSP 程序设计案例教程[M]. 北京：高等教育出版社，2013.

[2] 青岛英谷教育科技股份有限公司. Java Web 程序设计及实践[M]. 西安：西安电子科技大学出版社，2016.

[3] 刘勇军，韩最蛟，等. Java Web 核心编程技术（JSP、Servlet 编程）[M]. 北京：电子工业出版社，2014.

[4] 王占中，崔志刚. Java Web 开发实践教程[M]. 北京：清华大学出版社，2016.

[5] 耿祥义，张跃平. JSP 实用教程[M]. 3 版. 北京：清华大学出版社，2015.

[6] 丁毓峰，毛雪涛. Java Web 开发教程：基于 Struts2+Hibernate+Spring[M]. 北京：人民邮电出版社，2017.

[7] http://www.runoob.com/jsp/jsp-tutorial.html

[8] http://www.jfree.org/jfreechart/api/javadoc/index.html

[9] https://www.yiibai.com/javamail_api/

[10] http://commons.apache.org/proper/commons-fileupload/

[11] http://www.w3school.com.cn/

[12] 秦毅，王可，等. JSP 设计与开发[M]. 北京：中国水利水电出版社，2013.

[13] 张国权，张凌子，翟瑞卿. Java Web 程序设计实战[M]. 上海：上海交通大学出版社，2017.